# Elektronik im Physikstudium

Tobias Bisanz · Ingrid-Maria Gregor ·
Fabian Hügging · Jens Weingarten

# Elektronik im Physikstudium

Eine Einführung geeignet zur
Vorlesung, im Praktikum und im Labor

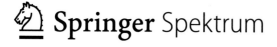

Tobias Bisanz
CERN
Genève 23, Geneve, Schweiz

Ingrid-Maria Gregor
Deutsches Elektronen-Synchrotron
Hamburg, Deutschland

Fabian Hügging
Physikalisches Institut, University of Bonn
Bonn, Nordrhein-Westfalen, Deutschland

Jens Weingarten
Fakultät Physik, TU Dortmund University
Dortmund, Nordrhein-Westfalen,
Deutschland

ISBN 978-3-662-67925-8     ISBN 978-3-662-67926-5   (eBook)
https://doi.org/10.1007/978-3-662-67926-5

Die Deutsche Nationalbibliothek verzeichnet diese Publikation in der Deutschen Nationalbibliografie;
detaillierte bibliografische Daten sind im Internet über https://portal.dnb.de abrufbar.

Planung/Lektorat: Gabriele Ruckelshausen

Springer Spektrum ist ein Imprint der eingetragenen Gesellschaft Springer-Verlag GmbH, DE und ist
ein Teil von Springer Nature.
Die Anschrift der Gesellschaft ist: Heidelberger Platz 3, 14197 Berlin, Germany

Das Papier dieses Produkts ist recyclebar.

# Vorwort

Vorlesungen und Praktika zu den Grundlagen der analogen und digitalen Elektronik sind in vielen naturwissenschaftlichen Studiengängen feste Bestandteile des Lehrplans. So auch an den verschiedenen Universitäten, an denen die Autor*innen dieses Buches in der Lehre tätig sind. In der Vorbereitung der jeweiligen Vorlesungen und Praktika, die wir seit einigen Jahren für Studierende der Physik und der Medizinphysik halten, fällt immer wieder auf, dass es zwar sehr viele Bücher über die verschiedensten Aspekte der Elektronik gibt, dass jedoch keines davon allein alle Themengebiete abdeckt, die in den Grundlagenvorlesungen behandelt werden.

Das ist auch der Grund, aus dem wir uns entschieden haben, diesem Reigen ein weiteres Lehrbuch hinzuzufügen. In der Vorbereitung der jeweiligen Vorlesung brauchten wir regelmäßig viele verschiedene dieser Bücher, um die grundlegenden Themen in einem Umfang aufzuarbeiten, der einer einsemestrigen Vorlesung angemessen ist. Um es Studierenden zu ermöglichen, sich auf den Inhalt zu konzentrieren, statt auf die Jagd nach Lektüre, fassen wir hier die typischen Themen einer Grundlagenvorlesung zusammen.

Die Autor*innen arbeiten allesamt an der Entwicklung und am Betrieb großer Detektorsysteme in der Hochenergie- und Medizinphysik. In unserer täglichen Arbeit sind wir daher eher Anwender*innen von teilweise sehr komplexen elektronischen Systemen, als dass wir diese entwickeln. Das hält uns jedoch nicht davon ab, den einen oder anderen Messaufbau im Labor oder Anwendungen im Hobbybereich selbst zu entwickeln und zu bauen, was auch gleichzeitig das Lernziel unserer jeweiligen Vorlesungen und dieses Buches ist. Wenn Sie jedoch Anleitungen zur Entwicklung komplexer Schaltungen in Bereichen wie Präzisionsverstärkern, Hochraten-Datenübertragung oder Ähnlichem suchen, seien Sie auf die einschlägige Spezialliteratur verwiesen.

Ein paar Worte zur Philosophie des Buches: Die physikalischen Grundlagen der Elektronik liegen in der Elektrodynamik und der Quantenmechanik. Die Form und Erzeugung elektrischer Felder, die Bewegung von Elektronen innerhalb dieser Felder, das Verhalten von Elektronen in Halbleitern und vieles mehr kommen zum Glück typischerweise im Lehrplan vor der Elektronikvorlesung. Bis zu einem gewissen Grad gehen wir daher davon aus, dass Sie diese Grundlagen beherrschen oder zumindest schon einmal davon gehört haben. An manchen Stellen wiederholen wir wichtige Zusammenhänge, die man vielleicht nicht immer ganz so präsent hat, aber eigentlich wollen wir gerne, dass Sie sich gar nicht mehr mit diesen Grundlagen aufhalten, wenn Sie über Schaltungen nachdenken.

Wenn Sie sich stattdessen auf einige sehr grobe Vereinfachungen einlassen und damit einen gewissen Grad der Abstraktion der physikalischen Zusammenhänge zulassen, verliert die Elektronik viel von dem Schrecken, den wir bei Studierenden immer wieder sehen. Und genau das ist das Ziel dieses Buches: Wir wollen Ihnen die Werkzeuge und das Selbstvertrauen geben, die Sie brauchen, um sich im Labor oder im Hobby erfolgreich mit elektronischen Schaltungen auseinandersetzen und Ihre Ziele erreichen zu können.

Dortmund                                                                    Dr. Jens Weingarten
Juli 2023

# Inhaltsverzeichnis

# Grundlagen

**1**

## 1.1 Stromstärke und Spannung

Das Wort *Strom* bezeichnet die Bewegung elektrischer Ladungen mit der Zeit. Dementsprechend ist die Stromstärke $I$ definiert als die Ladungsmenge $\Delta Q$, angegeben in *Coulomb,* die während einer Zeit $\Delta t$ eine Fläche passiert.

Mathematisch sieht das so aus:

$$I = \frac{\Delta Q}{\Delta t} \tag{1.1}$$

Die Einheit der Stromstärke ist das *Ampere:*

$$[I] = 1\,\text{A} = 1\,\text{C/s}.$$

Zeitlich veränderliche Größen werden wir mit Kleinbuchstaben bezeichnen. Für sich ändernde Ströme gilt also:

$$i(t) = \frac{\mathrm{d}Q}{\mathrm{d}t} \tag{1.2}$$

Als elektrische *Spannung* bezeichnet man die Differenz der elektrischen Potentiale an zwei Orten $A$ und $B$:

$$U = \int_A^B \boldsymbol{E} \cdot \mathrm{d}\boldsymbol{s} \quad \text{oder} \quad u(t) = \int_A^B \boldsymbol{E}(t) \cdot \mathrm{d}\boldsymbol{s} \tag{1.3}$$

Dabei bezeichnet $\boldsymbol{E}(t)$ das zeitabhängige elektrische Vektorfeld.

Da elektrische Felder konservativ sind, gilt für diese $\boldsymbol{E} = -\nabla\phi$ mit dem elektrischen Potential $\phi$. Damit wird

$$U = \phi_B - \phi_A \tag{1.4}$$

© Der/die Autor(en), exklusiv lizenziert an Springer-Verlag GmbH, DE, ein Teil von
Springer Nature 2024
T. Bisanz et al., *Elektronik im Physikstudium*,
https://doi.org/10.1007/978-3-662-67926-5_1

Die Einheit der Spannung ist das *Volt:*

$$[U] = 1\,\text{V} = 1\,\frac{\text{kg}\,\text{m}^2}{\text{A}\,\text{s}^3}$$

Schon aus diesen beiden Definitionen ergeben sich einige wichtige Folgerungen:

- Die freien Ladungsträger in metallischen Leitern sind Elektronen, also negativ geladene Teilchen. Diese werden zum positiveren Potential hin beschleunigt, welchen man typischerweise den *Pluspol* nennt. Elektronen fließen vom Minuspol zum Pluspol, also entgegengesetzt der sogenannten *technische Stromrichtung,* welche von Plus nach Minus läuft. In den allermeisten Fällen, so auch in diesem Buch, ist die technische Stromrichtung gemeint, wenn jemand vom Stromfluss spricht.
- Bei Angaben oder Messungen der Spannung wird oft implizit eines der beiden Potentiale auf Null gesetzt und als *Referenzpotential* bezeichnet, z. B. $\phi_A = 0\,\text{V}$. Dank der Eichfreiheit des elektrischen Feldes ist das vollkommen legitim. Wenn klar ist, welches das Referenzpotential ist, kann man von der „Spannung am Punkt B" sprechen. Das Referenzpotential einer Schaltung wird mit dem folgenden Symbol gekennzeichnet, welches in der DIN EN 60617-2 festgelegt ist:

- Das Referenzpotential ist nicht mit dem *Erdpotential,* dem Potential der Erde als Ganzes, zu verwechseln. Das Referenzpotential kann gleich dem Erdpotential sein, zum Beispiel wenn ein Punkt in der Schaltung mit dem Erdleiter der Steckdose verbunden wird, das muss es aber nicht sein. Das Erdpotential wird mit dem folgenden Symbol gekennzeichnet:

▶    **Hinweis** Es ist wichtig, sich immer darüber bewusst zu sein, welches das Referenzpotential ist. Der Unterschied wird zum Beispiel in Abb. 1.1 verdeutlicht.

## 1.2    Das Ohmsche Gesetz

Legt man an den beiden Enden eines Drahtes, oder eines beliebigen elektrisch leitenden Materials, eine Spannung an, so fließt ein Strom. Die erste Frage, die sich stellt, ist: Wie groß ist der Strom $I$?

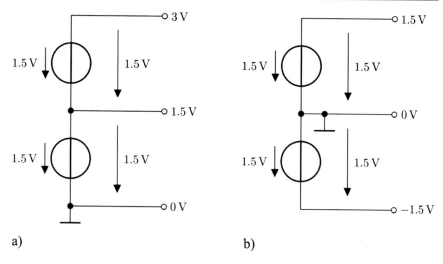

a)                                              b)

**Abb. 1.1** Zwei verschiedene Definitionen des Referenzpotentials in derselben Schaltung und was sie für die jeweils gemessenen Spannungen bedeuten

Betrachten wir die Definition der Stromstärke aus dem vorigen Abschnitt: Die Ladungsmenge, die während einer Zeit $t$ eine Fläche $A$ passiert, ist gegeben durch die Geschwindigkeit $v$ und Dichte $n$ der Ladungsträger:

$$I = \frac{\Delta Q}{\Delta t} = A \cdot v \cdot nq \tag{1.5}$$

Die Ladungsträger der Masse $m$, die jeweils die Ladung $q$ tragen, erfahren im elektrischen Feld die Beschleunigung $a$. Dann ergibt sich die mittlere Geschwindigkeit der Ladungsträger zu $v = a \cdot t$.

Wenn diese für immer im elektrischen Feld bleiben (Ladungserhaltung), geht dementsprechend ihre Geschwindigkeit, und damit der Strom, gegen unendlich: $\lim_{t \to \infty} I = \infty$.

Das widerspricht der Beobachtung im Alltag, wo der Strom eben nicht unendlich groß wird! In Wirklichkeit stoßen die Ladungsträger regelmäßig an den Atomen des Leiters, wobei sie kinetische Energie verlieren. Wir müssen als Zeit $t = \tau_s$, also die Zeit zwischen zwei Stößen, einsetzen, die eben endlich ist.

Die mittlere Geschwindigkeit $v_D$ der Ladungsträger im elektrischen Feld nennt man *Driftgeschwindigkeit*. Damit können wir die Stromstärke wie folgt schreiben:

$$I = A \cdot v_D \cdot nq = A \cdot a\tau_s \cdot nq = A \cdot \frac{F}{m}\tau_s \cdot nq \quad | \text{ Nutze } \boldsymbol{F} = q\boldsymbol{E}$$

$$\Rightarrow I = nq^2 \frac{\tau_s}{m} \cdot \boldsymbol{E} \cdot A \tag{1.6}$$

Mit der *elektrischen Leitfähigkeit* $\sigma_{el} = nq^2 \frac{\tau_s}{m}$ können wir nun das Ohmsche Gesetz hinschreiben:

**Ohmsches Gesetz**

$$j = \sigma_{el} \cdot E \tag{1.7}$$

Die elektrische Leitfähigkeit hat dabei die Einheit

$$[\sigma_{el}] = 1\frac{S}{m}$$

mit der nach Werner von Siemens benannten SI-Einheit *Siemens*

$$1\,S = \frac{1\,V}{1\,A}$$

$j = \frac{I}{A}$ bezeichnet die Stromdichte durch die Fläche mit dem Normalenvektor $A$.

## 1.3    Elementare Bauteile

In der nachfolgenden Einführung der elementaren Bauteile werden auch die Schalt-symbole der Bauteile vorgestellt. Bei diesen folgen wir der in Deutschland gültigen DIN EN 60617. Insbesondere in der englischsprachigen Literatur werden Sie auf andere Schaltzeichen für die Bauteile treffen, die aber die Physik dahinter nicht verändern.

Wir starten dabei mit der Vorstellung idealisierter Bauteile und gehen erst spä-ter auf die realen Komponenten ein. Das bedeutet, dass Spannungsquellen zunächst keine Innenwiderstände haben, Kondensatoren und Spulen keine Ohmschen Wider-stände, usw.

Die Reihenfolge ist so gewählt, dass wir neu vorgestellte Bauteile gleich in ein-fachen Schaltungen benutzen können, um ihre Eigenschaften zu verdeutlichen.

### 1.3.1    (Ideale) Spannungsquelle

Die (ideale) Spannungsquelle (Abb. 1.2) legt zwischen ihren beiden Klemmen eine feste Spannung an, welche unabhängig vom Strom ist, den die Spannungsquelle liefern muss. Der Strom hängt damit einzig und allein von der äußeren Beschaltung der Spannungsquelle ab.

**Abb. 1.2** Schaltsymbol einer
idealen Spannungsquelle

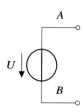

## 1.3.2  Ohmscher Widerstand

Setzen wir in das Ohmsche Gesetz (Gl. 1.7) die folgenden Formeln ein:

$$U = \int \boldsymbol{E} \cdot \mathrm{d}\boldsymbol{s} = E \cdot L \text{ , mit der Länge L des Leiters und}$$

$$I = \int \boldsymbol{j} \cdot \mathrm{d}\boldsymbol{A}$$

kann man den *Ohmschen Widerstand R* definieren:

$$I = \frac{\sigma_{el} A}{L} \cdot U \qquad (1.8)$$

$$= \frac{1}{R} \cdot U \qquad (1.9)$$

Damit kann man die Strom-Spannungscharakteristik des *Widerstand* genannten Bauteils schreiben als:

$$U = R \cdot I \qquad (1.10)$$

Die Einheit des Widerstandes ist das *Ohm,* nach Georg Simon Ohm:

$$[R] = 1 \text{ V /A} = 1 \, \Omega$$

Man bezeichnet dabei $U$ als *die Spannung, die über dem Widerstand abfällt,* wenn durch ihn der Strom $I$ fließt. Siehe dazu Abb. 1.3.

Am Ohmschen Widerstand wird die elektrische Leistung

$$P_{el} = U \cdot I \qquad (1.11)$$

in Wärme umgewandelt, welche den Widerstand erhitzt.

▶   **Hinweis** Daher ist es in echten Schaltungen wichtig, dass eine Bauform des Widerstandes gewählt wird, die bei dieser Erwärmung nicht zerstört wird.

**Abb. 1.3** Ohmscher
Widerstand in Serie mit einer
idealen Spannungsquelle.
Der Pfeil zeigt die Richtung
des Stromes $I$ an

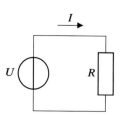

**Abb. 1.4** Schaltsymbol
einer idealen Stromquelle

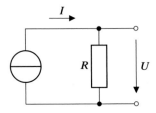

## 1.3.3   (Ideale) Stromquelle

Die (ideale) Stromquelle legt den durch sie fließenden Strom fest. Die an den Klemmen der Stromquelle angeschlossene Schaltung, bzw. deren Ersatzwiderstand, legt die Spannung $U$ fest, die sich zwischen den Klemmen einstellt. Abb. 1.4 zeigt das Schaltsymbol einer idealen Stromquelle.

## 1.3.4   Kondensator

Ein Kondensator besteht, wie das Schaltsymbol in Abb. 1.5 zeigt, aus zwei voneinander durch ein nichtleitendes Dielektrikum getrennten Elektroden. Bringt man auf die Elektroden elektrische Ladungen auf, so werden diese im Kondensator gespeichert. Die Spannung $U$, die durch die gespeicherten Ladungen zwischen den Elektroden hervorgerufen wird, wird bestimmt durch die charakteristische Größe des Kondensators, seine *Kapazität C:*

$$Q = C \cdot U \tag{1.12}$$

Die Einheit der Kapazität ist das *Farad,* nach Michael Faraday:

$$[C] = 1\,\text{C}\,/\text{V} = 1\,\text{F}$$

Bei der Auf- oder Entladung des Kondensators fließen Elektronen auf die negativere Elektrode oder von ihr weg. Diese influenzieren auf der anderen Elektrode mehr oder weniger positive Ladungen. Wenn sich also die an einen Kondensator angelegte Spannung ändert, fließt ein Strom durch den Kondensator[1].

**Abb. 1.5** Schaltsymbol
eines idealen Kondensators
mit der Kapazität $C$

---

[1]Auch wenn sich nicht wirklich Elektronen vom Minuspol zum Pluspol durch den Kondensator bewegen können, sagt man, es fließe Strom.

Schauen wir uns genauer an, was passiert, wenn sich die angelegte Spannung mit der Zeit ändert:

$$C \cdot \frac{\mathrm{d}u(t)}{\mathrm{d}t} = \frac{\mathrm{d}q(t)}{\mathrm{d}t} = i(t) \tag{1.13}$$

Entsprechend der Konvention bezeichnen hier kleine Buchstaben die zeitlich veränderlichen Größen.

Legen wir beispielsweise eine sinusförmige Spannung mit dem Scheitelwert $U_0$ und der Frequenz $\omega$ an den Kondensator an, so gilt für den Strom:

$$u(t) = U_0 \cdot \sin(\omega t) \tag{1.14}$$

$$\Rightarrow i(t) = C \cdot U_0 \cdot \omega \cdot \cos(\omega t) \tag{1.15}$$

$$= I_0 \cdot \sin(\omega t + 90°), \tag{1.16}$$

wobei wir definieren $I_0 := U_0 \cdot C \cdot \omega$.

Der Strom eilt hier der Spannung also um eine Phasenverschiebung von 90° voraus. Das lässt sich physikalisch leicht verstehen, da sich ja das elektrische Feld zwischen den Elektroden während der Zeit, in der Ladungen verschoben werden (also Strom fließt), erst aufbaut.

Wie man sieht, gilt für die Scheitelwerte von Spannung und Strom:

$$\frac{u_{\max}(t)}{i_{\max}(t)} = \frac{U_0}{I_0} = \frac{1}{\omega C} \tag{1.17}$$

Dieses Verhältnis haben wir schon einmal benutzt, nämlich um den Ohmschen Widerstand zu definieren. Dort gilt:

$$\frac{U}{I} = R \tag{1.18}$$

Es liegt also nahe, die Größe $\frac{1}{\omega C}$ wie einen Widerstand zu benutzen und tatsächlich wird diese Größe als *Blindwiderstand* des Kondensators bezeichnet.

Was bedeutet das? Beim Ohmschen Widerstand hatten wir die elektrische Leistung $P_{el} = U \cdot I$ definiert, welche am Widerstand in Wärme umgewandelt wird. Beim Kondensator fließt nur bei Spannungsänderung ein Strom. Damit wird die Leistung eine zeitabhängige Größe, deren Mittelwert $\overline{P}_{el}$ wir betrachten wollen:

$$p_{el}(t) = u(t) \cdot i(t) = \frac{1}{2}U_0^2 \cdot C \cdot \omega \sin(2\omega t) \tag{1.19}$$

$$\Rightarrow \overline{P}_{el} = \frac{1}{T}\int_0^T \frac{1}{2}U_0^2 \cdot C \cdot \omega \sin(2\omega t)\mathrm{d}t = 0 \tag{1.20}$$

Die Energie fließt also mit der Zeit zwischen der Spannungsquelle und dem Kondensator hin und her, im zeitlichen Mittel fließt keine Energie in den Kondensator, wie Gl. 1.20 zeigt.

Die Spannungsquelle muss natürlich trotzdem die hin und her fließenden Elektronen liefern und wieder aufnehmen, über kleine Zeiten betrachtet fließt also sehr wohl Strom. Da er nicht in nutzbare Formen von Energie (Licht, Wärme, Bewegung) umgewandelt werden kann, bezeichnet man diesen als *Blindstrom*.

### 1.3.4.1 Komplexe Widerstände: Impedanz

Der Kondensator ist das erste Bauteil, aber nicht das letzte, das eine Eigenschaft hat, die wie ein Widerstand aussieht, aber von der Frequenz der Wechselspannung abhängt. Diese Eigenschaft nennt man allgemein die *Impedanz* des Bauteils. Der Widerstand R bezeichnet also die Impedanz eines Ohmschen Widerstandes.

Wie beim Kondensator gesehen, definieren wir die Impedanz als Verhältnis von Spannung und Strom. Dabei können wir diese Wechselgrößen, wie hier die Spannung, wie folgt beschreiben:

$$u(t) = U_0 \, e^{j\omega t} = U_0 \left( \cos \omega t + j \cdot \sin \omega t \right) \tag{1.21}$$

Dabei steht $j$ für die imaginäre Einheit, welche sonst in der Mathematik mit dem Symbol $i$ bezeichnet wird. Wir wählen ein anderes Symbol, um die Verwechslung mit dem Wechselstrom $i(t)$ zu verhindern.

Wie bei allen komplexwertigen physikalischen Größen hat nur der Realteil einen physikalisch messbaren Effekt.

Mit dem in Gl. 1.15 berechneten Strom durch den Kondensator können wir nun seine komplexe Impedanz berechnen:

$$Z_C := \frac{u(t)}{i(t)} = \frac{1}{j\omega C} \tag{1.22}$$

Diese beschreibt den Betrag des Blindwiderstandes $\| Z_C \| = \sqrt{Z_C \cdot Z_C^*}$ und die Phasenverschiebung des Blindwiderstandes.

### 1.3.4.2 Filterkondensatoren

Wir hatten gesehen, dass Kondensatoren Ladungen so lange speichern, wie sich die angelegte Spannung nicht ändert. Diese Eigenschaft wird in realen Schaltungen gerne dazu benutzt, kurzfristige Schwankungen in der Versorgungsspannung oder Änderungen des von der Schaltung gezogenen Stroms auszugleichen. Kondensatoren fungieren hier als *Ladungsreservoirs*.

Insbesondere bei logischen Bauteilen, die sehr schnell ihre Ausgangsspannung ändern müssen (typisch: $\Delta U \approx 5$ V in etwa 1 ns), benutzt man Kondensatoren so nahe wie möglich am Bauteil, um die endliche Reaktionszeit der Versorgungsspannung mit den gespeicherten Ladungen zu überbrücken.

Mehr zur Verwendung und Funktionsweise sogenannter *Filterkondensatoren* finden Sie in Kap. 5.

### 1.3.5 Schaltungen mit Widerständen und Kondensatoren

Betrachten wir die Schaltung in Abb. 1.6. Wie groß ist die Spannung $u(t)$ über den Kondensator?

Die Spannung $U_0$ ist konstant, der Schalter sei zunächst in Position 2.

**Abb. 1.6** Widerstand und
Kondensator in Reihe
geschaltet ergeben einen
sogenannten RC-Kreis

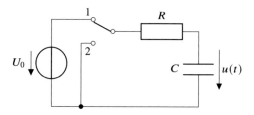

1. **Einschalten/Aufladung:**
   Zur Zeit $t = 0$ wird der Schalter auf Position 1 gestellt und damit die Spannung
   $U_0$ an den Kondensator angelegt.
   Der Strom durch den Widerstand $R$ lädt den Kondensator auf:

   $$i(t) = C \cdot \frac{du}{dt} = \frac{U_0 - u(t)}{R}$$

   Diese Differentialgleichung für die Spannung $u(t)$ lässt sich leicht lösen und
   liefert die

   **Aufladekurve eines Kondensators**

   $$u(t) = U_0 \left(1 - e^{-t/RC}\right) \tag{1.23}$$

2. **Ausschalten/Entladen:**
   Zur Zeit $t = t_1$ wird der Schalter auf Position 2 gestellt und der Kondensator
   kurzgeschlossen. Der Kondensator sei auf $u(t_1) = U_0$ aufgeladen und entlädt
   sich über den Widerstand $R$:

   $$i(t) = C \cdot \frac{du}{dt} = -\frac{u(t)}{R}$$
   $$\Rightarrow u(t) = U_0 e^{-t/RC}$$

   Das Produkt $\tau = R \cdot C$ hat die SI-Einheit Sekunde und wird als *Zeitkonstante*
   dieser Schaltung bezeichnet.

   ▶  **Hinweis** Als Faustregel nimmt man an, dass der Kondensator nach der fünffa-
   chen Zeitkonstante, d. h. $t = 5 \cdot \tau$, vollständig ge- oder entladen ist.

**Abb. 1.7** Schaltsymbol einer
Spule mit der Induktivität $L$

### 1.3.6  Spule

Durchfließt Strom eine Spule (Abb. 1.7), so baut sich in ihr ein Magnetfeld auf, dessen Änderung wiederum eine Spannung zwischen den Enden der Spule induziert. Diese wird charakterisiert durch die *Induktivität L* der Spule:

$$u(t) = L \cdot \frac{\mathrm{d}i}{\mathrm{d}t} \tag{1.24}$$

Wenn der Strom sinusförmig mit der Zeit variiert

$$i(t) = I_0 \cdot \sin(\omega t) \tag{1.25}$$

dann finden wir für die Spannung

$$u(t) = L \cdot I_0 \cdot \cos(\omega t) \tag{1.26}$$
$$= L \cdot I_0 \cdot \sin(\omega t - 90°) \tag{1.27}$$

Damit eilt der Strom jetzt der Spannung um 90° voraus.

Die Einheit der Induktivität ist das *Henry*, nach dem US-amerikanischen Physiker Joseph Henry:

$$[L] = 1\,\mathrm{Vs/A} = 1\,\mathrm{H}$$

Mit derselben Berechnung des Verhältnisses von Wechselspannung zu Wechselstrom wie beim Kondensator (siehe Gl. 1.22) findet man die komplexe Impedanz der Spule:

$$Z_L = j\omega L \tag{1.28}$$

Wir wollen nun das Ein- und Ausschaltverhalten eines Stromkreises mit einer Spule anhand der Schaltung in Abb. 1.8 betrachten. Die Spannung $U_0$ ist konstant.

**Abb. 1.8** Spule und
Widerstand in Serie ergeben
einen sogenannten RL-Kreis

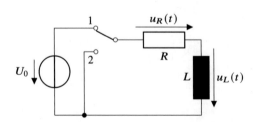

1. **Einschalten:**
   Der Schalter wird zur Zeit $t = 0$ auf Position 1 geschaltet.
   Dann ist der Strom, der durch die Spule fließt, durch den Widerstand $R$ begrenzt.
   Es gilt

$$U_0 = u_L(t) + u_R(t)$$

$$\Leftrightarrow U_0 = L \cdot \frac{di}{dt} + R \cdot i(t)$$

$$\Leftrightarrow \frac{di}{dt} + \frac{R}{L} i(t) = \frac{U_0}{L}$$

Mit der Randbedingung $i(t = 0) = 0$ ergibt sich die Lösung

$$i(t) = \frac{U_0}{R} \left( 1 - e^{-\frac{R}{L} \cdot t} \right) \tag{1.29}$$

2. **Ausschalten:**
   Wird der Schalter zur Zeit $t = t_1$ auf Position 2 gestellt, so ist die Spule kurzgeschlossen, d. h. die Spannung über die Spule wird auf Null gezwungen:

$$u_R(t) + u_L(t) = 0$$

$$\Leftrightarrow R \cdot i(t) + L \cdot \frac{di}{dt} = 0$$

Mit der Randbedingung $i(t = t_1) = \frac{U_0}{R}$ ergibt sich

$$i(t) = \frac{U_0}{R} e^{-\frac{R}{L} \cdot t} \tag{1.30}$$

### 1.3.7  Ideale und reale Spannungs- und Stromquellen

Wir hatten ideale Spannungs- und Stromquellen so definiert, dass ihre jeweilige Ausgangsgröße unabhängig von der angeschlossenen Schaltung ist. Das ist natürlich, wie der Name schon sagt, eine Idealisierung und so in realen Netzgeräten nie zu erreichen.

**Reale Spannungsquelle**
Die Bauteile, aus denen eine reale Spannungsquelle aufgebaut ist, weisen unvermeidlich Impedanzen auf, die die idealen Repräsentationen nicht darstellen. Dazu gehören Ohmsche Widerstände von Kondensatoren oder die Induktivitäten von Leiterbahnen. Die komplexen Netzwerke von Impedanzen innerhalb einer Spannungsquelle führen dazu, dass die Ausgangsspannung eben doch vom Strom abhängt, der aus der Spannungsquelle gezogen wird. Dies wird typischerweise durch einen in Serie mit

**Abb. 1.9** Ersatzschaltbild
einer realen Spannungsquelle

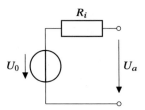

der idealen Spannungsquelle geschalteten *Innenwiderstand* $R_i$ dargestellt, wie in Abb. 1.9 gezeigt. Für die Ausgangs- oder Klemmenspannung gilt dann

$$U_a = U_0 - R_i \cdot I \qquad (1.31)$$

d. h. die Spannung sinkt linear mit dem Strom.

Moderne Netzgeräte benutzen eine aktive Regelung, um ihre Ausgangsspannung bei sich änderndem Strom möglichst konstant zu halten. Diese Regelung ist natürlich nur endlich gut und kann kleine periodische Änderungen der Ausgangsspannung hervorrufen, die meist im Frequenzbereich von einigen zehn bis einigen hundert kHz liegen. Die Netzgeräte sind so konstruiert, dass für die meisten Anwendungen diese Schwankungen irrelevant sind, wenn es aber tatsächlich auf sehr genau konstante Spannung ankommt, müssen weitere Maßnahmen getroffen werden, um die Spannung zu *glätten*.

**Reale Stromquelle**
Bei der realen Stromquelle wird der Innenwiderstand parallel zur Stromquelle dargestellt, um das Verhalten zu beschreiben (siehe Abb. 1.10). Für den Ausgangsstrom gilt dann

$$I = I_0 - \frac{U_a}{R_i} \qquad (1.32)$$

d. h. der Strom sinkt linear mit der Ausgangsspannung.

Auch bei Netzgeräten, welche als Stromquellen arbeiten, werden aktive Regelmechanismen angewandt, um die Spannungsabhängigkeit des Ausgangsstroms so weit wie möglich zu reduzieren.

**Abb. 1.10** Ersatzschaltbild
einer realen Stromquelle

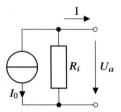

## 1.4   Elektrische Netzwerke

Der Begriff des *elektrischen Netzwerks* bezeichnet die Verbindung verschiedener elektrischer Komponenten, von denen wir im vergangenen Unterkapitel einige kennengelernt haben.[2] Ein Netzwerk besteht aus

- *Knoten:* Punkte an die mehrere Leitungen angeschlossen sind und sich dementsprechend der Strom auf verschiedene Pfade aufteilt.
- *Maschen:* Geschlossene Pfade, innerhalb derer Strom fließen kann.

Aus den Grundgesetzen der Physik folgen Regeln, die wir benutzen können, um Ströme und Spannungen innerhalb eines Netzwerks berechnen zu können.

### 1.4.1   Die Kirchhoffschen Gesetze: Knoten- und Maschenregel

Die *Knotenregel* folgt aus der Erhaltung der elektrischen Ladung und besagt, dass genauso viele Ladungsträger in einen Knoten hinein wie heraus fließen. Daraus folgt, dass die Summe aller Ströme (bei Beachtung der Vorzeichen) in einem Knoten genau Null ist

**Knotenregel**

$$\sum_{k=1}^{n} I_k = 0 \qquad (1.33)$$

Die *Maschenregel* folgt aus der Energieerhaltung und besagt, dass die Summe aller Spannungen entlang einer (geschlossenen) Masche genau gleich Null ist

**Maschenregel**

$$\sum_{k=1}^{n} U_k = 0 \qquad (1.34)$$

---

[2]Bei Schaltbildern gilt, dass nur über explizit eingezeichnete Widerstände Spannung abfällt. Sind zwei Knoten durch eine Linie verbunden, so liegen sie immer auf dem gleichen Potential.

**Abb. 1.11** Beispielschaltung
zur Anwendung der
Kirchhoffschen Gesetze

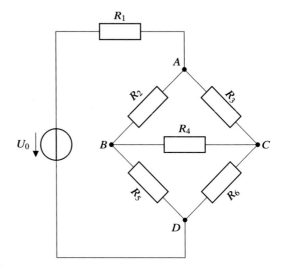

Betrachten wir beispielsweise die Schaltung in Abb. 1.11:

Gegeben seien die Spannung $U_0$, sowie die Werte der Widerstände $R_1$ bis $R_6$.

---

**Frage**

Wie groß sind die Ströme $I_1$ bis $I_6$ durch diese Widerstände?

Wir finden die vier Knoten A, B, C und D, sowie vier Maschen:

- Pluspol → A → B → D → Minuspol
- Pluspol → A → C → D → Minuspol
- A → B → C → A
- B → C → D → B

In Abb. 1.12 sind die Maschen explizit blau gestrichelt eingezeichnet. Die Anordnung der Widerstände wurde zur Vereinfachung etwas anders gezeichnet. Die Schaltung ist aber gegenüber Abb. 1.11 unverändert.

Beachten Sie bei den unteren beiden Maschen, dass wir zu diesem Zeitpunkt nicht wissen, ob der Punkt B positiver ist, als der Punkt C. Die Richtung dieser Masche ist willkürlich gewählt. So lange wir diese Wahl konsistent beibehalten bekommen wir am Ende der Rechnung auf jeden Fall das richtige Ergebnis. Mehr Details zur Wahl der Stromrichtung werden in Abschn. 1.4.3 besprochen.

Für die sechs unbekannten Größen $I_1$ bis $I_6$ brauchen wir sechs Gleichungen. Zum Beispiel kann man drei Mal die Maschen- und drei Mal die Knotenregel benutzen:

$$\text{Masche A} \rightarrow \text{B} \rightarrow \text{D:} \quad U_0 - I_1 R_1 - I_2 R_2 - I_5 R_5 = 0 \qquad (1.35)$$

$$\text{Masche A} \rightarrow \text{B} \rightarrow \text{C:} \quad I_2 R_2 + I_4 R_4 - I_3 R_3 = 0 \qquad (1.36)$$

$$\text{Masche B} \rightarrow \text{C} \rightarrow \text{D:} \quad I_4 R_4 + I_6 R_6 - I_5 R_5 = 0 \qquad (1.37)$$

**Abb. 1.12** Maschen der Beispielschaltung, eingezeichnet in Blau. Die Widerstände sind etwas anders gezeichnet, aber die Schaltung selbst ist unverändert

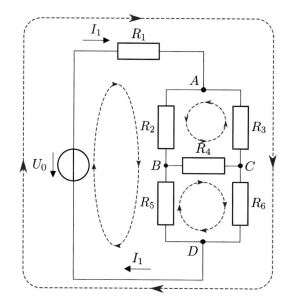

$$\text{Knoten A:}\quad I_1 = I_2 + I_3 \tag{1.38}$$

$$\text{Knoten B:}\quad I_2 = I_4 + I_5 \tag{1.39}$$

$$\text{Knoten C:}\quad I_6 = I_3 + I_4 \tag{1.40}$$

Wie man in Lehrbüchern so gerne sagt, sei es der geneigten Leserin oder dem geneigten Leser überlassen, dieses Gleichungssystem zu lösen und so die gesuchten Größen zu bestimmen.

**Zur Überprüfung Ihres Ergebnisses**
Definieren wir eine Größe

$$R_{eq}^3 := (R_1 R_2 + R_1 R_3 + R_2 R_3)\,(R_4 + R_5 + R_6)$$
$$+ R_1 R_4\,(R_5 + R_6) + R_2 R_6\,(R_4 + R_5) + R_3 R_5\,(R_4 + R_6)$$
$$+ R_4 R_5 R_6$$

dann ergibt sich für die Ströme:

$$I_1 = U_0 \cdot \left\{ \frac{(R_2 + R_3)\,(R_4 + R_5 + R_6) + R_4(R_5 + R_6)}{R_{eq}^3} \right\} \tag{1.41}$$

$$I_2 = U_0 \cdot \left\{ \frac{R_3(R_4 + R_5 + R_6) + R_4 R_6}{R_{eq}^3} \right\} \tag{1.42}$$

$$I_3 = U_0 \cdot \left\{ \frac{R_2(R_4 + R_5 + R_6) + R_4 R_5}{R_{eq}^3} \right\} \tag{1.43}$$

$$I_4 = U_0 \cdot \left\{ \frac{R_3 R_5 - R_2 R_6}{R_{eq}^3} \right\} \tag{1.44}$$

$$I_5 = U_0 \cdot \left\{ \frac{R_6(R_2 + R_3 + R_4) + R_3 R_4}{R_{eq}^3} \right\} \tag{1.45}$$

$$I_6 = U_0 \cdot \left\{ \frac{R_2(R_4 + R_5) + R_5(R_3 + R_4)}{R_{eq}^3} \right\} \tag{1.46}$$

## 1.4.2   Reihen- und Parallelschaltung

Im obigen Beispiel haben wir schon die zwei grundsätzlichen Arten gesehen, mit denen Bauteile, bspw. Widerstände, miteinander verknüpft werden können. Sie können in einer Schaltung hintereinander auftreten, man sagt *in Reihe geschaltet sein*, oder sie können an einem Knoten in zwei verschiedenen Strompfaden auftreten. Dann sagt man sie seien *parallel geschaltet.* Für die Reihen- und Parallelschaltung von Widerständen ergeben sich aus den Kirchhoffschen Gesetzen einfache, aber wichtige Methoden, den Gesamt- oder *Ersatzwiderstand* der Schaltung zu berechnen.

Betrachten wir zunächst die **Reihenschaltung** von $N$ Widerständen in Abb. 1.13:

**Frage**

Wie groß ist der Gesamtwiderstand $R_{ges}$ dieser Schaltung?

Aus der Maschenregel wissen wir

$$\begin{aligned} U_0 &= I R_1 + I R_2 + \ldots + I R_N \\ &= I (R_1 + R_2 + \ldots + R_N) \\ &=: I \cdot R_{ges} \end{aligned}$$

Damit gilt also für den

**Gesamtwiderstand einer Reihenschaltung**

$$R_{ges} = \sum_{k=1}^{n} R_k \tag{1.47}$$

**Abb. 1.13** Reihenschaltung
Ohmscher Widerstände

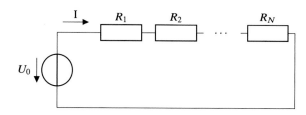

Diese Rechnung lässt sich leicht auf allgemeine, komplexe Impedanzen erweitern:

$$Z_{ges} = \sum_{k=1}^{n} Z_k \tag{1.48}$$

**Frage**

Wie groß ist nun der Gesamtwiderstand bei **Parallelschaltung** von Widerständen, wie sie in Abb. 1.14 zu sehen ist?

Aus der Knotenregel folgt

$$
\begin{aligned}
I_{ges} &= I_1 + I_2 + \ldots + I_N \\
&= \frac{U_0}{R_1} + \frac{U_0}{R_2} + \ldots + \frac{U_0}{R_N} \\
&= U_0 \left( \frac{1}{R_1} + \frac{1}{R_2} + \ldots + \frac{1}{R_N} \right) \\
&=: \frac{U_0}{R_{ges}}
\end{aligned}
$$

Der Kehrwert des Gesamtwiderstandes der Parallelschaltung ist also die Summe der Kehrwerte der Einzelwiderstände.

**Gesamtwiderstand einer Parallelschaltung**

$$\frac{1}{R_{ges}} = \sum_{k=1}^{N} \frac{1}{R_k} \tag{1.49}$$

Den Kehrwert eines Widerstandes bezeichnet man auch als *Leitwert*, so dass der Leitwert einer Parallelschaltung zur Summe über die Leitwerte der Einzelwiderstände wird.

**Abb. 1.14** Parallelschaltung
Ohmscher Widerstände

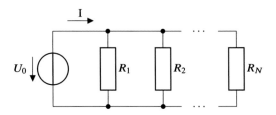

In der Literatur wird der Gesamtwiderstand der Parallelschaltung von Widerständen gerne mit dem mathematischen Symbol für parallele Linien geschrieben. So
würde man den Gesamtwiderstand der Parallelschaltung von Widerständen $R_1$ und
$R_2$ schreiben als

$$R_{ges} = R_1 \| R_2$$

**Anwendung: Der Spannungsteiler**
Eine sehr häufig auftretende Anwendung der Reihenschaltung von Widerständen ist
die in Abb. 1.15 gezeigte *Spannungsteilerschaltung*.

**Frage**

Wie groß ist die Ausgangsspannung $U_A$ eines unbelasteten Spannungsteilers,
wenn also kein Lastwiderstand Strom zieht?

Aus der Maschenregel wissen wir:

$$U_A = I \cdot R_2 \text{ und}$$
$$U_0 = I \, (R_1 + R_2)$$

Daraus ergibt sich schnell die

**Spanungsteilerformel**

$$U_A = U_0 \frac{R_2}{R_1 + R_2} \qquad (1.50)$$

Diese Spannungsteilerformel lässt sich natürlich auch wieder auf komplexe Impedanzen erweitern. Das macht sie sehr nützlich, da man Teile vieler komplizierter
Schaltungen effektiv als komplexe Spannungsteiler betrachten kann, wenn die Spannung zwischen zwei Punkten der komplizierten Schaltung gesucht wird.

**Abb. 1.15** Unbelasteter
Spannungsteiler

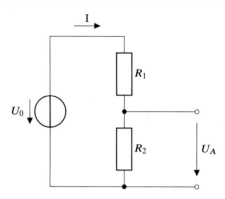

In der obigen Schaltung (Abb. 1.15) ist kein Widerstand an die Ausgangsklemmen des Spannungsteilers geschaltet, es wird also kein Strom aus dem Ausgang gezogen. Man sagt, der Spannungsteiler sei *unbelastet*.

Schaltet man einen Lastwiderstand $R_L$ (*belasteter* Spannungsteiler, Abb. 1.16), so geht die Berechnung der Ausgangsspannung wie vorher, nur dass wir in den Formeln $R_2$ durch den Gesamtwiderstand der Parallelschaltung von $R_2$ und $R_L$ ersetzen:

$$R_{ges} := R_2 \| R_L = \frac{R_2 R_L}{R_2 + R_L} \tag{1.51}$$

Damit ergibt sich für $U_A$:

$$\begin{aligned} U_A &= U_0 \frac{R_{ges}}{R_1 + R_{ges}} \\ &= U_0 \frac{R_2 R_L}{R_1 R_2 + R_L(R_1 + R_2)} \end{aligned}$$

Der Verlauf der Ausgangsspannung gegen den Lastwiderstand ist in Abb. 1.17 dargestellt.

**Abb. 1.16** Belasteter
Spannungsteiler

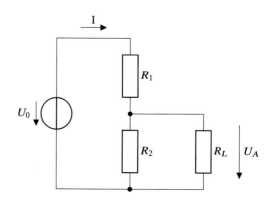

**Abb. 1.17** Verlauf der Ausgangsspannung eines Spannungsteilers als Funktion des Lastwiderstandes $R_L$

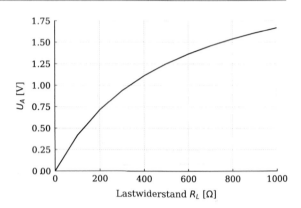

### 1.4.3    Ein paar Worte zu Vorzeichen

Die Vorzeichen von Strom und Spannung, die wir in den vorangegangenen Betrachtungen benutzt haben, können schnell zur Quelle von Verwirrung werden. Daher wollen wir die Konventionen hier noch einmal explizit klären. Dazu betrachten wir den Knoten in Abb. 1.18.

Die allgemeinste Form der Knotenregel, wie wir sie in Gl. 1.33 kennengelernt haben, lautet in diesem Fall für den Knoten am Punkt $E$:

$$I_{R1} + I_{R2} + I_{R3} + I_{R4} = 0 \qquad (1.52)$$

Es ist wichtig hervorzuheben, dass in Gl. 1.52 keine Annahme über die Richtungen bzw. Vorzeichen der Ströme gemacht wurde. Diese Gleichung gilt, unabhängig von den Potenzialen an den Punkten $A$ bis $D$, immer.

Es existieren nun zwei Möglichkeiten, die Stromrichtungen bzw. -vorzeichen, festzulegen:

1. **Wahl der Potentiale bei der Berechnung des Stroms**
   Sie können sich entscheiden, davon auszugehen, dass der Punkt $A$ positiver ist, als der Punkt $E$. Das führt dazu, dass der Strom durch den Widerstand $R_1$ lautet:

$$I_{R1} = \frac{U_A - U_E}{R_1}$$

   Da die Stromrichtung per Definition vom positiveren zum negativeren Potential zeigt, ist damit der Strompfeil für $I_{R1}$ festgelegt. Er zeigt vom Punkt $A$ zum Punkt $E$, wie in Abb. 1.18 zu sehen ist.

2. **Einzeichnen eines Strom- oder Spannungspfeils**
   Die zweite Möglichkeit, die unabhängig von der ersten ist, besteht darin, Strom- oder Spannungspfeile in das Schaltbild einzuzeichnen. Diese zeigen, wiederum per Definition, vom positiveren zum negativeren Potential.

**Abb. 1.18** Ein Knoten (Punkt $E$) zur Erläuterung der Vorzeichen des Stroms. Die Richtung der Strompfeile wird im Text erläutert

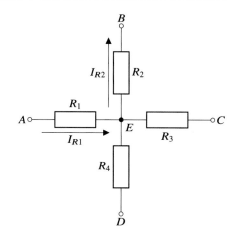

Zeichnen Sie beispielsweise den Strompfeil für den Strom $I_{R2}$, wie in Abb. 1.18 gezeigt, vom Punkt $E$ zum Punkt $B$, dann folgt daraus, dass $E$ positiver ist als $B$ und der Strom also lautet:

$$I_{R2} \overset{!}{=} \frac{U_E - U_B}{R_2} \qquad (1.53)$$

Welche dieser beiden Möglichkeiten Sie benutzen, ist völlig egal. Sie können sogar für verschiedene Ströme verschiedene Definitionen verwenden, wie wir es für $I_{R1}$ und $I_{R2}$ getan haben. Wichtig ist nur, dass einmal getroffene Definitionen während der anschließenden Rechnung konsistent beibehalten werden.

Wenn Sie die Rechnung dann durchführen, kann es sein, dass Sie für Ihre Ströme und Spannungen Werte bekommen, die negativ sind. Das bedeutet dann nur, dass Ihre getroffenen Definitionen nicht den wirklichen Verhältnissen in der Schaltung entsprachen, was aber kein wirkliches Problem ist, da Sie die Rechnung ja richtig und konsistent gemacht haben.

## 1.4.4 Das Thevenin-Theorem

Mit Hilfe der Kirchhoffschen Gesetze kann man die Spannungen und Ströme in beliebigen Schaltungen berechnen, was bei komplizierteren Schaltungen aber sehr schnell recht unschön wird. Bei linearen Netzwerken, in denen der Strom linear proportional zur Spannung ist, kann man alternativ zu dieser brute-force Rechnung das *Thevenin-Theorem* oder das *Norton-Theorem* benutzen, um Teile der Schaltung durch einfache Ersatzschaltbilder darzustellen. Die beiden Theoreme folgen dabei aus dem Superpositionsprinzip, weshalb sie auch nur in linearen Netzwerken angewandt werden können.

Das hier dargestellte Thevenin-Theorem führt zu Ersatzschaltungen, welche nur aus einer Spannungsquelle mit der Spannung $U_{Th}$ und einem dazu in Reihe geschalteten Widerstand mit dem Wert $R_{Th}$ bestehen. So kann jede mögliche Kombination

**Abb. 1.19** Beispielschaltung
zur Anwendung des
Thevenin-Theorems

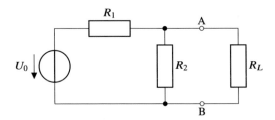

von Strom- und/oder Spannungsquellen und Impedanzen durch eine einfache Reihenschaltung ersetzt werden.

Schauen wir uns die Benutzung des Thevenin-Theorems an einem einfachen Standardbeispiel in Abb. 1.19 an, nämlich dem schon bekannten Spannungsteiler, den wir diesmal ein wenig anders zeichnen.

Wir wollen die Ersatzschaltung bzgl. der Klemmen A und B berechnen, d. h. die Klemmen A und B sind der Ausgang der Schaltung, der Lastwiderstand $R_L$ symbolisiert zum Beispiel eine weitere, potentiell komplexe, Schaltung, die an A und B angeschlossen wird.

Die Ausgangsspannung der Ersatzspannungsquelle, *Thevenin-Spannung* genannt, und der Wert des Ersatzwiderstandes, auch *Thevenin-Widerstand* genannt, werden nun in zwei Schritten berechnet:

1. Zur Bestimmung von $U_{\mathrm{Th}}$ berechnen wir die Leerlaufspannung zwischen den Klemmen A und B. Dazu entfernt man den Lastwiderstand, bzw. lässt $R_L \to \infty$ gehen.

   Dann findet man für die Thevenin-Spannung:

$$U_{\mathrm{Th}} := U_{AB,leer} = U_0 \frac{R_2}{R_1 + R_2} \qquad (1.54)$$

2. Zur Berechnung des Ersatzwiderstandes $R_{\mathrm{Th}}$ ersetzt man alle Spannungsquellen in der ursprünglichen Schaltung durch Kurzschlüsse und streicht alle Stromquellen und den Lastwiderstand ersatzlos. Dann sieht der Spannungsteiler aus wie in Abb. 1.20 gezeigt.

   Der Ersatzwiderstand dieser Schaltung ist

$$R_{\mathrm{Th}} := R_1 || R_2 = \frac{R_1 R_2}{R_1 + R_2} \qquad (1.55)$$

So ergibt sich als Thevenin-Ersatzschaltbild des Spannungsteilers die Abb. 1.21.

**Abb. 1.20** Ersatzschaltbild
des Spannungsteilers zur
Anwendung des
Thevenin-Theorems

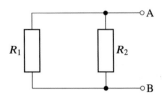

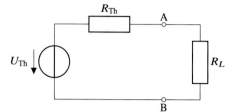

**Abb. 1.21** Thevenin-Ersatzschaltung des Spannungsteilers

Da die Ersatzschaltung eines Spannungsteilers etwas trivial ist, wollen wir auch ein etwas komplexes Beispiel durchrechnen. Dazu betrachten wir die Schaltung in Abb. 1.22.

Zur Berechnung des Ersatzwiderstandes ersetzen wir wieder alle Spannungsquellen durch Kurzschlüsse und streichen alle Stromquellen. Übrig bleibt die Schaltung in Abb. 1.23, also die Parallelschaltung der Widerstände. Damit finden wir:

$$R_{th} = R_1||R_2||R_3 = \frac{R_1 R_2 R_3}{R_1 + R_2 + R_3} \tag{1.56}$$

Die Thevenin-Ersatzspannung $U_{th}$ ergibt sich aus der Leerlaufspannung zwischen den Klemmen, sie ist also gleich der Spannung, die über den Widerstand $R_3$ abfällt:

$$U_{th} = U_{R3} = R_3 \cdot I_{R3} \tag{1.57}$$

Aus der Knotenregel folgt, dass der Strom durch $R_3$ ist

$$I_{R3} = I_1 + I_2 - I$$
$$= \frac{U_1}{R_1} + \frac{U_2}{R_2} - I$$

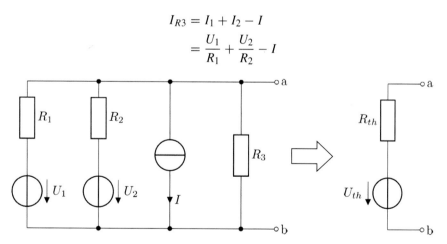

**Abb. 1.22** Ein weiteres Beispiel für die Anwendung des Thevenin-Theorems

**Abb. 1.23** Ersatzschaltung des Thevenin-Beispiels

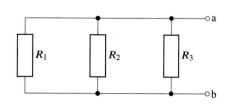

Daraus folgt für die Thevenin-Ersatzspannung

$$U_{th} = R_3 \left( \frac{U_1}{R_1} + \frac{U_2}{R_2} - I \right).$$                    (1.58)

Jetzt können wir die Werte für Ströme, Spannungen und Widerstände einsetzen und sind fertig.

Bei komplexeren Schaltungen kann man diese Schritte mehrmals wiederholen, um immer größere Teile der ursprünglichen Schaltung zu ersetzen und am Ende wieder zu einem einfachen Ersatzschaltbild zu gelangen.

## 1.5    Messung von Strom und Spannung

Wie wir gesehen haben, ist Spannung die Differenz der Potentiale zwischen zwei Punkten. Daher ist es leicht einzusehen, dass Spannung immer über ein Bauteil, wie einen Widerstand oder eine Strom-/Spannungsquelle gemessen wird. Das bedeutet, dass das Spannungsmessgerät, zum Beispiel ein Voltmeter, parallel zu dem Bauteil geschaltet wird, über welches die Spannung gemessen wird. Daraus folgt, dass der Innenwiderstand eines idealen Voltmeters unendlich sein muss, da ansonsten ein Teil des Stroms, der eigentlich durch das Bauteil fließt und dort eine proportionale Spannung hervorruft, stattdessen durch das Voltmeter fließt. Das verändert den Spannungsabfall über das Bauteil und verzerrt so die Messung.

Typische Eingangswiderstände von Voltmetern liegen im Bereich 10 MΩ, hängen aber auch vom gewählten Messbereich ab. Daher ist es wichtig, dass man den passenden Messbereich wählt, bevor das Voltmeter angeschlossen wird. Wenn die zu messende Spannung nicht genau bekannt ist empfiehlt es sich, bei großen Spannungen anzufangen und den Messbereich sukzessive zu reduzieren, bis er der zu messenden Spannung entspricht. Bei Oszilloskopen liegt der Eingangswiderstand des Geräts selbst im Bereich 1 MΩ, durch Vorschalten eines Tastkopfes kann er auf 10 MΩ und mehr erhöht werden.

Strom ist die Änderung der Ladung pro Zeit, weshalb eine Strommessung im Wesentlichen dem Zählen der Ladungsträger gleichkommt. Daher wird das Strommessgerät immer in Reihe mit dem Bauteil geschaltet, durch welches der Stromfluss gemessen werden soll. Damit wird auch klar, dass der Innenwiderstand eines idealen Amperemeters gleich Null sein muss, da ansonsten Spannung über das Messgerät abfällt, welches dadurch den Strom durch das Bauteil beeinflusst.

Typische Innenwiderstände realer Amperemeter liegen im Bereich zwischen 10 mΩ bis 10 Ω.

## 1.6    Einfache Filterschaltungen

Mit den bisher bekannten Bauteilen lassen sich schon einfache, aber sehr häufig verwendete Schaltungen aufbauen, den Spannungsteiler hatten wir ja schon gesehen.

**Abb. 1.24** Ein Tiefpassfilter

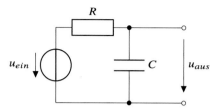

Aus Kombinationen von Widerständen und Kondensatoren oder Spulen können wir nun auch erste Schaltungen bauen, bei denen die Amplitude des Ausgangssignals von Frequenz und Amplitude des Eingangssignals abhängen. Das Verhältnis der Amplituden von Ausgangs- und Eingangssignal wird als *Verstärkung* bezeichnet, welche bei diesen Schaltungen also frequenzabhängig ist.

**Beispiel 1: Tiefpass**
Gesucht ist die Ausgangsspannung der Schaltung in Abb. 1.24 wenn am Eingang ein Rechteckpuls angelegt wird:

$$u_{ein}(t) = \begin{cases} 0 & \text{für } t \leq 0 \\ U_0 & \text{für } 0 \leq t \leq T \\ 0 & \text{für } T \leq t \end{cases}$$

Für $0 \leq t \leq T$: Der Kondensator wird aufgeladen mit dem Strom $I = \frac{U_0}{R}$

$$\Rightarrow u_{aus}(t) = U_0 \left(1 - e^{-t/RC}\right)$$

Für $T \leq t$: Der Kondensator wird über den Widerstand $R$ entladen:

$$\Rightarrow u_{aus}(t) = U_0 \, e^{-t/RC}$$

▶ **Hinweis** Hier haben wir angenommen, dass der Kondensator bis auf die Spannung $U_0$ aufgeladen war. Das ist dann der Fall, wenn der Spannungspuls am Eingang lang genug war, in guter Näherung für $T > 5 \cdot \tau$ mit der Zeitkonstante $\tau = RC$.

Wie man am zeitlichen Verlauf der Ausgangsspannung in Abb. 1.25 erkennt, ändert sich diese nur langsam. Hochfrequente Eingangssignale werden in der Ausgangsspannung daher nicht wiedergegeben, weshalb man diese Schaltung einen *Tiefpassfilter* oder einfach *Tiefpass* nennt.

Die Ausgangsspannung der Schaltung ist gleich der Spannung über den Kondensator. Für diese gilt

$$u_{aus}(t) = \frac{Q(t)}{C} = \frac{1}{C} \int_0^T I \, \mathrm{d}t \qquad (1.59)$$

**Abb. 1.25** Eingangs- und
Ausgangsspannung eines
Tiefpasses

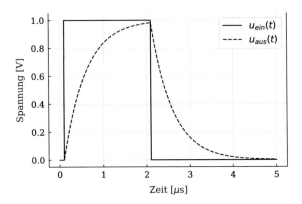

Die Ausgangsspannung ist also proportional zum Integral über den Strom $I = u_{ein}/R$, weshalb man diese Schaltung auch einen *Integrator* nennt.

**Beispiel 2: Hochpass**

Bei der Schaltung in Abb. 1.26 ist die Spannung über den Kondensator gleich $u_C = u_{ein} - u_{aus}$, weshalb wir schreiben können:

$$I(t) = i = C \cdot \frac{\mathrm{d}\,(u_{ein} - u_{aus})}{\mathrm{d}t} = \frac{u_{aus}}{R} \tag{1.60}$$

Ist die Eingangsspannungsänderung schneller als die Änderung der Ausgangsspannung ($\frac{\mathrm{d}u_{aus}}{\mathrm{d}t} \ll \frac{\mathrm{d}u_{ein}}{\mathrm{d}t}$), so vereinfacht sich die Formel zu

$$u_{aus}(t) = RC \cdot \frac{\mathrm{d}u_{ein}}{\mathrm{d}t}$$

Die Ausgangsspannung ist proportional zur zeitlichen Ableitung der Eingangsspannung, weshalb diese Schaltung auch *Differenzierer* genannt wird.

Die Ausgangsspannung wird groß für große Änderungen der Eingangsspannung, welche bei hochfrequenten Eingangssignalen auftreten. Daher wird die Schaltung meistens als *Hochpassfilter* oder einfach *Hochpass* bezeichnet.

Diese beiden relativ einfachen Filterschaltungen werden Sie zusammen mit dem sogenannten *Bandpassfilter* sehr oft in komplexeren Schaltungen wiederfinden.

Neben ihrer beabsichtigten Verwendung, zum Beispiel um unwillkommene Schwankungen der Versorgungsspannung zu unterdrücken oder um die Gleichspannungspegel von Signalen zu unterdrücken, treten sie sehr oft parasitär auf. So formt

**Abb. 1.26** Ein
Hochpassfilter

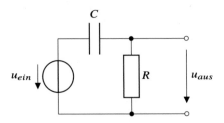

**Abb. 1.27** Reale
Signalquelle

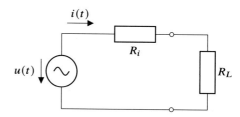

der Ohmsche Widerstand von Leiterbahnen zusammen mit parasitären Kapazitäten, zum Beispiel zwischen nebeneinander laufenden Leitbahnen, oft solche parasitären Filter, die das Frequenzverhalten von Schaltungen beeinflussen können.

Auch die Induktivität von Leiterbahnen spielt eine wichtige Rolle, da Filter auch aus LC-Schaltungen aufgebaut sein können.

## 1.7   Leistungsanpassung

Wann immer elektrische Signale weiter verarbeitet werden sollen, seien es Audiosignale aus dem MP3 Player oder Messsignale von Sensoren, will man, dass das Signal möglichst verlustfrei auf die nächste Schaltung, wie Verstärker, Lautsprecher oder komplexere Ausleseelektronik, übertragen wird.

Dazu betrachtet man die elektrische Leistung des Signals:

$P = U \cdot I$ für Gleichspannungen und -ströme, bzw $p(t) = u(t) \cdot i(t)$ für zeitlich veränderliche Spannungen und Ströme.

Abb. 1.27 zeigt eine reale Signalquelle, mit dem Innenwiderstand $R_i$ und dem Ausgangssignal $u(t)$, die *eine Last treibt* mit dem Widerstand $R_L$. Die Signalamplitude sei $u_{max}(t) = U_0$.[3]

Mit Hilfe der Spannungsteilerformel findet man schnell, dass der maximale Strom durch die Last beträgt:

$$i_{max}(t) := I_0 = \frac{U_0}{R_i + R_L} \tag{1.61}$$

Damit ist die maximale Leistung an der Last:

$$p_{max}(t) := P_0 = I_0^2 \cdot R_L = \frac{U_0^2 R_L}{(R_i + R_L)^2} \tag{1.62}$$

---

[3]Da der maximale Spannungswert $U_0$ nicht von der Zeit abhängt, wird er mit Großbuchstaben bezeichnet.

Da der Innenwiderstand der Signalquelle typischerweise nicht verändert werden kann, müssen wir also den Lastwiderstand so wählen, dass $P_0$ maximal wird:

$$\frac{\mathrm{d}P_0}{\mathrm{d}R_L} = U_0^2 \frac{R_i - R_L}{(R_i + R_L)^3} \overset{!}{=} 0$$

$$\Rightarrow R_L \overset{!}{=} R_i \tag{1.63}$$

Bei einer rein Ohmschen Last wird also die auf diese übertragene Leistung maximal, wenn der Lastwiderstand gleich dem Innenwiderstand ist. Die passende Einstellung des Lastwiderstandes nennt man *Widerstands-* bzw. *Impedanzanpassung,* da diese auch für komplexe Impedanzen nötig ist, wie wir später sehen werden.

### 1.7.1    Leistung in komplexer Darstellung

Die gesamte elektrische Leistung, die der Strom an einem komplexen Widerstand verrichtet, setzt sich zusammen aus einem reellwertigen Beitrag, der *Wirkleistung,* und einem komplexwertigen Beitrag, der *Blindleistung.* Da nur reellwertige Größen direkt messbar sind, kann auch nur die Wirkleistung in andere Energieformen überführt werden, zum Beispiel in die Erwärmung eines Widerstandes. Die Blindleistung stellt Energie dar, die zwischen der Energiequelle, dem Stromerzeuger, und einer Last hin und zurück fließt und daher im zeitlichen Mittel gleich Null wird. Diese Energie steht daher nicht zur Verfügung, um den Widerstand zu erhitzen oder einen Motor zu bewegen. Das wollen wir nun in einer nicht allzu komplizierten Rechnung zeigen.

Zunächst müssen wir ein paar Begriffe definieren, um genauer über die Leistung bei zeitlich veränderlichen Strömen und Spannungen sprechen zu können.

Wie wir in Abschn. 1.3.4.1 gesehen haben, kann man Wechselspannungen und -ströme wie folgt darstellen:

$$u(t) = \hat{U}_0 \cdot e^{j\omega t} \text{ mit } \hat{U}_0 = U_0 \cdot e^{j\phi_u} \tag{1.64}$$

$$i(t) = \hat{I}_0 \cdot e^{j\omega t} \text{ mit } \hat{I}_0 = I_0 \cdot e^{j\phi_i} \tag{1.65}$$

Betrachten wir zur Berechnung der (Wirk-)Leistung die Realteile von Spannung und Strom:

$$p(t) = \mathrm{Re}\left\{u(t)\right\} \cdot \mathrm{Re}\left\{i(t)\right\} = U_0 I_0 \, \cos(\omega t + \phi_u) \cos(\omega t + \phi_i) \tag{1.66}$$

Schreiben wir die Phase des Stroms als $\phi_i = \phi_u + \phi$ und benutzen die Additionstheoreme des Kosinus, so finden wir

$$p(t) = U_0 I_0 \, \cos(\omega t + \phi_u) \left\{\cos(\omega t + \phi_u)\cos\phi - \sin(\omega t + \phi_u)\sin\phi\right\} \tag{1.67}$$

Betrachten wir die über eine Periode ($T = \frac{2\pi}{\omega}$) gemittelte Leistung, so finden wir

$$\langle P \rangle = \frac{1}{T} \int_0^T p(t)\mathrm{d}t = \frac{1}{2}\,\mathrm{Re}\left(\hat{U}_0 \hat{I}_0^*\right) =: U_{\text{eff}} I_{\text{eff}} \cos\phi$$

$$= \frac{U_0 I_0}{T} \int_0^T \left[\cos^2(\omega t + \phi_u)\cos\phi + \cos(\omega t + \phi_u)\sin(\omega t + \phi_u)\sin\phi\right]\mathrm{d}t$$

$$= U_0 I_0 \left\{ \cos\phi \frac{1}{T}\int_0^T \cos^2(\omega t + \phi_u)\mathrm{d}t \right.$$

$$\left. \underbrace{- \sin\phi \frac{1}{T}\int_0^T \cos(\omega t + \phi_u)\sin(\omega t + \phi_u)\mathrm{d}t}_{=0} \right\}$$

$$\Rightarrow \langle P \rangle := P_{wirk} = \frac{1}{2}U_0 I_0 \cos\phi \neq 0 \tag{1.68}$$

Wie man sieht, ist das zeitliche Mittel über den Realteil der Leistung nicht gleich Null. Diese Wirkleistung steht am Verbraucher zur Verfügung, um in andere Energieformen (Schall, Wärme, etc.) umgewandelt zu werden.

Der Imaginärteil der Leistung, die Blindleistung, beträgt:

$$P_{\text{blind}} = U_{\text{eff}} I_{\text{eff}} \cdot \sin\phi \tag{1.69}$$

Die Blindleistung ist im zeitlichen Mittel gleich Null, d.h. sie steht nicht zur Umwandlung in andere Energieformen zur Verfügung. Es fließt aber natürlich trotzdem Energie, und zwar mit der Frequenz $\omega$ vom Netzgerät zur Last und wieder zurück. Daher muss auch die Blindleistung bei der Dimensionierung von Schaltungen berücksichtigt werden, zum Beispiel bei der Leistungsspezifikation von Widerständen und Leiterbahnen.

## 1.7.2 Leistung am komplexen Widerstand

Reale Verbraucher weisen immer auch komplexe Anteile der Impedanz auf, zum Beispiel ungewollte, sogenannte *parasitäre* Kapazitäten und/oder Induktivitäten: $Z = R + jX$

Diese sind in der Schaltung in Abb. 1.28 durch die Parallelschaltung von $C$ und $L$ vereinfacht dargestellt.

**Abb. 1.28** Realer
Verbraucher mit komplexer
Impedanz

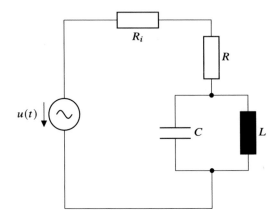

Legen wir beispielhaft eine sinusförmige Spannung $u(t) = U_0 \sin \omega t$ an, so folgt für den Strom:

$$
\begin{aligned}
i(t) &= \frac{u(t)}{R_i + Z} \\
&= \frac{U_0(R_i + R)}{(R_i + R)^2 + X^2} \sin \omega t - j \frac{U_0 X}{(R_i + R)^2 + X^2} \sin \omega t
\end{aligned}
$$

Die mittlere Wirkleistung wird dann

$$
\langle P_{wirk} \rangle = \langle p(t) \rangle = \frac{1}{2} \left( \frac{U_0^2 R_i}{(R_i + R)^2 + X^2} + \frac{U_0^2 R}{(R_i + R)^2 + X^2} \right) \qquad (1.70)
$$

wobei der erste Term die am Innenwiderstand (Netzgerät, Kraftwerk) verbrauchte Leistung beschreibt und der zweite die Leistung am Verbraucher beschreibt. Die Leistung wird jeweils maximal, wenn

$$
\frac{dP_{wirk}}{dR} = \frac{U_0^2(R_i^2 - R^2 + X^2)}{2 \left\{ (R_i + R)^2 + X^2 \right\}^2} \overset{!}{=} 0
$$

also für $R = \sqrt{R_i^2 + X^2}$.

Der komplexe Impedanzanteil muss also bei der Impedanzanpassung berücksichtigt werden. Des Weiteren zeigt Gl. 1.70, dass die Leistung am Verbraucher kleiner wird, wenn die Last einen komplexen Anteil hat. Daher versucht man, diese so gut wie möglich zu kompensieren, wozu große Stromverbraucher wie Fabriken teilweise große Kondensatorbänke benutzen.

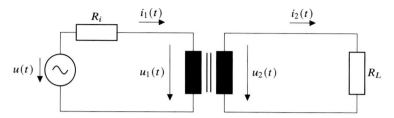

**Abb. 1.29** Zur Leistungsanpassung mit einem Transformator

### 1.7.3 Leistungsanpassung mittels Transformator

Für rein Ohmsche Lasten kann die Leistungsanpassung auch mit Hilfe eines Transformators[4] geschehen, wie in Abb. 1.29 dargestellt.

Hat der Transformator auf der Primärseite $N_1$ und auf der Sekundärseite $N_2$ Windungen, so gilt:

$$\frac{u_2(t)}{u_1(t)} = \frac{N_2}{N_1} \tag{1.71}$$

$$\frac{i_2(t)}{i_1(t)} = \frac{N_1}{N_2} \tag{1.72}$$

Damit wird das Verhältnis aus Innen- und Lastwiderstand, welches zur Leistungsanpassung gleich 1 sein soll (siehe Gl. 1.63):

$$\frac{R_i}{R_L} = \frac{u_1/i_1}{u_2/i_2} = \left(\frac{N_1}{N_2}\right)^2 \overset{!}{=} 1 \tag{1.73}$$

**Beispiel**

Wir wollen einen Lautsprecher mit einem Lastwiderstand von $R_L = 4\,\Omega$ mit einem Verstärker treiben, der einen Ausgangs- oder Innenwiderstand von $R_i = 2,2\,\text{k}\Omega$ hat.

$\Rightarrow$ Um die maximale Leistung am Lautsprecher zu erhalten brauchen wir also einen Transformator mit einem Windungsverhältnis

$$\frac{N_1}{N_2} = \sqrt{\frac{R_i}{R_L}} = 23,5$$

Bei realen Transformatoren sind natürlich wieder parasitäre Kapazitäten und Induktivitäten zu berücksichtigen, wie auch Verluste im Eisenjoch, etc.

---

[4]Wie Sie aus der Vorlesung zur Elektrodynamik wissen, besteht ein Transformator aus zwei galvanisch getrennten Spulen, die über den magnetischen Fluss gekoppelt sind. Stromfluss durch die Primärspule induziert Stromfluss durch die Sekundärspule, wobei das Verhältnis der Ströme durch das Verhältnis der Windungszahlen gegeben ist.

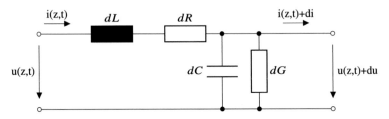

**Abb. 1.30** Ersatzschaltbild der Einheitszelle einer Leitung

## 1.8    Signale auf Leitern

Wie wir im Abschn. 1.1 besprochen haben, muss bei jeder Schaltung das Referenzpotential festgelegt werden. Das ist der Grund dafür, dass zur Übertragung von Signalen von einem Sender zu einem Empfänger immer zwei Leitungen nötig sind: Eine für die sich ändernde Spannung (oder Strom), welche das Signal darstellt und eine um beiden Schaltungen dasselbe Referenzpotential einzustellen.

Solche Leitungen charakterisiert man wie die Leiterbahnen in den bisher besprochenen Schaltungen durch vier Größen:

- den Widerstand $R$
- die Induktivität $L$
- die Kapazität $C$
- den Verlustleitwert $G$

Die absoluten Werte dieser Größen hängen von der Länge der jeweiligen Leitung ab. Daher definiert man die auf die Länge normierten Leitungskonstanten (die Leitung laufe entlang der z-Richtung):

$$R' = \frac{\mathrm{d}R}{\mathrm{d}z} \qquad\qquad C' = \frac{\mathrm{d}C}{\mathrm{d}z}$$

$$L' = \frac{\mathrm{d}L}{\mathrm{d}z} \qquad\qquad G' = \frac{\mathrm{d}G}{\mathrm{d}z}$$

Die Leitung wird dann aus Einheitszellen mit den charakteristischen Werten dieser Größen zusammengesetzt, die man sich wie in Abb. 1.30 vorstellen kann.

Die Ausbreitung von Signalen auf solchen Leitungen wird beschrieben durch zwei Differentialgleichungen, die aus den Ohmschen Gesetzen folgen:

1. Aus der Maschenregel:

$$u(z + dz, t) - u(z, t) = du$$

$$= -dL \cdot \frac{\partial i}{\partial t}(z, t) - dR \cdot i(z, t)$$

$$\Rightarrow \frac{\partial u}{\partial z} = -\underbrace{\frac{\partial L}{\partial z}}_{L'} \cdot \frac{\partial i}{\partial t}(z, t) - \underbrace{\frac{\partial R}{\partial z}}_{R'} \cdot i(z, t) \qquad (1.74)$$

2. Aus der Knotenregel:

$$i(z + dz, t) - i(z, t) = di$$

$$= -dC \cdot \frac{\partial u}{\partial t}(z, t) - dG \cdot u(z, t)$$

$$\Rightarrow \frac{\partial i}{\partial z} = -\underbrace{\frac{\partial C}{\partial z}}_{C'} \cdot \frac{\partial u}{\partial t}(z, t) - \underbrace{\frac{\partial G}{\partial z}}_{G'} \cdot u(z, t) \qquad (1.75)$$

Durch Einsetzen dieser beiden Gleichungen in einander gelangt man zu den sogenannten

**Telegraphengleichungen**

$$\frac{\partial^2 u}{\partial z^2} = R'G' \cdot u(z, t) + \left(R'C' + L'G'\right)\frac{\partial u}{\partial t} + L'C' \cdot \frac{\partial^2 u}{\partial t^2} \qquad (1.76)$$

$$\frac{\partial^2 i}{\partial z^2} = R'G' \cdot i(z, t) + \left(R'C' + L'G'\right)\frac{\partial i}{\partial t} + L'C' \cdot \frac{\partial^2 i}{\partial t^2} \qquad (1.77)$$

Die Lösungen der Differentialgleichung 1.76 sind Überlagerungen aus einer hin- und einer rücklaufenden Welle

$$u(z, t) = \left(u_h e^{\gamma z} + u_r e^{-\gamma z}\right) e^{j\omega t} \qquad (1.78)$$

mit $\gamma^2 = (\alpha + j \cdot \beta)^2 = \left(R' + j\omega L'\right) \cdot \left(G' + j\omega C'\right)$. Der Realteil von $\gamma$ beschreibt die Dämpfung des Signals (Reduktion der Signalamplitude), daher bezeichnet man $\gamma$ als *Dämpfungskonstante*.

Die Lösung für den Strom ist einfach gefunden:

$$i(z, t) = \frac{u(z, t)}{Z} \qquad (1.79)$$

mit dem

**Wellenwiderstand**

$$Z := \sqrt{\frac{R' + j\omega L'}{G' + j\omega C'}}. \qquad (1.80)$$

Bei Signalen mit hohen Frequenzen dominieren die frequenzabhängigen Komponenten, d. h. $R' \approx G' \approx 0$. Dann verschwindet der Realteil der Dämpfungskonstanten, man spricht von einer *verlustfreien Leitung*.

Außerdem vereinfacht sich der Wellenwiderstand zu

$$Z = \sqrt{\frac{L'}{C'}}. \tag{1.81}$$

Die Wellenlänge kann im verlustfreien Fall aus der Periodizitätsbedingung errechnet werden

$$e^{\beta z} \stackrel{!}{=} e^{\beta(z+\lambda)} \tag{1.82}$$

$$\Rightarrow \lambda = \frac{2\pi}{\beta} = \frac{2\pi}{\omega\sqrt{L'C'}} \tag{1.83}$$

Die *Phasengeschwindigkeit* beschreibt, mit welcher Geschwindigkeit sich Stellen gleicher Phase entlang der Leitung bewegen, zum Beispiel die Spitze eines Wellenberges bei einer Sinuswelle konstanter Frequenz. Diese Phasengeschwindigkeit ergibt sich mit der Periodendauer $T$ zu

$$v_P = \frac{\lambda}{T} = \lambda \cdot \frac{\omega}{2\pi} = \frac{1}{\sqrt{L'C'}} \tag{1.84}$$

Eine der unintuitiven Eigenschaften der Phasengeschwindigkeit ist, dass sie in bestimmten Fällen größer wird, als die Lichtgeschwindigkeit im Vakuum! Da die Phase einer einzelnen Welle jedoch keine Information überträgt, widerspricht das nicht der Relativitätstheorie. Es ist auch in diesen Fällen nicht möglich, Signale mit Überlichtgeschwindigkeit zu senden.

Die Hüllkurve eines Wellenpaketes, welches man sich über eine Fourierreihe als Überlagerung von Einzelwellen verschiedener Frequenzen vorstellen kann, bewegt sich mit der *Gruppengeschwindigkeit*. Daher gibt diese auch die Geschwindigkeit an, mit der sich Audiosignale oder die Spannungspulse, die digitale Signale ausmachen, auf dem Kabel ausbreiten. Die Gruppengeschwindigkeit ist definiert als

$$v_G := \frac{d\omega}{d\beta} = \frac{1}{\sqrt{L'C'}} \tag{1.85}$$

und wird im verlustfreien Fall gleich der Phasengeschwindigkeit.

▶   **Hinweis** Für typische Kabel (e.g. RG58 Koaxialkabel) liegt die Gruppengeschwindigkeit bei etwa zwei Drittel der Vakuumlichtgeschwindigkeit, Signale bewegen sich mit etwa 5 ns pro Meter.

**Abb. 1.31** Zum
Leitungsabschluss

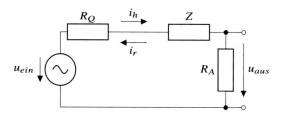

## 1.8.1 Leitungsabschluss

Eine Signalleitung mit dem Wellenwiderstand $Z$, dem Abschlusswiderstand $R_A$ und einer Signalquelle mit dem Innenwiderstand $R_Q$ kann man sich vorstellen wie in Abb. 1.31 dargestellt:

Sowohl am Eingang ($z = 0$) wie am Ende einer Leitung ($z = l$) gilt das Ohmsche Gesetz. Das bedeutet am Abschlusswiderstand gilt zu jeder Zeit

$$R_A = \frac{u_h + u_r}{i_h + i_r} = Z \cdot \frac{u_h + u_r}{u_h - u_r} = Z \cdot \frac{1 + r_A}{1 - r_A} \qquad (1.86)$$

mit dem *Reflexionsfaktor*

$$r_A := \frac{u_r}{u_h} = \frac{R_A - Z}{R_A + Z}. \qquad (1.87)$$

Dabei führt der Strom durch den Wellenwiderstand zum Spannungsabfall $u_h - u_r = Z \cdot (i_h + i_r)$.

Wie man sieht, ist der Reflexionsfaktor für $R_A \neq Z$ nicht gleich Null, es tritt eine Reflexion des Signals am Ende der Leitung auf, wenn diese nicht mit einem Widerstand abgeschlossen wird, der dem Wellenwiderstand entspricht.

Dasselbe Argument gilt für den Ausgangswiderstand $R_Q$ der Signalquelle, auch am Eingang der Leitung kann es zu Reflexionen kommen. Auch hier kann man einen Reflexionsfaktor definieren: $r_Q := \frac{R_Q - Z}{R_Q + Z}$.

### Beispiele

Aus dem Kontinuum der möglichen Werte von $r_A$ wollen wir uns drei besondere Fälle anschauen. Zur Verdeutlichung werden die Signalformen gezeigt, die jeweils an der Signalquelle ($u_{ein}$), bei der halben Länge ($u_{mitte}$) und am Ende ($u_{aus}$) einer Leitung mit einer Laufzeit von $t_D = 50$ ns und einem Wellenwiderstand $Z$ für den gegebenen Abschlusswiderstand zu messen sind. So erreicht der Spannungspuls nach der halben Laufzeit ($0, 5\, t_D$) die Mitte des Kabels, nach der Laufzeit $t_D$ das Ende mit dem Abschlusswiderstand. Findet dort eine Reflexion statt, so erreicht der reflektierte Puls nach $1, 5\, t_D$ wieder die Kabelmitte. Mögliche weitere Reflexionen an der Signalquelle werden, der Übersichtlichkeit zuliebe, unterdrückt.

1. **Widerstandsanpassung:** $R_A = Z$
   Dann wird $r_A = 0$, d. h. es tritt keine Reflexion auf.

**Abb. 1.32** Signalverlauf bei
Leitungsabschluss mit dem
Wellenwiderstand ($R_A = Z$)

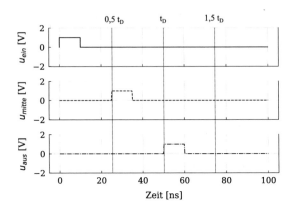

Daher gilt für die Amplitude des Signals am Ausgang:

$$u(z = l) =: u_{aus} = u_{ein} \tag{1.88}$$

Abb. 1.32 zeigt den Verlauf des Signals entlang des Kabels.

2. **Offene Leitung:** $R_A = \infty$

Der Reflexionsfaktor wird $r_A = +1$, d. h. $u_r = u_h$, das einlaufende Signal wird mit derselben Polarität reflektiert.

Für die Signalamplitude am Ausgang gilt wegen der Überlagerung der hin- und rücklaufenden Welle:

$$u_{aus} = 2 \cdot u_{ein} \tag{1.89}$$

Abb. 1.33 zeigt den Verlauf des Signals entlang des Kabels.

3. **Kurzschluss:** $R_A = 0$

Der Reflexionsfaktor wird $r_A = -1$, die Polarität des reflektierten Signals ist gegenüber dem einlaufenden Signal invertiert. Daher gilt für die Signalamplitude am Ausgang

$$u_{aus} = 0 \tag{1.90}$$

Abb. 1.34 zeigt den Verlauf des Signals entlang des Kabels.

**Abb. 1.33** Signalverlauf bei
offenem Kabelende
($R_A = \infty$)

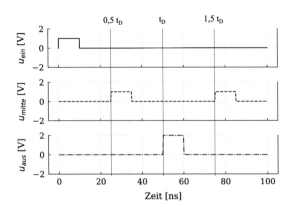

**Abb. 1.34** Signalverlauf bei kurzgeschlossenem Kabelende ($R_A = 0$)

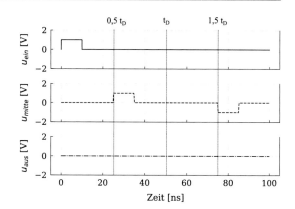

Die korrekte Terminierung von Leitungen ist ein sehr wichtiges Thema:

Allzu oft verzerren Reflexionen aufgrund falscher Impedanzanpassung Signale am Ausgang der Leitung, wo das Signal weiter verarbeitet werden soll.

- Bei analogen Signalen, zum Beispiel Messwerten von Sensoren, kann das zur Verfälschung der Messung führen.
- Sind digitale Signalleitungen falsch angepasst, kann das dazu führen, dass die digitale Kommunikation zwischen Baugruppen nicht funktioniert, da sich die Signale ungünstig mit Reflexionen an einem der beiden Kabelenden überlagern.

# Dioden

**2**

## 2.1 Einleitung

Dioden sind die einfachsten Bauteile in der Kategorie der Halbleiter. Dieses Lehrbuch bietet sowohl eine phänomenologische Einführung in das Konzept der Halbleiter, als auch eine kompakt gehaltene Beschreibung mittels des quantenmechanischen Bändermodells. Damit sollte es uns möglich sein, qualitative und bedingt auch quantitative Aussagen über die unterschiedlichen, in Halbleitern auftretenden Effekte, machen zu können. Für den Fall, dass Sie nicht mit den quantenmechanischen Grundlagen (vor allem Lösungen der stationären Schrödinger-Gleichung im Potentialkasten) vertraut sind, müssen Sie manche Eigenschaften als gegeben annehmen.

Ziel dieses Kapitels ist die Vermittlung eines konzeptionellen Verständnisses von Dioden als Basiswissen zur praktischen Verwendung von Dioden in Schaltkreisen. Wir werden uns mit der Dotierung von Halbleitermaterialien beschäftigen und aus solchen den pn-Übergang bilden. Ein pn-Übergang stellt die einfachste Diode dar.

Von der idealen Diode aus werden wir zur realen Diode übergehen, uns deren Eigenschaften anschauen und zum Abschluss des Kapitels verschiedene Diodentypen kennenlernen.

Sollten Sie mit der Physik der Halbleiter und des *pn-Überganges* schon vertraut sein, so können Sie den folgenden Teil überspringen und direkt zu Unterkapitel 2.2 gehen.

## 2.1.1 Halbleiter

Ein *Halbleiter* ist ein Material, dessen Leitfähigkeit zwischen jener von Isolatoren und Leitern liegt. Während Leiter eine Leitfähigkeit von mehr als $10^6$ S/m besitzen, und Isolatoren Leitfähigkeiten von weniger als $10^{-8}$ S/m haben, liegen

© Der/die Autor(en), exklusiv lizenziert an Springer-Verlag GmbH, DE, ein Teil von Springer Nature 2024
T. Bisanz et al., *Elektronik im Physikstudium*,
https://doi.org/10.1007/978-3-662-67926-5_2

**Abb. 2.1** Schematische
Darstellung eines
Siliziumgitters mit einzelnen
Siliziumatomen
hervorgehoben und deren
kovalente Bindung mit den
Nachbaratomen

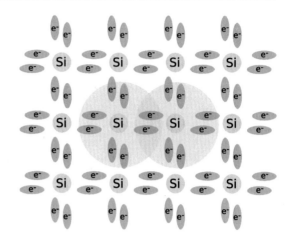

übliche Halbleiter zwischen $10^{-3}$ S/m und etlichen 10 S/m. Der am weitesten verbreitete Halbleiter ist *Silizium*. Ein Siliziumatom geht über seine vier Valenzelektronen kovalente Bindungen mit anderen Siliziumatomen ein und bildet so ein Kristallgitter.

In Abb. 2.1 ist das Gitter zweidimensional dargestellt. In der Abbildung sieht man zwei Siliziumatome eingekreist, mit den kovalenten Bindungen zu den Nachbaratomen. In einer solchen Konfiguration ist Silizium in der Elektronik recht uninteressant: Es besitzt bei Raumtemperatur eine geringe Leitfähigkeit und zeigt auch sonst nur wenig auffällige Eigenschaften.

## 2.1.2  Dotieren von Halbleitern

Um die elektrischen Eigenschaften von Silizium zu verändern, kann man das Siliziumgitter modifizieren. Hierfür bringt man bei der *Dotierung* Fremdatome in das Gitter ein.

Silizium ist ein Element aus der vierten Hauptgruppe des Periodensystems. Bringt man Atome der fünften Hauptgruppe ein, so stehen statt vier insgesamt fünf Valenzelektronen zur Verfügung. Damit bleibt, selbst wenn mit jeglichen Nachbaratomen alle kovalenten Bindungen gebildet werden, ein Elektron übrig, wobei die Gesamtladung neutral bleibt. Diese Situation ist in Abb. 2.2 rechts dargestellt.

Bringt man stattdessen ein Element aus der dritten Hauptgruppe ein, so stellt dieses nur drei Elektronen für Bindungen zu Verfügung (s. Abb. 2.2 links). Für die kovalente Bindung mit dem Nachbaratom rechts fehlt ein Elektron. Die fehlenden Elektronen nennt man dabei *Löcher*. In der deutschsprachigen Literatur wird in manchen Kontexten von Defektelektronen, meist aber von Löchern, gesprochen. Wir werden uns dieser Nomenklatur anschließen.

In beiden Fällen bewirkt das Dotieren, dass es in unserem Kristallgitter quasi freie Ladungsträger gibt, welche die Leitfähigkeit des Siliziums signifikant erhöhen.

Einen Siliziumkristall, welcher mit Elementen der dritten Hauptgruppe dotiert wurde, nennt man *p-dotiert* (p-typ, *positiv*). Diese Elemente nennt man *Akzeptoren*,

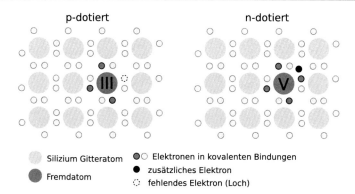

**Abb. 2.2** Dotieren mit Elementen aus der dritten Hauptgruppe (links) erzeugt Löcher als Ladungsträger im Festkörper, während das Dotieren mit Elementen aus der fünften Hauptgruppe (rechts) zusätzliche ungebundene Elektronen in den Kristall einbringt

da sie Zustände knapp oberhalb ($\approx 0,1$ ev) der Valenzbandkante einbringen, welche freie Elektronen (oder benachbarte) anziehen *(„akzeptieren")*. Als Elemente zur Dotierung von p-Typ Silizium kommen unter anderem Bor und Aluminium zum Einsatz.

Den Gegensatz zu p-dotiertem Silizium bildet das *n-dotierte* Silizium (n-typ, *negativ*). Statt Akzeptoren bringt man Donatoren ein, also Fremdatome, welche aus Zuständen knapp unterhalb der Leitungsbandkante ($\approx 0,1$ eV) zusätzliche Elektronen *„spenden"*. Verwendet werden hierfür unter anderem Phosphor und Arsen.

Die Sorte von Ladungsträgern, die in dem jeweils dotierten Kristall häufiger vorkommen, nennt man Majoritätsladungsträger. In n-Typ Silizium sind das also die Elektronen, in p-Typ die Löcher. Den Gegensatz dazu bilden die Minoritätsladungsträger: In n-Typ Silizium sind das Löcher und in p-Typ Elektronen.

Eine kleine Menge an Fremdatomen kann die elektrischen Eigenschaften des Ausgangsmaterials drastisch verändern. Übliche Dotierungskonzentrationen liegen in der Größenordnung von einem Fremdatom auf $10^6$ oder $10^7$ Gitteratome. Würde man ein olympisches Schwimmbecken der Größe 50 m × 25 m mit einer Tiefe von 2 m mit Tennisbällen füllen, welche die Gitteratome darstellen, so würde sich in dem Pool etwa ein Fremdatom befinden.

## 2.1.3 Das quantenmechanische Bändermodell

Eine physikalisch motivierte Beschreibung von Elektronen in Festkörpern muss der Schrödinger-Gleichung gehorchen. Wir wollen die Lösung dieser Gleichung in zwei Näherungen besprechen. Im einfachsten Fall betrachten wir einen Potentialkasten in einer und in drei Dimensionen. Die Elektronen wechselwirken dabei nicht miteinander und der Festkörper wird allein durch das Kastenpotential beschrieben. Dieses Modell kennt man unter der Bezeichnung des *freien Elektronengases*. Dieses wird im Anschluss um ein periodisches Potential erweitert. Das periodische Potential beschreibt dabei die Atomrümpfe im Festkörpergitter. Damit nähern wir uns physikalisch dem Entstehen von Bandlücken sowie in Folge einem besseren Verständnis von Halbleitern.

### 2.1.3.1 Das Modell des freien Elektronengases

Im eindimensionalen Fall ist folgendes Kastenpotential gegeben:

$$V(x) = \begin{cases} 0 & \text{für } 0 \leq x \leq L \\ \infty & \text{sonst} \end{cases} \tag{2.1}$$

Mit diesem löst man die stationäre Schrödinger-Gleichung:

$$-\frac{\hbar^2}{2m}\frac{d^2\psi}{dx^2} + V(x)\psi = E\psi \tag{2.2}$$

Als Lösung findet man die Eigenfunktionen $\psi_n$ des Impulsoperators mit den Energieeigenwerten $E_n$

$$\psi_n = A_n \sin\left(\frac{n\pi}{L}x\right) \tag{2.3}$$

$$= A_n \sin(k_n x) \tag{2.4}$$

$$E_n = \frac{h^2}{2m}\left(\frac{n}{2L}\right)^2 \tag{2.5}$$

$$= \frac{\hbar^2}{2m}k_n^2 \tag{2.6}$$

mit $n = 1, 2, 3, \ldots$

Verallgemeinert man das Potential in drei Dimensionen, erhält man als Lösungen:

$$\psi_n(\mathbf{x}) = A_n \exp(i\mathbf{k}x) \tag{2.7}$$

$$\mathbf{k} = \frac{2\pi}{L}\left(n_x, n_y, n_z\right) \tag{2.8}$$

$$E_n = \frac{\hbar^2}{2m}\mathbf{k}^2 \tag{2.9}$$

Diese Wellenfunktionen beschreiben *freie* Elektronen.

Am absoluten Nullpunkt werden nun die Energiezustände von dem niedrigsten Zustand aufwärts, aufgrund der möglichen zwei Spinzustände des Elektrons, mit jeweils zwei Elektronen besetzt (dem Pauli-Prinzip gehorchend). Wir können jedem möglichen Zustand ein Tripel $n_x, n_y, n_z$ zuordnen, welcher einem $\mathbf{k}$ (vgl. Gl. 2.8) entspricht. Diese $\mathbf{k}$ entsprechen den möglichen Zuständen im Zustandsraum. Im Zustandsraum liegen daher alle bei 0 K besetzten Zustände innerhalb einer Kugel mit Radius $k_F$. Das Volumen dieser Kugel beträgt $\frac{4\pi}{3}k_F^3$. Das ist die sogenannte *Fermi-Kugel*.

Der Zustandsraum (auch k-Raum) wird durch die *Einheitsvektoren*

$$\hat{k}_x = \left( \frac{2\pi}{L}, 0, 0 \right) \tag{2.10}$$

$$\hat{k}_y = \left( 0, \frac{2\pi}{L}, 0 \right) \tag{2.11}$$

$$\hat{k}_z = \left( 0, 0, \frac{2\pi}{L} \right) \tag{2.12}$$

aufgespannt. Jeder ganzzahlige Vektor im Zustandsraum entspricht einem möglichen Zustand, der von zwei Elektronen eingenommen werden kann. Damit hat die (quaderförmige) *Einheitszelle* im Zustandsraum das Volumen:

$$V_{EZ} = \left( \frac{2\pi}{L} \right)^3 \tag{2.13}$$

Wollen wir wissen, wie viele Elektronen $N$ die unterschiedlichen Zustände in der Fermi-Kugel einnehmen, so dividieren wir das Volumen der Fermi-Kugel durch das Volumen der Einheitszelle und multiplizieren mit 2 für den Spin:

$$N = 2 \frac{\frac{4\pi}{3} k_F^3}{\left( \frac{2\pi}{L} \right)^3} \tag{2.14}$$

$$= \frac{L^3 k_F^3}{3\pi^2} \tag{2.15}$$

Die Energie dieses Zustands beträgt:

$$E_F = \frac{\hbar^2}{2m} \left( \frac{3\pi^2 N}{V} \right)^{2/3} \tag{2.16}$$

Das ist die *Fermi-Energie*.

Hier ist $L^3 = V$ das Volumen unseres Festkörpers. Die Fermi-Energie ist die Energie des höchsten besetzten Zustandes. Wir sehen, dass die Fermi-Energie von der Elektronendichte $(N/V)$ des Materials abhängt. Diese liegt typischerweise in der Größenordnung $10^{28}$ m$^{-3}$ bis $10^{29}$ m$^{-3}$. In Abb. 2.3 sind die Energieeigenwerte aus Gl. 2.9 gezeigt. Ebenso sind jene besetzten Zustände bis zur Fermi-Energie eingezeichnet.

Allgemein gibt es $N_k$ Zustände, deren Wellenzahl kleiner als $k = |\mathbf{k}|$ ist, beziehungsweise deren Energie kleiner als $E$ ist:

$$N(k) = \frac{V k^3}{3\pi^2} \tag{2.17}$$

$$N(E) = V \frac{(2mE)^{3/2}}{3\pi^2 \hbar^3} \tag{2.18}$$

**Abb. 2.3** Die
Energieeigenwerte sind
proportional zu $k^2$. Bei 0 K
ist jeder Zustand bis zur
Fermi-Energie mit zwei
Elektronen
unterschiedlichem Spins
besetzt

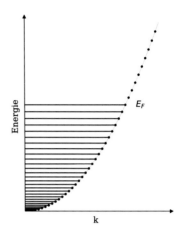

Damit folgt für die Zustandsdichten:

$$\frac{dN}{dk} =: D(k) = \frac{Vk^2}{\pi^2} \tag{2.19}$$

$$\frac{dN}{dE} =: D(E) = \sqrt{E} \cdot V \frac{(2\,m)^{3/2}}{2\pi^2\hbar^3} \tag{2.20}$$

Im Falle, dass die Temperatur des Festkörpers nicht am absoluten Nullpunkt ist, ändern sich die besetzten Zustände. Die Wahrscheinlichkeit, dass ein Zustand der Energie E bei einer gegebenen Temperatur besetzt ist, wird von der Fermi-Dirac-Verteilungsfunktion angegeben:

$$f(E) = \frac{1}{\exp\left(\frac{E - E_F}{k_B T}\right) + 1} \tag{2.21}$$

Die Fermi-Dirac-Verteilungsfunktion $f(E)$ nimmt dabei Werte zwischen 0 und 1 an.

Es folgt für die Anzahl besetzter Zustände bis zu einer Energie $E_i$:

$$N_i(E_i) = 2 \cdot \int_0^{E_i} D(E) f(E) dE \tag{2.22}$$

Aufgrund der beiden Spinzustände wird das Integral mit einem Faktor 2 multipliziert.

Bei 0 K ist die Fermi-Dirac-Verteilungsfunktion eine Stufenfunktion. Zustände unter $E_F$ sind alle mit einer Wahrscheinlichkeit von 1 besetzt und alle Zustände darüber unbesetzt. Bei Temperaturen über dem absoluten Nullpunkt ändert sich dies mit steigender Temperatur. In Abb. 2.4 ist die Verteilung für 0 K, 300 K (etwa Raumtemperatur) und 1000 K gezeigt.

Zustände oberhalb der Fermi-Energie werden also bei höheren Temperaturen ebenfalls besetzt.

Wir wollen kurz zusammenfassen, was wir am Model des freien Elektronengases gelernt haben:

**Abb. 2.4** Die Fermi-Dirac-Verteilungsfunktion für unterschiedliche Temperaturen. Bei Temperaturen über dem absoluten Nullpunkt finden sich auch Zustände oberhalb von $E_F$, welche mit einer Wahrscheinlichkeit von größer als 0 besetzt sind

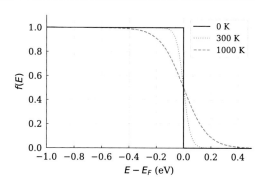

- In diesem Model haben wir Elektronen als ein Fermi-Gas in einem Festkörper modelliert. Dabei haben wir die physischen Grenzen des Festkörpers durch ein unendlich hohes Potential außerhalb des Festkörpers in die stationäre Schrödinger-Gleichung eingebracht.
- Die Wechselwirkung zwischen den Elektronen selbst, aber auch den Einfluss der Gitteratome, haben wir dabei vollständig ignoriert.
- Entsprechend beschreibt die Lösung der Schrödinger-Gleichung freie Teilchen. Ihre gesamte Energie liegt als kinetische Energie vor.
- Es zeigt sich, dass die Energieeigenwerte auf einer Parabel proportional zum Wellenvektor $k^2$ liegen.
- Da es sich bei Elektronen um Fermionen handelt, ist jeder Zustand mit zwei Elektronen unterschiedlichem Spins besetzt.
- Am absoluten Nullpunkt füllen diese die Zustände bis zur Fermi-Energie $E_F$.
- Bei höheren Temperaturen werden auch Zustände höherer Energie besetzt.

Obwohl die einzelnen Energieniveaus in Abb. 2.3 natürlich diskrete Energiewerte darstellen, hat man es aufgrund der schon erwähnten typischen Elektronendichten zwischen $10^{28}\,\mathrm{m}^{-3}$ und $10^{29}\,\mathrm{m}^{-3}$ mit einer quasikontinuierlichen Verteilung zu tun. Wir werden im Folgenden von Energiebändern sprechen.

### 2.1.3.2 Das periodische Potential: Bloch-Wellen
Wir wollen unser Modell einen Schritt weiter führen und das periodische Potential der Gitteratome berücksichtigen. Um das Gitter zu berücksichtigen, nehmen wir den Gittervektor $T$ und stellen die Forderung, dass das Potential periodisch sein soll:

$$V(x) = V(x + T) \tag{2.23}$$

Weit entfernt von den Rändern des Festkörpers erwartet man, dass die Lösungen ebenfalls diese Periodizität aufweisen:

$$\psi(x) = u(x) \exp(-ikx) \tag{2.24}$$

mit $u(x) = u(x + T)$. Man spricht hier auch von Bloch-Wellen oder Bloch-Funktionen.

**Abb. 2.5** Durch das periodische Potential kommt es zur Bragg-Reflexion an den Zonengrenzen des Kristallgitters, wodurch es zu einer Aufspaltung der Energieniveaus kommt. Dadurch wird das quasi-kontinuierliche Energieband unterbrochen, und es folgt die Ausbildung einer Bandlücke

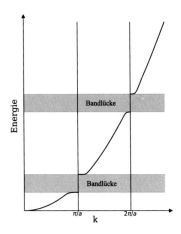

Um zu verstehen, wie sich das periodische Potential auf die Lösungen auswirkt, gehen wir zurück zum eindimensionalen Fall:

Es lässt sich zeigen, dass die Wellenfunktion

$$\psi = A \exp(ikx) + B \exp(-ikx) \tag{2.25}$$

im Fall $k = \pi/a$, mit der Gitterkonstante $a$, eine Lösung hat, bei welcher die beiden gegenläufigen Wellen eine gleich große Amplitude $A = B$ besitzen. Es bildet sich eine Lösung mit stehenden Wellen. Physikalisch kann man sich die Lösung verdeutlichen, wenn man an Beugungsphänomene von Wellen an periodischen Strukturen denkt. Ist die Bragg-Bedingung erfüllt, so kommt es zu Streuung am Gitter. Die stehenden Wellen zerfallen dabei in Lösungen, welche folgenden Aufenthaltswahrscheinlichkeiten haben:

$$|\psi_+|^2 \propto \cos^2\left(\frac{\pi x}{a}\right) \tag{2.26}$$

$$|\psi_-|^2 \propto \sin^2\left(\frac{\pi x}{a}\right) \tag{2.27}$$

Bei $k = \frac{\pi}{a}$ kommt es also zu stehenden Wellen. Es gibt dabei zwei Lösungen: Eine mit einer höheren Aufenthaltswahrscheinlichkeit zwischen den Atomrümpfen ($\psi_+$), wie auch eine mit einer höheren Aufenthaltswahrscheinlichkeit bei den Atomrümpfen ($\psi_-$). Jene Zustände zwischen den Atomrümpfen haben dabei eine höhere Energie. Das liegt daran, dass die Elektronen näher an den Atomrümpfen die Bindungsenergie des Kerns stärker spüren. Damit sinkt ihre potentielle Energie.

Diese Aufspaltung macht sich auch in den Energieeigenzuständen bemerkbar. Bei Wellenvektoren $k$, welche um ganzzahlige Vielfache von $\pi/a$ liegen, befinden sich die Energiezustände nicht mehr auf der Parabel $\propto k^2$. Stattdessen kommt es dort zu einer Aufspaltung. Weil die Lösungen keine freien Teilchen mehr sind, liegt die gesamte Energie nicht mehr als kinetische Energie vor, sondern besitzt auch einen potentiellen Anteil und die unterschiedlichen Aufenthaltswahrscheinlichkeiten führen zu einer Aufspaltung. Der Bereich dazwischen besitzt keine besetzbaren Zustände. Dieser Bereich stellt eine *Bandlücke* dar. Dies ist in Abb. 2.5 zu sehen.

Bereits aus unserer naiven Betrachtung ist ersichtlich, dass die Bandstruktur von den Gitterkonstanten (in unserem eindimensionalen Fall war das $a$) abhängt. In mehrere Dimensionen sind daher auch in der Regel mehrere ausgezeichnete Richtungen zu betrachten.

### 2.1.3.3 Valenzband und Leitungsband

In einem periodischen Potential kommt es durch Bragg-Reflexion an den periodischen Gitteratomen zu stehenden Wellen als Lösung der Schrödinger-Gleichung. Dies führt zu einer Verschiebung der Energiezustände und infolgedessen kommt es zu Bereichen, in denen keine Zustände liegen: den Bandlücken. Die Bereiche mit möglichen Zuständen sind die sogenannten Bänder.

In einem realen Material stellt sich die wichtige Frage, bis wohin diese Bänder gefüllt sind und ob es zu Bandlücken kommt. Jenes höchste Band, welches bei intrinsischen Halbleitern am absoluten Nullpunkt zumindest teilweise gefüllt ist, nennt sich Valenzband. Die Fermi-Energie gibt uns dabei am absoluten Nullpunkt die Energie, bis zu welcher die Zustände besetzt sind.

Das energetisch nächsthöhere Band ist das Leitungsband. In Metallen ist das Valenzband entweder nicht vollständig gefüllt, oder es überlagert sich mit dem Leitungsband. In Festkörpern mit einer Bandlücke liegt die Fermi-Energie genau zwischen Valenzband und Leitungsband. In diesem Fall gibt es also ein vollständig besetztes Valenzband und ein leeres Leitungsband. Bewegt man sich vom absoluten Nullpunkt weg, so werden aufgrund der Fermi-Dirac-Verteilungsfunktion (Gl. 2.21) höhere Zustände im Leitungsband besetzt.

Je nachdem, wie groß die Bandlücke ist, spricht man von einem Isolator oder einem Halbleiter, siehe Abb. 2.6. Viele Halbleiter haben Bandlücken von etwa 1 eV, es gibt aber auch Halbleiter mit Bandlücken bis etwa 4 eV. Der Übergang zwischen Halbleiter und Isolator kann fließend sein. Silizium hat eine Bandlücke von etwa 1, 1 eV und Germanium eine von 0, 7 eV. Kohlenstoff als Diamant hat eine Bandlücke von etwa 5, 5 eV und wird üblicherweise den Isolatoren zugeordnet.

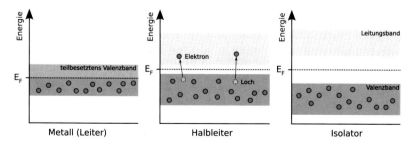

**Abb. 2.6** Einteilung von Materialien je nach Größe der Bandlücke. Ist das Valenzband nur teilbesetzt, beziehungsweise überlagert sich das Valenzband mit dem nicht voll besetzen Leitungsband, so hat man ein Metall. Ist die Bandlücke zwischen Valenzband und Leitungsband klein, liegt ein Halbleiter vor, sonst ein Isolator

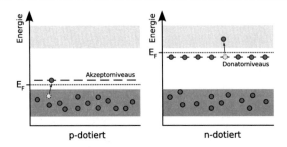

**Abb. 2.7** Das Einbringen von Fremdatomen kann zusätzliche Akzeptorniveaus (p-Dotieren) oder Donatorniveaus (n-Dotieren) in unser Bänderdiagramm einbringen. Diese Zustände können entweder Elektronen aufnehmen und so für Löcher im Valenzband sorgen, oder Elektronen ins Leitungsband bringen

### 2.1.3.4 Dotieren im Bändermodell

Die schon zuvor eingeführte Dotierung kann man sich auch am Bändermodell veranschaulichen: Durch die eingebrachten Fremdatome beim Dotieren bringt man zusätzliche Energiezustände im Bänderdiagramm ein. Man kann sich das auch auf folgende Weise vorstellen: Durch Einbringen von fünfwertigen Elementen (n-dotiert), kommt es zu einem Elektronenüberschuss. Diese zusätzlichen Elektronen können sehr leicht thermisch in das Leitungsband übergehen, der Zustand ist entsprechend energetisch nahe dem Leitungsband. Diese Zustände sind am absoluten Nullpunkt auch besetzt, entsprechend rückt die Fermi-Energie zwischen dieses neu eingebrachte Energieniveau und die untere Kante des Leitungsbandes. Würde die Fermi-Energie weiterhin zwischen Valenz- und Leitungsband liegen, wären diese Zustände nicht besetzt. Man nennt diese Zustände daher auch Donatorniveaus. Aus diesem gefüllten Zustand können sehr leicht Elektronen in das Leitungsband gebracht werden.

Dotieren mit dreiwertigen Elementen (p-Dotieren) führt zusätzliche Zustände ein, welche sehr nahe am Valenzband liegen. Diese Zustände können wir uns als Löcher durch fehlende Elektronen vorstellen. Aus dem Valenzband können die Elektronen sehr einfach (entsprechend energetisch sehr nahe) in dieses zusätzliche Niveau springen. Diese Zustände sind am absoluten Nullpunkt nicht gefüllt, entsprechend muss die Fermi-Energie zwischen diesen neuen Niveaus und der oberen Kante des Valenzbandes liegen. Weil Elektronen sehr leicht vom Valenzband in das neue Niveau springen können, wird dieses auch als Akzeptorniveau bezeichnet. Dies ist in Abb. 2.7 schematisch dargestellt.

### 2.1.4   Der pn-Übergang

Bringt man in einem Siliziumkristall einen p-dotierten Bereich mit einem n-dotierten in Kontakt, so entsteht ein sogenannter pn-Übergang. In einem solchen Übergang kommt es aufgrund des Konzentrationsunterschiedes der Majoritätsladungsträger zu einem Diffusionsprozess. Die entsprechenden mobilen Majoritätsladungsträger diffundieren hierbei entlang des jeweiligen Konzentrationsgefälles in den gegenüberliegenden Bereich. Die beim Dotieren eingebrachten Atomrümpfe sind hingegen nicht mobil, sondern fest in das Kristallgitter eingebunden. Als Konsequenz kommt es zu einem Ladungstransport. Aus dem p-dotierten Bereich diffundieren die Löcher in den n-dotierten Bereich, wo sie mit den Elektronen rekombinieren. Der p-dotierte Bereich wird durch die zurückbleibenden, nun negativ geladenen, Atomrümpfe negativ geladen und der n-dotierte Bereich positiv geladen, es bildet sich also ein elektrisches Feld zwischen den beiden Bereichen aus. Dieses elektrische Feld wirkt der Diffusion entgegen und bringt diese ab einer bestimmten Feldstärke effektiv zum Erliegen, da sich ein Gleichgewicht zwischen dem Diffusionsstrom, also dem Strom aufgrund des Konzentrationsgradienten, und dem Driftstrom, jenem Strom aufgrund des elektrischen Feldes, einstellt.

Weil es in der Begegnungszone der beiden Ladungsträger zur Rekombination von Elektronen und Löchern kommt, verarmt diese Zone an freien Ladungsträgern. Man spricht hier von einer *Raumladungszone,* auch *Verarmungszone* oder *Sperrschicht* genannt. Der Name Sperrschicht rührt daher, dass durch das Fehlen von freien Ladungsträgern in diesem Bereich die Leitfähigkeit gegen Null geht und daher kein Strom fließen kann. Das Ausbilden einer Verarmungszone ist links in Abb. 2.8 gezeigt.

Diese eben beschriebenen Effekte können durch das Anlegen einer äußeren, elektrischen Spannung verändert werden. Legt man eine Spannung in *Sperrrichtung* an, also an den p-dotieren Bereich eine negative Spannung gegenüber dem n-dotierten Bereich, so kommt es zu einer Addition des internen (intrinsischen) elektrischen Feldes und dem angelegten (externen). Dadurch verstärkt sich der Driftstrom. Das bedeutet, dass die jeweiligen Majoritätsträger aus dem bisher nicht verarmten Bereich von der Grenzschicht weg gezogen werden. Es kommt zu einer Vergrößerung der Raumladungszone, bis sich wieder ein Gleichgewicht zwischen Drift- und Diffusionsstrom einstellt (siehe den mittleren Fall in Abb. 2.8).

Legt man hingegen eine Spannung in *Durchlassrichtung* an, also eine positivere Spannung an den p-dotierten Bereich, so sind das externe und interne elektrische Feld entgegengesetzt gerichtet. Es kommt zu dem umgekehrten Effekt: Das elektrische Feld sowie die Raumladungszone werden abgebaut (rechts in Abb. 2.8). Der pn-Übergang wird dabei wieder leitend.

**Abb. 2.8** Ausbildung einer Verarmungszone im pn-Übergang und der Einfluss einer extern angelegten Spannung

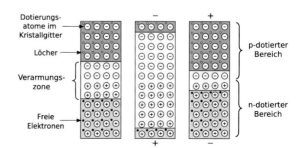

Auch im Bändermodell kann man sich das Verhalten eines pn-Übergangs überlegen. Hierfür bringen wir die Bänder eines p-dotierten und eines n-dotierten Halbleiters zusammen. Wir wissen, dass beim p-dotierten Halbleiter die Fermi-Energie nahe am Valenzband liegt. Beim n-dotierten Halbleiter ist diese knapp unterhalb der Unterkante des Leitungsbandes. Da die Fermi-Energie im Gleichgewicht überall identisch ist, folgt im stationären Fall das Bandschema, welches in Abb. 2.9 ganz links gezeigt ist. Elektronen im Leitungsband müssten nun, um vom n-dotieren Bereich in den p-dotierten Bereich zu kommen, die Stufe von $eU_{bi}$ überwinden. Die Potentialdifferenz $U_{bi}$ kann aus der intrinsische Ladungsträgerdichte im Halbleiter $n_i$ und den Dotierungskonzentrationen $N_P$ und $N_N$ hergeleitet werden:

$$U_{bi} = \frac{k_B T}{e} \ln\left(\frac{N_P N_N}{n_i^2}\right) \tag{2.28}$$

Für typische Werte in Silizium von $n_i = 10^{10}\,\mathrm{cm}^{-3}$ und $N_P = N_N = 10^{16}\,\mathrm{cm}^{-3}$ ergibt sich $U_{bi} \approx 0{,}7$ V. Die intrinsische Ladungsträgerdichte ist eine Materialkonstante und ist verschieden für unterschiedliche Halbleiter. Bei diesen Werten ist die Ausdehnung der intrinsischen Verarmungszone in der Größenordnung von 1 μm.

Legt man nun eine externe Spannung an, so kann diese die zu überwindende Potentialbarriere vergrößern, entsprechend sperrt der pn-Übergang. Das ist der Fall, wenn die Spannung in Sperrrichtung angelegt wird. Eine Spannung in Vorwärtsrichtung bewirkt hingegen, dass die Potentialstufe abgebaut wird. Der Übergang wird in Folge leitend. Sobald eine externe Spannung angelegt wird, ist die Fermi-Energie nicht mehr im gesamten Halbleiter auf demselben Niveau.

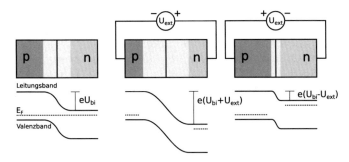

**Abb. 2.9** Der pn-Übergang im Bändermodell. Ohne extern angelegte Spannung liegt die Fermi-Energie im gesamten Festkörper auf demselben Niveau. Elektronen aus dem n-dotierten Bereich müssten die Potentialstufe der Höhe $eU_{bi}$ überwinden, um in den p-dotierten Bereich zu kommen. Eine externe Spannung kann diese Stufe vergrößern (Sperrrichtung) beziehungsweise abbauen (Vorwärtsrichtung)

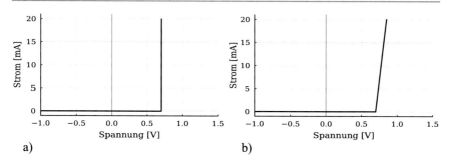

**Abb. 2.10  a)** Die IV-Kurve einer idealen Diode mit einer Durchlassspannung von $U_D = 0,7\,\text{V}$ (Silizium). **b)** Eine IV-Kurve mit einem kleinen Ohmschen Anteil

## 2.2    Die ideale Diode

Man nutzt diese Eigenschaft von pn-Übergängen aus, um Bauteile herzustellen, welche in eine Richtung, die *Durchlassrichtung,* leitend sind, und nichtleitend, wenn die Spannung in *Sperrrichtung* anliegt. Dieses Bauteil ist die Diode.

Wenn wir mit Dioden arbeiten, werden wir noch oft über deren Kennlinien sprechen. Die Kennlinie einer Diode zeigt den Zusammenhang zwischen Spannung über die Diode und Strom durch die Diode. Die Bauteile, welche wir bis jetzt kennen gelernt haben, verhalten sich nach dem Ohmschen Gesetz: Der elektrische Widerstand (bzw. die Impedanz im Falle von Wechselstrom) gibt uns den linearen Zusammenhang zwischen Strom und Spannung.

Bei Dioden erwarten wir ein anderes Verhalten. Einerseits haben wir eben gelernt, dass Dioden in Sperrrichtung nicht leiten. Wir erwarten also selbst bei einer hohen Spannung in Sperrrichtung keinen Strom. Andererseits wird die Diode erst leitend, wenn wir eine Mindestspannung in Durchlassrichtung anlegen, um das intrinsische Feld zu überwinden. Sobald diese Spannung erreicht ist, würden wir erwarten, dass der Strom relativ schnell ansteigt. Diese Charakteristik ist in Abb. 2.10a) gezeigt. Bis zu einer Durchlassspannung von $U_D = 0,7\,\text{V}$ sperrt die Diode, danach leitet sie als wäre sie ein idealer *geschlossener Schalter.* Etwas realistischer ist die in Abb. 2.10b) gezeigte IV-Kurve. Dort steigt der Strom nicht unendlich steil an, sondern wird von dem Widerstand der Kontaktierung und vom Widerstand des Halbleiters selbst limitiert.

Die *Durchlassspannung* (oder Schwellenspannung), also jene Spannung ab welcher es zu einem Stromfluss kommt, hängt stark vom verwendeten Halbleiter ab. Wir haben bisher nur Silizium betrachtet. Bei Silizium liegt die Durchlassspannung bei etwa 0,7 V, bei Germaniumdioden zum Beispiel jedoch nur bei etwa 0,3 V. Neben dem Halbleitermaterial hat auch die Dotierung und Temperatur einen Einfluss auf die Durchlassspannung, wie in Gl. 2.28 ersichtlich wird.

▶    **Hinweis**
     Wenn nichts anderes angegeben ist, gehen wir in diesem Buch zum Verständnis
     der meisten Schaltungen, in denen Dioden benutzt werden, von idealen Dioden

mit einer Durchlassspannung von $U_D = 0,7$ V aus. Außerdem nehmen wir an, dass, wenn die Durchlassspannung überschritten wird, der Strom so schnell mit der Spannung steigt, dass im Wesentlichen über die ideale Diode immer $U_D$ abfällt.

Wir werden im Folgenden $U_D$ als eine idealisierte Spannung verwenden, bei welcher die Diode leitend wird. $U_D$ ist damit für ein gegebenes Halbleiter-material eine Konstante. Wenn wir im Detail die Strom-Spannungskennlinie besprechen, werden wir für die tatsächliche Spannung über die Diode $U_F$, mit dem $F$ für Flussspannung, verwenden. $U_F$ wird für einen gegebenen Strom nicht nur abhängig von Strom und Temperatur sein, sondern auch von Para-metern wie den Dotierungskonzentrationen.

Da der Strom durch die Diode nicht linear von der angelegten Spannung abhängt, können Schaltungen oder Schaltungsteile, in denen Dioden verwendet werden, nicht mittels des Thevenin-Theorems vereinfacht werden.

## 2.3    Reale Dioden

In unserer Einführung hatten wir gesagt, dass Dioden in Sperrrichtung nicht leiten. Dies ist allerdings nur bedingt korrekt.

Während bei einer angelegten Spannung in Sperrrichtung die Majoritätsladungs-träger vom pn-Übergang weg gezogen werden, die Raumladungszone also vergrößert wird, so werden die Minoritätsladungsträger in die entgegengesetzte Richtung gezo-gen und bewirken so einen Strom, den sogenannten *Sperrstrom* ($I_S$). Die Minoritäts-ladungsträger (wie auch die Majoritätsladungsträger) entstehen dabei kontinuierlich im Halbleiterkristall durch das Aufbrechen von Bindungen aufgrund der Brownschen Bewegung, man spricht hierbei von einer *thermischen Erzeugung*. Dieser Prozess ist im Gleichgewicht mit der Rekombination, die Anzahl der freien Ladungsträger steigt also nicht einfach mit der Zeit immer weiter an. Die thermische Erzeugung von Ladungsträgern verdoppelt sich dabei etwa alle 8 K, womit der Sperrstrom eine stark temperaturabhängig Größe ist.

Außer dem Sperrstrom tritt auch noch der Effekt des *Durchbruchs* auf. Kommt es zu hohen Spannungen in Sperrrichtung, so kann es durch Stoßionisation zu einer lawinenartigen Vervielfältigung der Anzahl der Ladungsträger kommen. Im Prinzip ist dieser Prozess reversibel. Ein unkontrolliertes Ansteigen des Stroms würde aber zu einer thermischen Zerstörung der Diode führen.

In einer realistischen Diodenkennlinie können wir drei Bereich identifizieren: den Durchlassbereich, den Sperrbereich und den Durchbruchbereich. Ein Beispiel für eine Diodenkennlinie ist in Abb. 2.11 gezeigt. Dort sind auch die drei unterschied-lichen Bereiche eingezeichnet.

Wie bereits erwähnt, gehen die meisten Dioden bei Betrieb im Durchbruchbereich kaputt. Entsprechend ist die Durchbruchspannung, welche im Datenblatt vermerkt ist, eine wichtige Eigenschaft von Dioden. Werden in einer Schaltung hohe Spannun-

**Abb. 2.11** Die Kennlinie einer Diode mit den unterschiedlichen Betriebsbereichen. Man beachte die unterschiedlichen Größenordnungen der auftretenden Spannungen und Ströme. Die Werte entsprechen typischen Kleinsignal-Siliziumdioden

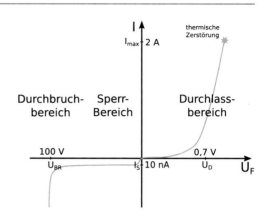

gen in Sperrrichtung erwartet, so verwendet man andere Dioden als in Schaltungen, in welchen das nicht der Fall ist.

Eine weitere Abweichung der realen Kennlinie von der idealisierten Diode ist die Steilheit der Kennlinie in Durchlassrichtung. Wir gingen davon aus, dass die Diode ab der Durchlassspannung $U_D$ leitet und davor sperrt und hatten uns das Verhalten mittels eines *Knicks* bei $U_F = U_D$ vorgestellt. In der Realität wird die Strom-Spannungscharakteristik eines pn-Übergangs durch die Shockley-Gleichung beschrieben:

**Shockley-Gleichung**

$$I_D(U_F, T) = I_S(T) \left[ \exp\left( \frac{U_F}{nU_T} \right) - 1 \right] \qquad (2.29)$$

Dabei ist $I_S$ der Sperrstrom (auch Sättigungssperrstrom genannt). Dieser Strom ist relativ unabhängig von der angelegten Spannung, dafür aber, wie besprochen, stark temperaturabhängig. $U_D$ ist die bereits eingeführte Durchlassspannung, $U_T$ ist die Temperaturspannung und kann als

$$U_T = \frac{k_B T}{e} \qquad (2.30)$$

geschrieben werden. Dabei ist $T$ die Temperatur, $k_B$ die Boltzmannkonstante und $e$ die Elementarladung. Um ein Gefühl für die Größenordnung zu bekommen, kann man sich $U_T \approx 25$ mV bei 20 °C merken. Der Korrekturfaktor $n$ beschreibt dabei Abweichungen von einem idealen pn-Übergang, für eine ideale Diode wäre $n = 1$. Reale Dioden besitzen üblicherweise einen Wert zwischen 1 und 2. Der Wert wird auch *Emissionskoeffizient* genannt.

Es ist ersichtlich, dass sich bereits für Flussspannungen ($U_F$) von wenigen 100 mV
die Gl. 2.29 vereinfachen lässt:

$$I_D(U_F) \approx I_S(T) \exp\left(\frac{U_F}{nU_T}\right) \tag{2.31}$$

Dioden besitzen also eine exponentielle Strom-Spannungskennlinie bei Betrieb
in Vorwärtsrichtung. Diese Eigenschaft kommt zum Beispiel bei Logarithmier- und
Exponenzierschaltungen mit Operationsverstärkern (Kap. 4) zum Einsatz.

> ▶ **Hinweis**  Wie in Abschn. 2.2 erwähnt, hängt die Durchlassspannung von Dioden
> stark vom Halbleitermaterial ab. Diese Abhängigkeit wird in der Shockley-
> Gleichung vom Sperrstrom $I_S$ beschrieben.

Stellt man Gl. 2.31 nach $U_F$ um, so erhält man:

$$U_F(I_D) = nU_T \ln\left(\frac{I_D}{I_S}\right) \tag{2.32}$$

Formt man den natürlichen Logarithmus in den dekadischen um, und setzt $n = 1$
und die Zahlenwerte für die Temperaturspannung bei 20 °C ein, so erhält man:

$$U_F(I_D) \approx 0{,}058 \text{ V} \cdot \log_{10}\left(\frac{I_D}{I_S}\right) \tag{2.33}$$

Übliche Ströme ($I_D$) in Schaltungen liegen bei 10 mA bis einigen A. In diesem
Fall besagt die Shockley-Gleichung, dass die Spannung $U_F$, die an der Diode abfällt,
also vom Sperrstrom $I_S$ abhängt. Für Siliziumdioden sind diese Ströme viel kleiner
als bei Germaniumdioden, bis hin zu Werten von $I_S = 10^{-12}$ A. Daraus ergeben sich
Werte von $U_F$ von etwa 0,7 V bei 1 A Strom durch die Diode. Bei Germaniumdioden
sind diese Werte um viele Größenordnungen höher, entsprechend sinkt auch deren
$U_F$. Aus Gl. 2.33 sehen wir, dass die Spannung die über die Diode abfällt sich bei
Stromänderungen von einer Größenordnung nur um etwa 60 mV ändert, was die
Annahme des (nahezu) konstanten Spannungsabfalls über eine Diode rechtfertigt.

### 2.3.1  Der Widerstand von Dioden

Der statische Widerstand eines Bauteils ist gegeben durch das Verhältnis zwischen
Strom und Spannung:

$$R(U) = \frac{U}{I} \tag{2.34}$$

Bei der Diode hat man keinen Ohmschen Widerstand, entsprechend ist $R$ nicht
einfach nur eine Proportionalitätskonstante, sondern hängt von der Spannung ab.

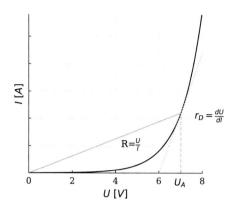

**Abb. 2.12** Der elektrische und differentielle Widerstand in der Strom-Spannungskennlinie

Neben diesem statischen Widerstand benutzt man auch den *differentiellen* oder *dynamischen Widerstand*:

$$r_D(U_A) = \frac{dU}{dI}\bigg|_{U_A} \tag{2.35}$$

Wie in Abb. 2.12 zu erkennen ist, gibt der differentielle Widerstand die Steigung der Kennlinie am gewählten *Arbeitspunkt* (hier durch $U_A$ festgelegt) an.

Der differentielle Widerstand ist entscheidend für das dynamische Verhalten einer Schaltung, in welcher ein Bauteil an einem gewissen Arbeitspunkt betrieben wird. Besonders wichtig wird diese Eigenschaft, wenn wir uns mit Transistoren und Verstärkerschaltungen in Kap. 3 beschäftigen. Der nicht-differentielle, statische Widerstand ist dann wichtig, wenn wir die elektrischen Eigenschaften der Schaltung berechnen wollen. Zum Beispiel, wenn wir uns fragen, welche Leistung in der Diode umgesetzt wird.

## 2.4 Schaltungen mit Dioden

### 2.4.1 Reihenschaltung aus Widerstand und Diode

Wir nennen den Anschluss an den p-dotierten Bereich Anode, und jenen an den n-dotierten Bereich Kathode. Das Schaltzeichen der Diode zeigt an, in welche Richtung sie Strom leitet, wie in Abb. 2.13 zu erkennen ist.

Die Anode wird oft auch mit einem + bzw. die Kathode mit einem − gekennzeichnet. Liegt eine positivere Spannung an der Anode und ist die Spannung höher als die Durchlassspannung, so leitet die Diode. Ist sie niedriger, so können wir uns die Diode als einen offenen Schalter vorstellen. Schauen wir uns die Reihenschaltung einer Diode und eines Widerstandes wie in Abb. 2.14 an.

**Abb. 2.13** Schaltzeichen einer Diode

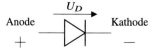

**Abb. 2.14** Einfache
Schaltung eines Widerstands
mit einer Diode in Reihe

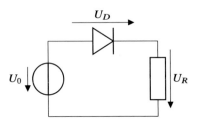

Wir zeichnen eine Spannungsmasche ein. Dabei müssen wir die Durchlass-spannung, welche an der Diode abfällt, berücksichtigen. Legen wir eine positive Spannung an, beispielsweise $U_0 = 5$ V, so fallen etwa $0,7$ V an der Diode ($U_D$) ab, die restlichen $4,3$ V über den Widerstand ($U_R$); es gilt: $U_0 = U_D + U_R$.

Der Strom wird durch den Widerstand begrenzt. Für einen Widerstandswert von zum Beispiel $R = 50\,\Omega$ würde in der gezeigten Schaltung also ein Strom von

$$I = \frac{U_R}{R} = \frac{4,3\,\text{V}}{50\,\Omega} = 86\,\text{mA} \tag{2.36}$$

fließen. Diese recht triviale Schaltung wird beim Betrieb von Leuchtdioden (LED) verwendet, um zu verhindern, dass durch die LED zu viel Strom fließt. Wir werden auf LEDs zurückkommen, wenn wir verschiedene Diodentypen in Abschn. 2.5 kennenlernen. Liegt eine Spannung von unter $0,7$ V an, können wir uns vorstellen, dass die Diode ein offener Schalter ist. Entsprechend gibt es keine geschlossene Masche und auch keinen Stromfluss.

### 2.4.1.1 Großsignalersatzschaltbild und Arbeitspunkt

Bei der Betrachtung nichtlinearer Systeme spricht man oft von Groß- und Klein-signalverhalten. Großsignalverhalten bedeutet in diesem Fall, das nichtlineare Verhalten des Bauteiles über den gesamten Betriebsspannungbereich. Das Kleinsignal-verhalten ist nicht zu verwechseln mit dem Verhalten der Diode um die 0 V, sondern ist die Beschreibung des Verhaltens für kleine Eingangssignale um einen gewählten Betriebspunkt. Diesen Betriebspunkt nennt man *Arbeitspunkt*.

Bei der Berechnung der Schaltung in Abb. 2.14 haben wir einfach angenommen, dass $U_D = 0,7$ V über die Diode abfallen. Eigentlich müssten wir davon ausgehen, dass $U_F$ über die Diode abfällt und $U_R = U_0 - U_F$ über den Widerstand. Dieser Fall ist in Abb. 2.15 gezeigt. Für $U_F = 0$ V fällt die gesamte Spannung $U_0$ am Widerstand ab. Somit ist dort der Strom durch den Widerstand $I_R$ am größten. Da der Strom durch den Widerstand gleich groß wie jener durch die Diode sein muss, ist der einzige mögliche Arbeitspunkt jener, wo sich die Gerade des Stroms durch den Widerstand, die sogenannte *Arbeitsgerade*, mit der Diodenkennlinie schneidet.

Aufgrund der steilen Diodenkennlinie kann man in vielen Fällen einfach annehmen, dass $U_D = 0,7$ V über die Diode abfallen. Man kann im Schaltbild also die Diode einfach durch eine Spannungsquelle mit $U_D$ in derselben Richtung wie davor $U_D$ ersetzen.

**Abb. 2.15** Der Schnittpunkt
zwischen der Geraden des
Stroms durch den
Widerstand und der
Diodenkennlinie bestimmt
den Arbeitspunkt. Die
Versorgungsspannung in
dieser Abbildung beträgt 5 V

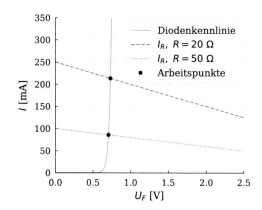

Dieses Ersatzschaltbild kann nur verwendet werden, wenn die Diode in Vorwärtsrichtung in die Schaltung eingebaut ist und $U_0$ größer als $U_D$ ist. In allen anderen
Fällen ist die Diode mit einem offenen Schalter zu ersetzen.

### 2.4.1.2 Kleinsignalersatzschaltbild

Das Großsignalersatzschaltbild hilft uns die Schaltung zu dimensionieren und die
auftretenden Gleichspannungskomponenten zu verstehen. Fragen wir uns jedoch,
wie sich die Schaltung bezüglich einer kleinen Änderung der Eingangsspannung
verhält, zum Beispiel durch das Anlegen eines Signals, so müssen wir die Diodenkennlinie im Arbeitspunkt linearisieren.

Dies geschieht indem wir der Spannungsquelle noch den dynamischen Widerstand
der Diode in Reihe schalten. Dies ist in Abb. 2.16 gezeigt.

## 2.4.2   Gleichrichter

Ein Gleichrichter wandelt eine Wechselspannung in eine Gleichspannung um. Hier
benutzen wir den Begriff Gleichspannung im Sinne einer Spannung, die über die
Zeit dasselbe Vorzeichen behält. Sie muss nicht die ganze Zeit über denselben Wert
haben.

**Abb. 2.16** Kleinsignalersatzschaltbild
einer Diode

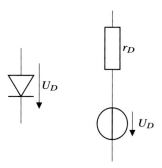

Wir machen uns zunutze, dass wir die Diode als ein potentialgesteuertes Stromventil verwenden können.

### 2.4.2.1 Einweggleichrichter

Ersetzen wir in der Schaltung aus Abb. 2.14 die Gleich- mit einer Wechselspannungsquelle mit einer sinusförmigen Ausgangsspannung (s. Abb. 2.17a), so wechseln sich die folgenden beiden Fälle ab: in der *positiven Halbwelle* liegt an der Anode eine positivere Spannung an, in der *negativen Halbwelle* eine negativere. In der positiven Halbwelle ist die Diode also ab der Durchlassspannung leitend. Die Ausgangsspannung, die über den Lastwiderstand $R_L$ abfällt, ist in Abb. 2.17b gezeigt.

Um die Spannung stärker in eine Gleichspannung zu wandeln, fügen wir noch einen Glättungskondensator parallel zur Last ein ($C_G$), gezeigt in Abb. 2.18. Für diese Schaltung sehen wir in Abb. 2.19 den zeitlichen Spannungsverlauf; eine sogenannte *Restwelligkeit,* auch *Brumm* genannt, ist zu erkennen: $u_{R,max} - u_{R,min} \neq 0$. Die Ausgangsspannung ist also nicht konstant.

---

**Aufgabe**

Leiten Sie einen Ausdruck für die Schwankung der Ausgangsspannung in Abhängigkeit der angeschlossenen Last ($R_L$) und der verwendeten Kapazität ($C_G$) her. Sie können dabei davon ausgehen, dass die Entladung über einen Zeitraum von $1/f$, mit der Frequenz $f$ der Eingangsspannung, erfolgt.

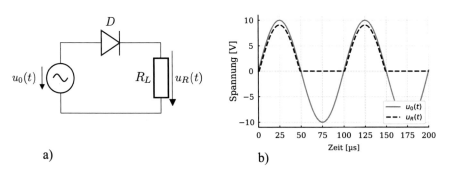

a)                                                                      b)

**Abb. 2.17 a)** Schaltplan des Einweggleichrichters. **b)** Zeitlicher Verlauf der Spannungen am Einweggleichrichter

**Abb. 2.18** Der Einweggleichrichter mit zusätzlichem Kondensator zu Glättung der Ausgangsspannung

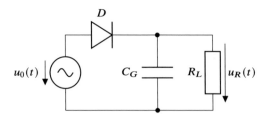

**Abb. 2.19** Der
Spannungsverlauf des
Einweggleichrichters mit
Glättung. Zusätzlich
gestrichelt eingezeichnet ist
auch der Spannungsverlauf
ohne dem Kondensator

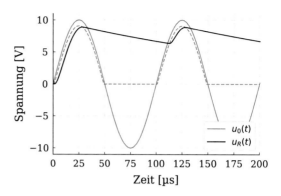

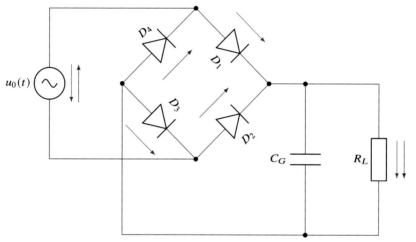

**Abb. 2.20** Schaltplan für den Brückengleichrichter mit Glättungskondensator

Die bisher besprochenen Gleichrichterschaltungen sind sogenannten Einweggleichrichter. Wie wir festgestellt haben, wird die negative Halbwelle unserer Gleichspannung hier einfach weggeschnitten. Dies ist nicht nur ineffizient, sondern führt auch
zu einer höheren Restwelligkeit. Um dies zu umgehen, können wir die Schaltung in
Abb. 2.20 verwenden: einen Brückengleichrichter (auch Graetz-Brücke oder Graetz-
Schaltung, nach Leo Graetz).

### 2.4.2.2 Brückengleichrichter

In der Schaltung leiten in der positiven Halbwelle die Dioden D1 und D3 und in der
negativen die Dioden D2 und D4, was zur Folge hat, dass die negative Halbwelle
„nach oben geklappt" wird. Dies ist mit den roten Pfeilen für die positive und mit den
blauen für die negative Halbwelle eingezeichnet. In der jeweilig anderen Halbwelle
kann man sich die nichtleitenden Dioden einfach wegdenken.

**Abb. 2.21** Der zeitliche
Spannungsverlauf einer
Brückengleichrichterschal-
tung

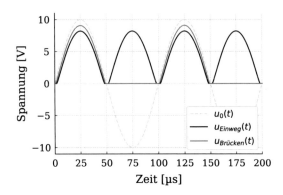

**Abb. 2.22** Der
Spannungsverlauf bei
halbierter
RC-Glied-Zeitkonstante
($\tau_{RC}$)

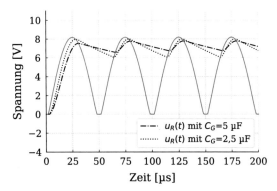

Wir sehen den zeitlichen Verlauf der Spannung in Abb. 2.21. Zum direkten Vergleich ist auch der Spannungsverlauf des Einweggleichrichters eingezeichnet. Die
gepunkteten Linien zeigen den Spannungsverlauf mit einem Glättungskondensator.
Eine größere Belastung der Schaltung (also ein kleinerer Lastwiderstand $R_L$)
bewirkt, dass die Zeitkonstante des RC-Glieds kleiner wird, der Glättungskondensator also schneller entladen wird. In Abb. 2.22 ist der Spannungsverlauf mit halber
Zeitkonstante gezeigt. Es soll hier verdeutlicht werden, dass je nach Anwendungs-
gebiet ein Brückengleichrichter nicht zwingend die beste Wahl sein muss. Da wir
beim Brückengleichrichter zu jedem Zeitpunkt immer zwei aktive Dioden in unserem
Stromkreis haben, kommt es durch diese zu einem Spannungsabfall von zweimal der
Durchlassspannung. Das ist einer der Nachteile des Brückengleichrichters. Je nach
Höhe der gleichgerichteten Spannung kann dies ein großer oder ein vernachlässig-
barer Effekt sein. Es ist immer wichtig, sich über die Größenordnungen auftretender
Spannungen, Strömen, Lasten etc. Gedanken zu machen und dieses Wissen in eine
Schaltung einzubringen.

Bei Gleichrichtern ist es in der Regel so, dass sobald die Eingangsspannungen
deutlich über den Durchlassspannungen von Dioden ist, Brückengleichrichter vor-
zuziehen sind.

**Abb. 2.23** Schaltplan einer
Villard-Schaltung

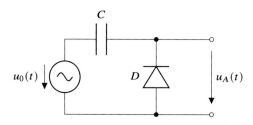

▶   **Hinweis**

Um die Funktionsweise von Gleichrichtern nachzuvollziehen, können die
Schaltungen von Einweg- beziehungsweise Brückengleichrichter auf dem
Steckbrett mit Leuchtdioden als Gleichrichterdioden nachgesteckt werden.
Als Last wird ebenfalls eine LED und ein Vorwiderstand eingesetzt. Diese
Schaltung kann mit einem Funktionsgenerator (5 $V_{pp}$) welcher eine niederfre-
quenten Sinusspannung liefert (wenige Hertz), betrieben werden. Hierbei ist
zu beachten, dass die Vorwärtsspannung von LEDs typischerweise größer ist
als unsere ideale Diodenspannung von 0,7 V.

Da Leuchtdioden einen sehr geringen Maximalstrom liefern können, eignet
sich diese Schaltung nicht als Gleichrichter.

### 2.4.3  Spannungsverdopplerschaltung

Wir wollen uns eine weitere Art von Schaltung mit Dioden anschauen: Die *Span-
nungsverdoppler.* Dioden können zusammen mit Kondensatoren nicht nur in geglätte-
ten Gleichrichtern eingesetzt werden; man kann mit ihnen auch sogenannte *Ladungs-
pumpen* realisieren. Schaltung 2.23 zeigt das Beispiel der *Villard-Schaltung.*

Vertauscht man im Einweggleichrichter den Glättungskondensator und die Diode,
erhält man diese Schaltung. Betrachten wir die Spannungsmaschen für die positive
und negative Halbwelle: In der positiven Halbwelle sperrt die Diode; wir können
sie uns als offenen Schalter vorstellen. Die Ausgangsspannung folgt bei einem nicht
aufgeladenem Kondensator also der Eingangsspannung. In der negativen Halbwelle
wird die Diode leitend, der Kondensator lädt sich also in der negativen Halbwelle
auf. Als Konsequenz haben wir in der nächsten positiven Halbwelle wieder eine
sperrende Diode *(offenen Schalter),* aber einen aufgeladenen Kondensator.

Die Eingangsspannung und jene, auf welche der Kondensator aufgeladen ist,
addieren sich und liegen an der Last an. Effektiv haben wir damit die Spannung
verdoppelt (abzüglich der Durchlassspannung $U_D$).

Der Nachteil der Villard-Schaltung ist, dass man zwar die Eingangspannung in
den positiven Spannungsbereich verschiebt, dabei aber keine Glättung, wie wir das
aus den Gleichrichtern kennen, haben. Salopp gesagt oszilliert die Spannung nicht
mehr zwischen $-U_p$ und $+U_p$, sondern zwischen $-U_D$ und $2U_p - U_D$.

Mit einer weiteren Diode und einem Kondensator kann man die Villard-Schaltung
zur *Greinacher-Schaltung* (Abb. 2.24) erweitern. Vergleicht man die beiden Schal-

**Abb. 2.24** Schaltplan einer Greinacher-Schaltung

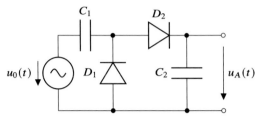

**Abb. 2.25** Der Spannungsverlauf einer Greinacher-Schaltung mit unterschiedlichen Lasten. Bei einer großen Last wird die Ausgangsspannung in etwa verdoppelt und bleibt konstant. Wird durch eine kleine Last zu viel Strom gezogen, so führt das zu einer hohen Restwelligkeit und niedrigeren Ausgangsspannung

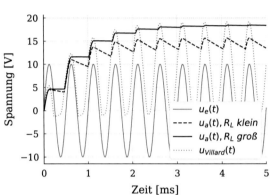

tungen, so sieht man, dass zu der ursprünglichen Schaltung noch ein Einweggleichrichter (s. Abb. 2.18) hinzugefügt wurde.

Damit wird die Ausgangsspannung aus der Villard-Schaltung geglättet und wir erhalten eine Ausgangsspannung mit einer deutlich geringeren Restwelligkeit. Der Spannungsverlauf mit den ersten Perioden welche die Kondensatoren aufladen, ist in Abb. 2.25 gezeigt. Die Spannung im Knoten zwischen $C_1$, $D_1$ und $D_2$ entspricht dem Ausgangssignal der Villard-Schaltung und ist in der Abbildung als $u_{\text{Villard}}(t)$ ebenfalls eingezeichnet.

Stufen von Spannungsverdopplerschaltungen können hintereinander geschaltet werden um noch höhere Spannungen zu erzeugen. Solche Schaltungen können sehr hohe Spannungen erzeugen und finden Anwendung in der Erzeugung von Beschleunigungsspannungen für Röntgenröhren oder beispielsweise auch in Laserdruckern, wo hohe Spannungen zur Ionisation der Bildtrommel benötigt werden.

### 2.4.4 Freilaufdioden

Neben dem Erzeugen von hohen Spannungen können Dioden auch dazu eingesetzt werden, hohe Spannungen sicher abzuleiten. Hohe Spannungen treten zum Beispiel beim Abschalten von Induktivitäten auf. In einer Induktivität ist die Energie

$$W = \frac{LI^2}{2} \tag{2.37}$$

**Abb. 2.26** Spannungsspitzen beim Abschalten einer induktiven Last. Man beachte die logarithmische Achse. Ohne Freilaufdioden kommt es zu negativen Spannungen von mehreren hundert Volt. Mit einer Freilaufdiode wird die gespeicherte Energie über längere Zeit in der Diode umgesetzt

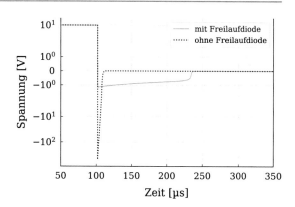

gespeichert, welche beim Abschalten sicher abgeleitet werden muss. Dabei kommt es aufgrund der Selbstinduktivität zu hohen Spannungsspitzen, welche nach der Lenzschen Regel der ursprünglichen Spannung entgegengesetzt sind. Die daraus resultierenden Ströme müssen in diesen Schaltungen sicher abgeleitet werden, da ansonsten die Last (zum Beispiel Glühbirnen) beschädigt werden kann. Dafür werden Dioden parallel zu den Induktivitäten geschaltet, welche bei Betrieb in Sperrrichtung nicht leiten und erst die umgepolten induzierten Spannungsspitzen im Ab- oder Umschaltvorgang sicher ableiten.

Induktivitäten in Schaltungen kommen zum Beispiel in Relais oder Elektromotoren vor. Relais sind elektromechanische Komponenten, welche mittels eines Magnetfeldes aus einer Spule einen mechanischen Schalter bewegen. Sie sind also stromgesteuerte Schalter.

Die zeitlichen Spannungsverläufe über eine Induktivität, welche bei $t = 100\,\mu s$ abgeschaltet wird, ist in Abb. 2.26 gezeigt. Während es ohne Freilaufdioden zu einer kurzen Spannungsspitze von mehreren 100 V kommt, führt eine Diode zu einer um eine Diodenspannung erhöhte Spannung für eine längere Zeit.

## 2.5 Typen von Dioden

In diesem Abschnitt werden unterschiedliche Dioden vorgestellt. Wir wollen versuchen zu erklären, welche Dioden sich für welche Zwecke eignen und in welchen Punkten sie sich unterscheiden. Ein großer Fokus wird auf das Arbeiten mit Datenblättern und das Interpretieren der dort angegebenen Größen gelegt.

▶ **Hinweis**
Die meisten der im Folgenden besprochenen Dioden werden von verschiedenen Herstellern mit derselben Modellnummer hergestellt. Wie man den verschiedenen Datenblättern entnehmen kann, haben diese Dioden dann sinnvollerweise auch dieselben Kenngrößen.
Außerdem sind Datenblätter typischerweise in englischer Sprache verfasst, welche als Symbol für die Spannung (englisch: voltage) das $V$ benutzt.

**Abb. 2.27** Vereinfachter
Ausschnitt aus einem
Datenblatt einer 1N4148
Diode

Max. or typical ratings

| | | |
|---|---|---|
| Reverse voltage | $V_R$ | 75 V |
| Forward continuous current | $I_F$ | 300 mA |
| Avg. rectified output current | $I_{F(AV)}$ | 150 mA |
| Forward surge current | $I_{FS}$ | 2 A (1 µs) |
| | | 1 A (1 s) |
| Power dissipation | $P_D$ | 500 mW |
| Diode capacitance | $C_T$ | 4 pF |
| Reverse recovery time | $t_{rr}$ | 4 ns |

## 2.5.1 Kleinsignaldioden

Kleinsignaldioden sind salopp gesagt die *Standarddioden,* die zum Einsatz kommen, wenn keine besonderen Anforderungen an Dioden gestellt werden. Sie sind nur für kleine Ströme von wenigen mA bis einigen 100 mA geeignet, finden allerdings auch Verwendung in Hochfrequenzschaltungen.

Sie kommen also beispielsweise als Freilaufdioden für kurze Pulse zum Einsatz, wenn diese den zulässigen Maximalstrom nicht überschreiten, als Gleichrichter wenn die Ströme nicht zu groß sind, oder auch als Schutzdioden, welche als Verpolungsschutz eingesetzt werden. Signaldioden sind üblicherweise relativ klein und oft von einer schützenden Glaskapsel umschlossen. Die Kathode wird dabei mit einem Band um das Bauteil gekennzeichnet.

Eine der am weitesten verbreiteten Signaldioden ist die Siliziumdiode mit der Modellnummer 1N4148. Aus dem Datenblatt, leicht in einschlägigen Suchmaschinen mittels der Modellnummer zu finden, sind die maximal zulässigen Betriebsparameter zu entnehmen, siehe auch Abb. 2.27. Die maximal zulässige Spannung in Sperrrichtung *(Reverse voltage, $V_R$[1])* für diese Diode liegt bei 75 V, der maximale Strom *(Forward continuous current, $I_F$)* bei 300 mA.

Für das Gleichrichten einer Sinusspannung wird üblicherweise auch der durchschnittliche Maximalstrom in einer solchen Gleichrichterschaltung angegeben. Dieser Wert findet sich unter *Average rectified output current, $I_{F(AV)}$* oder $I_O$ und beträgt bei der 1N4148 Diode 150 mA.

In einem Datenblatt sind auch oft Werte für einzelne, sehr kurze Strom- oder Spannungspulse angegeben. Diese sind höher als jene Werte für eine kontinuierliche Belastung, da beispielsweise ein kurzer, aber höherer Strompuls noch zu keiner thermischen Zerstörung des Bauteils führen muss. So hält diese Diode einzelne Pulse von bis zu 2 A aus, wenn diese nicht länger als 1 µs sind, oder Pulse von 1 A für eine Dauer von maximal 1 s. Diese Werte werden als *Peak forward surge current* *($I_{FS}$)* im Datenblatt angegeben.

Ebenso angegeben ist die maximal zulässige Verlustleistung *(Power Dissipation, $P_D$)* für diese Diode von 500 mW.

---

[1]Oft wird in Datenblättern ein tiefgestelltes $M$ für *maximum* den Grenzwerten angehängt, also beispielsweise $V_R$ wird zu $V_{RM}$.

Neben den maximal zulässigen Betriebsparametern werden im Datenblatt auch die elektrischen Eigenschaften zusammengefasst. Tabellarisch findet man die maximalen und typischen Werte für die Vorwärtsspannung *(Forward voltage, $V_F$)*. Der typische Verlauf von $V_F$ wird normalerweise auch graphisch gegen den Vorwärtsstrom $I_F$ gezeigt, wie in Abb. 2.28.

Des Weiteren findet sich im Datenblatt eine Angabe zur Kapazität der Diode *(Total capacitance, $C_T$)* und ihrer Sperrverzögerungszeit *(Reverse recovery time, $t_{rr}$)*, welche wir jetzt kurz diskutieren wollen:

Durch die Bildung der Verarmungszone kann man sich einen pn-Übergang auch als Kondensator vorstellen, entsprechend besitzen Dioden auch eine Kapazität. Signaldioden besitzen, unter anderem aufgrund ihrer kleinen Bauform, eine geringere Kapazität als größere Dioden. Dadurch eignen sie sich auch in Hochfrequenzschaltungen und in Schaltanwendungen mit kurzen Pulsen. Die 1N4148 hat eine Kapazität von 4 pF.

In sehr schnellen Anwendungen, d. h. wenn die Diode schnell zwischen *sperrend* und *leitend* umschalten muss, muss die Verarmungszone schnell auf- und abgebaut werden. Dabei müssen Ladungsträger räumlich transportiert werden. Dieser Ladungstransport kann in manchen Anwendungen ein limitierender Faktor sein. Die Sperrverzögerungszeit *(Reverse recovery time, $t_{rr}$)* gibt jene Zeit an, welche die Diode braucht, um aus einem vorwärtsgespannten, leitenden Zustand in einen sperrenden zu wechseln. Eine 1N4148 hat eine Sperrverzögerungszeit von 4 ns.

Die Sperrverzögerungszeit wird mit der Schaltung in Abb. 2.29 verdeutlicht. Ein Rechtecksignal zwischen −5 V und 5 V schaltet dabei die Diode schnell zwischen einem vorwärts gespannten und rückwärts gespannten Zustand hin und her. Der Strom wird durch einen Widerstand, welcher den Arbeitspunkt einstellt, begrenzt. Nachdem die Spannung negativ wird, fließt für eine kurze Zeit ein Strom in Rückwärtsrichtung bis die Verarmungszone aufgebaut ist. Die Zeit, in diesem Fall auf-

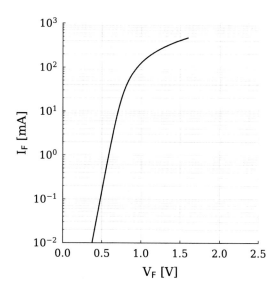

**Abb. 2.28** $V_F$ aufgetragen gegen $I_F$

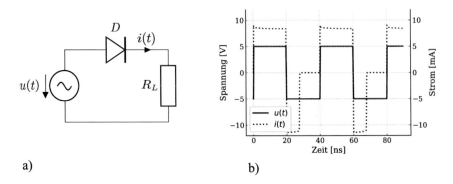

a)                                                                              b)

**Abb. 2.29** a) Diodenschaltung zur Verdeutlichung der Sperrverzögerungszeit. b) Zeitlicher Verlauf
von Spannung und Strom

grund der in der Simulation benutzten Kenngrößen der Diode etwa 8 ns, in welcher
dieser Strom fließt, ist die Sperrverzögerungszeit $t_{rr}$.

### 2.5.2  Gleichrichterdioden

Eine Einschränkung von Signaldioden ist deren relativ niedriger maximaler Strom.
Dioden aus der 1N400X-Diodenfamilie sind Mehrzweckdioden, welche sich auch
für einen Einsatz in Gleichrichterschaltungen eignen. Sie besitzt eine höhere Strom-
festigkeit: Der durchschnittliche gleichgerichtete Strom $I_{F(AV)}$ kann bis zu 1 A betragen. Ebenso werden kurze Stromstöße, bis zu mehreren 10 A toleriert. Dadurch eignet sich die Diode auch als Freilaufdiode, wenn hohe Strompulse abgeleitet werden
müssen.

Weil die Dioden physisch größer gefertigt werden müssen, besitzen sie eine
höhere Kapazität, typisch etwa $C_D = 15$ pF. In manchen Datenblättern findet man
keine Angabe zur Sperrverzögerungszeit, was zeigt, dass diese Dioden sich nicht für
schnelle Schaltanwendungen eignen, in denen Signaldioden zum Einsatz kommen
würden. Manche Hersteller geben ein $t_{rr}$ von 30 μs für die 1N400X-Diodenfamilie
an, ein um vier Größenordnungen größerer Wert als jener der 1N4148 Signaldiode.

### 2.5.3  Schottky-Dioden

Schottky-Dioden nutzen keinen pn-Übergang, sondern einen Metall-Halbleiter-
Übergang. Sie besitzen im Allgemeinen schnellere Schalteigenschaften und eignen
sich daher für Hochfrequenzanwendungen. Im Gegensatz zu normalen pn-Dioden
haben sie aber höhere Leckströme wenn sie in Sperrrichtung gepolt sind, und eine
geringere Spannungsfestigkeit in Sperrrichtung.

So findet man für die 1N581X Schottky-Dioden ein $V_R$ von 20 V bis 40 V und
Sperrströme *(Reverse leakage current, $I_R$)* von 1 mA bis zu 10 mA (stark temperaturabhängig). Vergleicht man das mit der Signaldiode 1N4148, so hat diese einen

Sperrstrom von teilweise unter 1 μA bis zu 50 μA; bei der etwas größeren 1N400X, bewegt sich der Sperrstrom zwischen 5 μA und 50 μA. In Tab. 2.1 sind diese Werte für die drei unterschiedlichen Dioden zusammengefasst.

Als Schaltzeichen kommt das in Abb. 2.30 gezeigte Zeichen zum Einsatz.

Ein Einsatzgebiet von Schottky-Dioden ist die Verwendung als Gleichrichterdioden in Schaltnetzteilen, wo die Eingangsspannung mit hoher Frequenz moduliert wird.

Schottky-Dioden besitzen eine geringere Vorwärtsspannung $V_F$ als vergleichbare Siliziumdioden. Entsprechend ist die umgesetzte Leistung geringer als bei ähnlichen Strömen in normalen Gleichrichterdioden. Die hohen Sperrströme, welche stark mit steigender Temperatur ansteigen, limitieren jedoch die maximale Leistung der Schottky-Dioden. Die maximale Betriebstemperatur des pn- oder Halbleiter-Metall-Übergangs ist im Datenblatt als *Operating junction temperature, $T_J$* angegeben. Bei den 1N581X Schottky-Dioden beträgt diese 125 °C, während die 1N4148 bei bis zu 175 °C betrieben werden kann.

In einigen Fällen finden sich keine Werte für die maximal zulässige Verlustleistung $P_D$, stattdessen ist die maximal zulässige Übergangstemperatur $T_J$ und der thermische Widerstand $R_\theta$ angegeben. Wenn wir die Diode ohne extra Kühlkörper betreiben, ist der gesamte thermische Widerstand zwischen dem Übergang und der Umgebung relevant. Dieser Wert wird als *junction to ambiant thermal resistance, $R_{\theta JA}$* in °C/W angegeben. Je nach Umgebungstemperatur kann man mittels folgender Gleichung:

$$R_{\theta JA} = \frac{T_J - T_{\text{Umgebung}}}{P_D} \tag{2.38}$$

nach $P_D$ umgestellt, die maximale Leistung bei einer gegeben Umgebungstemperatur ($T_{\text{Umgebung}}$) berechnen. Die Leistung, welche die Diode als Wärme abgibt, berechnet sich mittels:

$$P_D = U_F \cdot I_F \tag{2.39}$$

Bei Dioden, welche nicht für den Betrieb mit einem Kühlkörper ausgelegt sind, ist meist $P_D$ für den Betrieb bei 25 °C angegeben. Oft sind Korrekturwerte für andere Umgebungstemperaturen angegeben. So kann sich ein $P_D = 500\,\text{mW}$ mit

**Tab. 2.1** Vergleich einiger charakteristischer Werte der Signaldiode 1N4148, der Gleichrichterdioden 1N400X und der Schottky-Dioden 1N581X

|            | 1N4148            | 1N400X           | 1N581X           |
|------------|-------------------|------------------|------------------|
| $V_R$      | 75 V              | 50 V bis 1 kV    | 20 V bis 40 V    |
| $I_{F(AV)}$| 150 mA            | 1 A              | 1 A              |
| $I_R$      | 25 nA bis 50 μA   | 5 μA bis 50 μA   | 1 mA bis 10 mA   |
| $t_{rr}$   | 4 ns              | 30 μs            | 10 ns            |

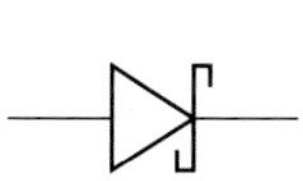

**Abb. 2.30** Schaltzeichen
einer Schottky-Diode

der Anmerkung „*Derate above* 75 °C" mit einem Wert für die Abnahme der maximalen Leistung von $4,0\,\mathrm{mW}\,°C^{-1}$ im Datenblatt finden. Wird diese Diode also bei
100 °C betrieben, so sinkt $P_D$ auf 400 mW.

### 2.5.4  Z-Dioden

Z-Dioden, die oft auch als *Zener-Dioden* bezeichnet werden, sind Dioden, welche
auch in Sperrrichtung im Durchbruchbereich betrieben werden. Diese besonderen
Dioden gehen im Gegensatz zu normalen Dioden bei einem solchen Betrieb nicht
kaputt. Die Durchbruchspannung ($U_Z$) von Z-Dioden liegt zwischen 1 V und kann
bis über 100 V gehen. Je nach Durchbruchspannung kommt es bei Betrieb in der
Diode zum Zener-Effekt (bis etwa 5,6 V) oder bei höheren Spannungen zusätzlich
zum Lawinendurchbruch, welcher dann den dominanten Anteil an Ladungsträger-
generation ausmacht.

**Hintergrundwissen**
Der Zener-Effekt lässt sich mit unserem Modell der Halbleiter nicht vollständig
erklären. Es kommt beim Zener-Effekt zu einem quantenmechanischen Tunneln der Elektronen, welche durch die Raumladungszone und die eigentlich
unüberwindbare Potentialbarriere tunneln. Entsprechend muss die Raumladungszone räumlich klein bleiben, was durch eine hohe Dotierung erreicht
wird.
  Beim Lawinendurchbruch werden hingegen die Minoritätsladungsträger
Elektronen in der Raumladungszone beschleunigt und durch Stoßionisation
kommt es zur Generation weiterer freien Ladungsträger – ähnlich wie bei
einer Gasentladung. Die Raumladungszone kann hierbei größer sein als bei
Zener-Dioden, die Dotierungsstärke entsprechend geringer. Mittels der Stärke
der Dotierung kann die Durchbruchspannung im Herstellungsprozess variiert
werden.
  Beide Effekte können auch gleichzeitig in einer Diode auftreten. Bei hohen
Durchbruchspannungen dominiert der Lawinendurchbruch.

Z-Dioden werden zur Spannungsbegrenzung und Spannungsstabilisierung eingesetzt, da die Steigung der Kennlinie im Durchbruchsbereich oft steiler ist, als die im
Vorwärtsbereich. Die Spannung, bei der der Durchbruch eintritt, wird typischerweise
als *Zener-Spannung* $U_Z$ bezeichnet.
  Das Schaltzeichen einer Z-Diode ist beispielsweise in Abb. 2.31 zu sehen, welche
eine Schaltung zur Spannungsstabilisierung mittels einer Z-Diode zeigt. Ein Vorwiderstand ($R_V$) stellt den Strom auf den gewünschten Arbeitspunkt so ein, dass über
die Diode mindestens ihre Zener-Spannung abfällt und sie so in den Durchbruchsbereich der Kennlinie kommt. Es gibt einen Minimalstrom, typischerweise etwa 10 %

**Abb. 2.31** Spannungsstabilisierung mit einer Z-Diode

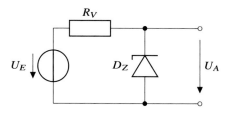

des Maximalstroms, der durch die Diode fließen muss. Der Vorwiderstand muss also so gewählt werden, dass bei der niedrigsten Eingangsspannung, mindestens dieser Strom fließt, bei der höchsten Eingangsspannung der Maximalstrom der Diode jedoch nicht überschritten wird.

Bei einer Schaltung zur Spannungsstabilisierung stellt sich die Frage, wie die Ausgangsspannung auf Schwankungen der Eingangsspannung reagiert. Der *absolute Stabilisierungsfaktor* gibt an, wie stark sich eine Änderung der Eingangsspannung ($U_E$) auf die Ausgangsspannung ($U_A$) auswirkt. Er ist definiert als:

$$G = \frac{\partial U_E}{\partial U_A} \tag{2.40}$$

Wie in der Einführung besprochen, wird das dynamische Verhalten der Diode durch ihren differentiellen Widerstand $r_D$ beschrieben, siehe Gl. 2.35. Wäre die Diodenkennlinie (in diesem Fall in Durchbruchrichtung) unendlich steil (eine vertikale Gerade), so wäre die Ausgangsspannung komplett unabhängig von der Eingangspannung. Ist dies nicht der Fall, so wird das dynamische Verhalten am Arbeitspunkt durch einen Spannungsteiler beschrieben, bei welchem wir die Diode durch einen Widerstand mit dem differentiellen Widerstandswert der Diode ersetzen. Für den differentiellen Widerstand im Durchbruchbereich bei Z-Dioden verwenden wir $r_Z$. Dieser Wert (oder $Z_Z$ für die komplexe Impedanz), findet sich im Datenblatt der Diode. Wie man aus Abb. 2.31 ablesen kann gilt:

$$G = \frac{r_Z + R_V}{r_Z} \approx \frac{R_V}{r_Z} \tag{2.41}$$

Wie wir sehen strebt der Glättungsfaktor für $r_Z \to 0$ (ideales Verhalten) gegen $\infty$. Ein größerer Vorwiderstand erhöht ebenso den Glättungsfaktor. Mit einem größeren Vorwiderstand führt eine gleich große Schwankung in der Eingangsspannung also zu einer kleineren Schwankung im Strom. Dadurch kommt es zu einer kleineren Änderung der Ausgangsspannung. In all diesen Beispielen wurde der Lastwiderstand $R_L$ ignoriert. Dieser würde parallel zu $r_Z$ geschaltet sein und kann unter der Annahme $r_Z \ll R_L$ vernachlässigt werden.

**Aufgabe**

Eine Spannungsquelle mit einem Innenwiderstand von $R_i = 50\,\Omega$ schwankt zwischen 7 V und 10 V. Sie verwenden eine 5,6 V Zener-Diode mit einem

$r_Z = 3\,\Omega$ um eine stabile Spannung für eine 2 kΩ Last zu Verfügung zu stellen. Wie stark schwankt die stabilisierte Ausgangsspannung?

Verwendet man die Konfiguration aus der Schaltung in Abb. 2.31 mit einem sich zeitlich ändernden Signal, so erhält man eine *Clipping-Schaltung,* welche dazu dient, die Ausgangsspannung auf einen maximalen Wert zu begrenzen: Das Ausgangssignal folgt dem Eingangssignal für positive Spannungen bis zum maximalen Wert $U_Z$ und überschreitet diesen nicht. Für negative Spannungen verhält sich die Zener-Diode wie eine normale Diode; ab ihrer Durchlassspannung $U_D$ wird die Diode leitend. Das Ausgangssignal wird also auf $[-U_D; U_Z]$ beschränkt. Innerhalb dieses Intervalls folgt die Ausgangsspannung der Eingangsspannung.

Um ein Clipping sowohl für positive wie auch für negative Spannungen zu erhalten, kann man zwei Z-Dioden entgegengesetzt gepolt in Reihe schalten. Diese Schaltung beschränkt die Ausgangsspannung auf $\pm (U_Z + U_D)$, da die Spannung, wenn sie zu groß wird, über eine in Vorwärtsrichtung gepolte Diode ($U_D$) und über eine in Sperrrichtung gepolte ($U_Z$) abfällt. Der Schaltplan und der Spannungsverlauf bei einer sinunsförmigen Eingangsspannung sind in Abb. 2.32 gezeigt.

### 2.5.4.1 Temperaturabhängigkeit von Dioden und Z-Dioden

In vielen Abschnitten wurde bereits erwähnt, dass Dioden eine starke Temperaturabhängigkeit besitzen. Bei einem konstanten Strom ändert sich die Vorwärtsspannung mit der Temperatur. Dieser Effekt ist linear und die meisten Siliziumdioden haben einen Temperaturkoeffizienten von etwa $-2$ mV/K. Damit sinkt also $U_D$ um 2 mV pro K.

Neben der Vorwärtsspannung ist auch die Durchbruchspannung bei Z-Dioden stark temperaturabhängig. Je nachdem ob der Zener-Effekt oder Lawinendurchbruch der dominante Effekt ist, kann der Temperaturkoeffizient negativ oder positiv sein. Der Zener-Effekt hat einen negativen Temperaturkoeffizienten, Z-Dioden bis etwa 5,6 V haben also einen negativen Temperaturkoeffizienten ihrer Durchbruchspannung. Z-Dioden mit einer höheren Durchbruchspannung, bei welchen der Lawinen-

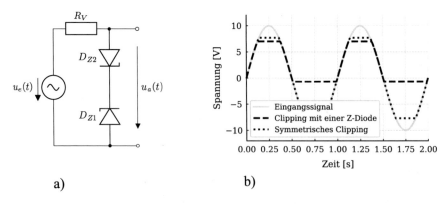

a)                                            b)

**Abb. 2.32  a** Symmetrisches Clipping mit zwei in Reihe geschalteten Z-Dioden. **b** Spannungsverlauf der Clipping-Schaltung mit einer und mit zwei Z-Dioden

**Tab. 2.2** Ausschnitt aus dem Datenblatt der BZX79C Z-Diodenserie. Gezeigt sind die Bereiche der Zener-Spannung und die dazugehörigen Temperaturkoeffizienten $T_C$

| Diode | Zener-Spannung | | $T_C$ [mV/°C] | |
|---|---|---|---|---|
| | min. | max. | min. | max. |
| BZX79C2V4 | 2,2 | 2,6 | −3,5 | 0 |
| BZX79C4V3 | 4 | 4,6 | −3,5 | +1 |
| BZX79C5V6 | 5,2 | 6 | −2 | +2,5 |
| BZX79C6V8 | 6,4 | 7,2 | 1,2 | 4,5 |
| BZX79C9V1 | 8,5 | 9,6 | 3,8 | 7 |
| BZX79C15 | 13,8 | 15,6 | 9,2 | 13 |
| BZX79C24 | 22,8 | 25,6 | 18,4 | 22 |

durchbruch dominiert, haben einen positiven Temperaturkoeffizienten. Benötigt man eine temperaturstabilierte Schaltung, so kann man sich diese gegenläufigen Effekte zunutze machen, indem man eine Z-Diode mit positivem Temperaturkoeffizienten in Sperrrichtung mit einer (oder mehrerer) normaler Siliziumdioden in Vorwärtsrichtung kombiniert. Alternativ können Z-Dioden mit einem intrinsisch geringen Temperaturkoeffizienten verwendet werden.

Die Durchbruchspannung von Z-Dioden kann im Herstellungsprozess verändert werden, Diodenhersteller bieten aus diesem Grund üblicherweise eine Familie von Z-Dioden mit diversen $U_Z$ an. In Tab. 2.2 ist ein Teil des Datenblattes von Z-Dioden gezeigt. Neben der Durchbruchspannung *(Zener Voltage)* bei einem gegebenen Strom $I_Z$ ist auch der differentielle Widerstand $Z_Z$ an diesem Arbeitspunkt angegeben. In einer der Spalten findet sich auch der Temperaturkoeffizient $T_C$ für die unterschiedlichen Durchbruchspannungen. Aufgrund der besprochenen Temperaturabhängigkeit gibt es erst einen negativen Temperaturkoeffizienten, der etwa bei $U_Z \approx 5,6$ V in einen positiven übergeht.

▶ **Hinweis** Für viele Dioden gibt es in der Simulationssoftware SPICE temperaturabhängige Modelle. Mit der Direktive *.temp 0 10 20 30 40 50* zum Beispiel, lassen sich die Schaltungen bei 0 °C, 10 °C, 20 °C, 30 °C usw. simulieren.

## 2.5.5 Leuchtdioden

Leuchtdioden *(Light Emitting Diode, LED)* sind Dioden, welche bei Betrieb in Vorwärtsrichtung Licht emittieren. Dabei wird je nach verwendetem Halbleiter Licht in unterschiedlicher Wellenlänge emittiert. Entsprechend haben unterschiedliche Leuchtdioden unterschiedliche Vorwärtsspannungen. Je nach Größe und Typ sind die maximalen Ströme in der Größenordnung von wenigen mA bis ein paar 10 mA. Hochleistungs-Leuchtdioden werden teilweise aber auch mit Strömen bis zu etlichen 100 mA betrieben.

Das Schaltzeichen einer Leuchtdiode ist in Abb. 2.33 gezeigt.

**Abb. 2.33** Schaltzeichen
einer Leuchtdiode

Die Helligkeit von LEDs steuert man oft nicht über die Stromstärke, sondern über *Pulsweitenmodulation.* Das Verhältnis zwischen der Lichtintensität und dem Vorwärtsstrom ist zwar oft annähernd linear (und im Datenblatt angegeben), jedoch kontrolliert man öfter die Spannung und nicht den Strom, da die stark nichtlineare IV-Charakteristik der Diode eine Regelung komplizierter macht.

Neben LEDs in unterschiedlichen Farben gibt es auch RGB-LEDs. Bei diesen ist jeweils eine rote, eine grüne und eine blaue LED in ein gemeinsames Gehäuse gebaut. Entweder die Anoden oder Kathoden der einzelnen Dioden werden zusammengeschaltet, die anderen Anschlüsse werden aus dem Gehäuse geführt, so kann man die einzelnen Dioden individuell ansteuern. Aufgrund ihrer räumlichen Nähe lassen sich die Farben so additiv mischen.

### 2.5.6   Photodioden

Photodioden sind lichtempfindliche Bauteile, ihre elektrischen Eigenschaften verändern sich durch das Auftreffen von Licht. Genau wie bei der thermischen Erzeugung von freien Ladungsträgern (siehe Abschn. 2.3) kommt es durch Auftreffen von Licht zur Erzeugung von freien Ladungsträgern.

Wir können die Shockley-Gleichung (2.29) umschreiben zu:

$$I_D = I_S(T) \left[ \exp\left( \frac{U_F}{nU_T} \right) - 1 \right] - SE_\nu \qquad (2.42)$$

Dabei gibt $S$ die Photoempfindlichkeit *(spectral sensitivity)* an, $E_\nu$ ist die Lichtintensität. Die Photoempfindlichkeit ist stark von der Wellenlänge des verwendeten Lichts abhängig, der Verlauf von $S$ für unterschiedliche Wellenlängen ist ebenfalls im Datenblatt vermerkt.

Aus Gl. 2.42 ergibt sich ein linearer Versatz der IV-Kurve bei unterschiedlichen Beleuchtungsstärken. Dies ist in Abb. 2.34 gezeigt, wo unterschiedliche Beleuchtungsstärken eingezeichnet sind. Man sieht, dass es Arbeitspunkte im vierten Quadranten ($U > 0$ V, $I < 0$ A) gibt. In diesem Quadranten werden Photodioden zur Energiegewinnung als Solarzellen verwendet.

Möchte man Photodioden zur Lichtdetektion verwenden, so wird zwischen zwei Betriebsmodi unterschieden: dem Kurzschluss, also $U_F = 0$, oder mit einer angelegten Spannung in Rückwärtsrichtung. Ohne extern angelegte Spannung verschwindet der Leckstrom, dadurch erhält man ein Signal mit dem besten Signal-zu-Rausch-Verhältnis, da der Leckstrom eine Quelle für Rauschen ist. Mit einer angelegten Rückwärtsspannung verschlechtert sich das Signal-zu-Rausch-Verhältnis, allerdings vergrößert sich durch die externe Spannung die Raumladungszone. Durch die Vergrößerung der Raumladungszone kommt es zu einer Verringerung der Kapazität,

**Abb. 2.34** IV-Kurven von Photodioden bei unterschiedlichen Beleuchtungsstärken, angegeben in Lux (lx)

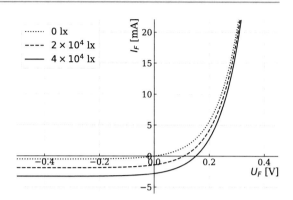

**Abb. 2.35** Schaltzeichen einer Photodiode

analog zu einem Plattenkondensator, dessen Kondensatorplatten man weiter auseinander zieht. Durch die geringere Kapazität erhält man eine bessere Zeitauflösung. Ein solcher Betrieb eignet sich also zur Detektion von kurzen Lichtpulsen.

Als Schaltzeichen kommt das in Abb. 2.35 gezeigte Zeichen zum Einsatz.

Photodioden sind meist größer gefertigt und besitzen eine Geometrie, welche eine gute Beleuchtung zulässt. Einsatz finden sie beispielsweise in Messgeräten zur Lichtmessung. Sie finden auch Verwendung in Fernbedienungen, wo Photodioden, welche im Infraroten empfindlich sind, zum Einsatz kommen. Setzt man viele Photodioden räumlich nebeneinander, so kann man aktive Pixelsensoren bauen, welche zum Beispiel als bildgebende Sensoren in Kamerasystemen verwendet werden. Solarzellen sind von ihrem Konzept ebenso Photodioden.

### 2.5.7 Weitere Diodentypen

Da Dioden eine intrinsische Kapazität besitzen, die sich mit der angelegten Spannung ändert, können Dioden auch als spannungsgesteuerte Kondensatoren eingesetzt werden. Solche Dioden werden *Kapazitätsdioden* oder *Varaktoren* genannt und finden zum Beispiel zur Abstimmung von Schwingkreisen ihren Einsatz.

*Tunneldioden* und *pin-Dioden* finden man in der Hochfrequenztechnik. Tunneldioden nutzen den Tunneleffekt und besitzen in manchen Bereichen einen negativen differentiellen Widerstand. pin-Dioden besitzen neben der p- und n-dotierten Schicht noch eine intrinsisch leitende Zwischenschicht (i). Diese ist nicht oder nur schwach dotiert. Dadurch kommt es zu einer größeren Raumladungszone, die sich für manche Hochfrequenzanwendungen eignet. Auch als Photodioden kommen pin-Dioden zum Einsatz.

Auch Laser lassen sich als Dioden fertigen. Den optischen Resonator bildet in diesem Fall das Bauteil selbst, die Lichtemission erfolgt bei Rekombination, und durch eine Besetzungsinversion kann man stimulierte Emission bewirken.

# Transistoren

3

## 3.1 Einleitung

Eine der häufigsten Aufgaben in der Elektronik ist es, Signale aus hochohmigen Quellen, wie zum Beispiel Audiosignale eines MP3-Players, so zu verstärken, dass sie benutzt werden können, um eine niederohmige Last, z. Bsp. Lautsprecher, zu treiben. Die grundlegendsten Schaltungen, die diese Aufgabe erfüllen, benutzen dazu Transistoren. Diese erlauben es, mit kleinen Signalen, also kleinen Strom- oder Spannungsänderungen, große Ströme oder Spannungen zu modulieren, die Eingangssignale also zu verstärken. Dabei ist der Transistor ein „aktives" Bauteil in dem Sinne, dass er nicht nur die Spannungsamplitude eines Signals verstärkt. Das könnten wir einfach durch Transformatoren erreichen. Vielmehr verstärkt der Transistor die Signalleistung, indem er den Strom und die Spannung eines externen Netzgerätes anhand des Eingangssignals moduliert, so dass die Leistung am Verbraucher (Lautsprecher) nicht der Signalquelle direkt entnommen wird.

Weiterhin können Transistoren auch als elektronisch ansteuerbare Schalter benutzt werden, wie wir sehen werden. In diesem Betriebsmodus bilden sie die Grundlage der digitalen Elektronik, was den Transistor wohl zum wichtigsten elektronischen Bauteil überhaupt macht.

Die Erfahrung zeigt, dass der Transistor gleichzeitig eines der am schwierigsten zu verstehenden Bauteile ist. Wir werden hier mit einer kurzen physikalischen Erklärung der Funktionsweise des Transistors beginnen, deren Ziel es aber ist, Ihnen zu erlauben, sie wieder zu vergessen. Wenn Sie über Transistoren hauptsächlich anhand ihrer sogenannten Kennlinien nachdenken wird es wesentlich leichter, die Funktion und Berechnung von Schaltungen zu verstehen, was hier das Hauptziel sein soll. Und auch, wenn wir zwischen zwei Sorten von Transistoren unterscheiden müssen, den *stromgesteuerten Bipolartransistoren* und den *spannungsgesteuerten Feldeffekttransistoren,* so ist das Verhalten der beiden Typen doch ähnlich genug, dass Sie beide mit demselben Grundverständnis abdecken können.

© Der/die Autor(en), exklusiv lizenziert an Springer-Verlag GmbH, DE, ein Teil von Springer Nature 2024
T. Bisanz et al., *Elektronik im Physikstudium*,
https://doi.org/10.1007/978-3-662-67926-5_3

Eine der Schwierigkeiten beim Verständnis kommt daher, dass der Transistor nicht zwei sondern drei Anschlüsse hat, die beim Bipolartransistor als Kollektor, Basis und Emitter bezeichnet werden. Warum die so heissen, werden Sie später verstehen. Das unterscheidet ihn von allen Bauteilen, die wir bisher kennengelernt haben, da wir nicht mehr nur über eine Spannung über, bzw. einen Strom durch das Bauteil nachdenken müssen. Beim Transistor müssen wir die Spannungen zwischen allen drei Anschlüssen betrachten, weshalb für diese eine spezielle Notation zur Verwendung kommt. Bisher hatten wir Spannungen fast immer relativ zum Referenzpotential (Ground) gemessen und mit einem Index versehen, der eine Spannung eindeutig identifiziert (die einzigen Ausnahmen waren die Vorwärts- und Zener-Spannung von Dioden, $U_D$ bzw. $U_Z$). Beim Transistor sind die Spannungen zwischen den einzelnen Anschlüssen wichtig und werden, zur eindeutigen Identifizierbarkeit, mit zwei Indizes versehen. Die Indizes sind so gewählt, dass im sogenannten Normalbetrieb des Transistors alle Spannungen positiv sind:

- $U_{CE}$ die Spannung zwischen Kollektor und Emitter
- $U_{CB}$ die Spannung zwischen Kollektor und Basis
- $U_{BE}$ die Spannung zwischen Basis und Emitter

Des Weiteren müssen wir die Ströme an den drei Anschlüssen betrachten:

- Den Kollektorstrom $I_C$
- Den Basisstrom $I_B$
- Den Emitterstrom $I_E$

Auch beim Transistor gelten die Kirchhoffschen Regeln, so dass von den drei Spannungen und drei Strömen jeweils nur zwei unabhängig sind:

$$U_{CE} = U_{CB} + U_{BE} \tag{3.1}$$
$$I_C = I_B + I_E \tag{3.2}$$

Die Vorzeichen der Ströme und Spannungen sind in Abb. 3.1 am Beispiel eines npn-Transistors definiert.

**Abb. 3.1** Schematische Beschaltung eines Transistors

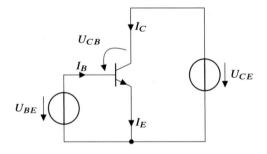

## 3.2    Der Bipolartransistor

Wir wollen unsere Betrachtung von Transistoren mit dem klassischen Bipolatran-
sistor beginnen, der aus drei verschieden dotierten Halbleiterschichten besteht, die
man auch in der Bezeichnung des jeweiligen Transistors findet:

Beim *npn-Transistor* ist der sogenannte Emitter stark n-dotiert ($n^{++}$), die daran
anschließende Basis ist p-dotiert und die letzte Schicht, der sogenannte Kollektor,
ist etwas schwächer n-dotiert ($n^{+}$) als der Emitter. Die beiden Anschlüsse sind also
unterschiedlich und nicht vertauschbar. Die Basis ist zusätzlich sehr dünn, mit typischen Breiten von $1\,\mu$m bis $10\,\mu$m.

Es gibt auch *pnp-Transistoren* mit entsprechend umgekehrtem Ladungsvorzei-
chen der Dotierungsatome. Diese funktionieren im Wesentlichen in gleicher Weise
wie npn-Transistoren, wenn die Polaritäten sämtlicher Spannungen umgedreht werden. Daher beschränken wir uns, wie so viele andere Bücher auch, im Folgenden
darauf, die Funktionsweise des npn-Transistors zu beschrieben.

Abb. 3.2 und 3.3 zeigen die Verläufe der Dotierungen und die Schaltsymbole für
npn- und pnp-Transistoren.

### 3.2.1   Transistorströme

Wie man am Dotierungsverlauf des npn-Transistors sieht, bildet die Basis mit dem
Emitter und dem Kollektor jeweils einen pn-Übergang, wie wir ihn von den Dioden
aus Kap. 2 kennen. Daher findet man in einigen Büchern das in Abb. 3.4 gezeigt

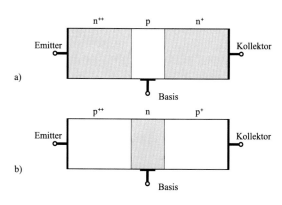

**Abb. 3.2** Dotierungen bei **a)** npn- und **b)** pnp-Transistoren

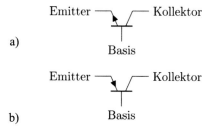

**Abb. 3.3** Schaltsymbole für **a)** npn- und **b)** pnp-Transistoren

**Abb. 3.4** Ersatzschaltbild
für einen npn-Transistor aus
zwei entgegengesetzt
geschalteten Dioden

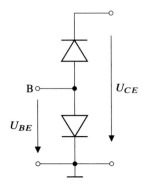

Ersatzschaltbild für einen Transistor, welches diesen durch zwei entgegengesetzt geschaltete Dioden annähert.

Um die Funktionsweise des Transistors zu erklären, betrachten wir im Folgenden zunächst die Bewegung der Elektronen. Dazu wird der Transistor wie in Abb. 3.1 beschaltet.

Es gibt verschiedene Modi, in denen Transistoren in Schaltungen betrieben werden, die sich in den Potentialverhältnissen an den drei Anschlüssen des Transistors unterscheiden. Um die grundlegende Funktionsweise des Transistors zu erklären, betrachten wir zunächst die bei weitem meistgenutzte Beschaltung, in der der Transistor im sogenannten *Normalbetrieb* läuft. Den Ladungsträgerfluss kann man sich anhand von Abb. 3.5 klar machen.

Dabei werden die Potentiale so eingestellt, dass die Basis um etwa die Vorwärtsspannung einer Diode positiver ist, als der Emitter:

$$U_{BE} \geq 0,7 \text{ V} \tag{3.3}$$

Die Basis-Emitter-Diode (BE-Diode, s. Abb. 3.4) wird somit in Vorwärtsrichtung betrieben, so dass Elektronen vom Emitter ungehindert in die Basis diffundieren können ($I_{En}$), da an diesem Übergang keine Verarmungszone existiert. Gleichzeitig diffundieren Löcher aus der p-dotierten Basis in den Emitter ($I_{Ep}$). Der Name

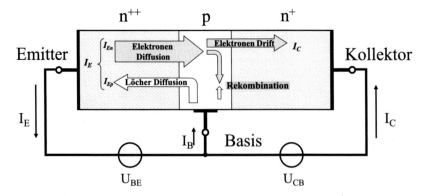

**Abb. 3.5** Fluss der Ladungsträger bei einem npn-Transistor im Normalbetrieb

*Bipolartransistor* kommt daher, dass beide Sorten von Ladungsträgern zur Leitung beitragen.

Wählen wir die Spannung zwischen Kollektor und Emitter relativ groß, beispielsweise

$$U_{CE} = U_{CB} + U_{BE} = 5 \text{ V} \tag{3.4}$$

so liegt der Kollektor auf positiverem Potential als die Basis. Der Basis-Kollektor-Übergang (BC-Diode) ist also in Sperrrichtung geschaltet, hier existiert sehr wohl eine Verarmungszone zwischen Basis und Kollektor. Durch ihre nicht-verschwindende kinetische Energie, alternativ über die mittlere freie Weglänge beschrieben, durchfliegen die meisten Elektronen die sehr dünne Basis ohne zu rekombinieren, bis sie zum gesperrten Basis-Kollektor-Übergang gelangen. Dort werden sie dann vom elektrischen Feld der Verarmungszone wieder in Richtung auf den Kollektor beschleunigt.

Es fließt also eine Elektronenstrom vom Emitter zum Kollektor, was bedeutet das $I_C > 0$ A und $I_E > 0$ A. Der Transistor leitet also Strom.

Wie funktioniert nun die Steuerung der Größe des Emitterstroms $I_E$ durch den Basisstrom $I_B$, die ja die fundamentale Eigenschaft des Transistors ist?

In einer (stark) vereinfachten Betrachtung wird die Steuerwirkung des Basisstroms klar, wenn wir uns in Erinnerung rufen, dass der Strom über die Emitter-Basis-Diode durch Diffusion zustande kommt. Die Größe des Diffusionsstroms ist proportional zum Konzentrationsgefälle der jeweiligen Ladungsträgersorte zwischen Emitter und Basis (1. Ficksches Gesetz). Durch den *Basisstrom* lässt sich genau dieses Konzentrationsgefälle beeinflussen, da ein großer Basisstrom viele Löcher in die Basis bringt (technische Stromrichtung) und damit die Elektronenkonzentration in der Basis sinkt. Dies erhöht das Konzentrationsgefälle und damit den Diffusionsstrom von Elektronen in die Basis hinein, was wiederum den Emitter- und Kollektorstrom durch den Transistor erhöht.

Damit hängt nun der Kollektorstrom $I_C$ nicht nur von der Spannung zwischen Kollektor und Emitter ab, sondern eben auch vom Basisstrom:

$$I_C = I_C(I_B, U_{CE}) \tag{3.5}$$

Da der Basisstrom über die Kennlinie der Basis-Emitter-Diode von der Basis-Emitter-Spannung abhängt, kann der Kollektorstrom auch geschrieben werden als:

$$I_C = I_C(U_{BE}, U_{CE}) \tag{3.6}$$

Abb. 3.6 zeigt den Kollektorstrom als Funktion von $U_{CE}$ und $U_{BE}$. Diese Darstellung nennt man die *Ausgangskennlinie* des Transistors.

Bei den meisten gebräuchlichen Transistoren beträgt die Stärke des Basisstroms in etwa 1 % der des Emitterstroms. Wie wir später sehen werden, gilt das nicht für alle möglichen Stromstärken, ist jedoch eine gute Näherung für typische Werte der Ströme. Für Gleichströme kann man also schreiben:

$$I_C = B \cdot I_B \qquad I_C = A \cdot I_E \tag{3.7}$$

**Abb. 3.6** Ausgangskennlinie $I_C(U_{CE})$ mit $U_{BE}$ als Scharparameter

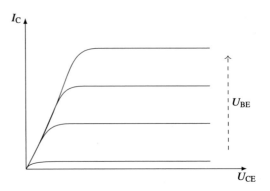

Der Faktor $B := \frac{I_C}{U_B}$, den man auch in Datenblättern von Transistoren als $h_{fe}$ bezeichnet findet, heißt *Stromverstärkung* des Transistors und liegt typischerweise im Bereich 100...200. Da beim Transistor die Knotenregel gilt, s. Gl. 3.2, ist der Kollektorstrom etwas kleiner als der Emitterstrom. Der Faktor $A$ beträgt also etwa $A \approx 0{,}99$.

Die genauen Werte können, selbst für Transistoren desselben Typs, aufgrund kleiner Änderungen während der Produktion, stark schwanken. Typische Wertebereiche sind im Datenblatt des jeweiligen Transistors angegeben. Wenn es in der Schaltung jedoch auf den genauen Wert ankommt, muss dieser für jeden einzelnen Transistor bestimmt werden. Man sieht leicht, warum Schaltungen oft darauf ausgelegt werden, möglichst wenig von den genauen Werten von $A$ oder $B$ abzuhängen, wie wir später noch sehen werden.

Die Faktoren $A$ und $B$ beschreiben die Stromverstärkung des Transistors im Gleichstromfall, das heißt wenn der Basisstrom nicht oder nur sehr langsam variiert. Für den Fall, dass hochfrequente Signale an der Basis anliegen, die keine sehr hohe Amplitude haben, eine typische Anwendung, so beschreibt man die Stromverstärkung des Transistors mit der sogenannten *Kleinsignalstromverstärkung* oder *differentiellen Stromverstärkung* $\beta$:

$$\beta := \frac{dI_C}{dI_B}. \tag{3.8}$$

Mit Hilfe der Knotenregel ergeben sich zwei weitere nützliche Rechengrößen:

$$\gamma := \frac{dI_E}{dI_B}\bigg|_{U_{CE}} = \frac{d(I_C + I_B)}{dI_B} = \beta + 1 \tag{3.9}$$

$$\alpha := \frac{dI_C}{dI_E}\bigg|_{U_{CE}} \leq 1 \tag{3.10}$$

Die Werte der Gleichstromverstärkung $B$ und der differentiellen Stromverstärkung $\beta$ sind oft ähnlich, aber nicht exakt gleich, wie in Abb. 3.7 zu sehen ist.

**Abb. 3.7** Stromverstärkung
$B$ und differentielle
Stromverstärkung $\beta$ eines
npn-Transistors als Funktion
des Kollektorstroms $I_C$

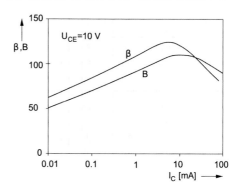

## 3.2.2  Kennlinien

Die Halbleiterphysik von Transistoren ist wohl verstanden und die genaue Betrachtung kann, muss aber nicht, beim Verständnis der Funktion von Transistoren hilfreich sein. Für die Berechnungen der Abhängigkeiten von Strömen, Spannungen und Ladungsträgerkonzentrationen verweisen wir hier auf die hervorragenden Bücher, die dazu verfügbar sind.

Für die Anwendung von Transistoren im Rahmen dieses Buches wählen wir einen anderen Ansatz: Wir wollen uns die Eigenschaften und das Verhalten von Transistoren bevorzugt an den sogenannten *Kennlinien* anschauen, die die Zusammenhänge zwischen den an den Anschlüssen des Transistors anliegenden Spannungen und den durch seine Klemmen fließenden Strömen beschreiben.

Man betrachtet bei Transistoren hauptsächlich vier Kennlinien:

- die *Eingangskennlinie* $I_B(U_{BE})$
- die *Steuerkennlinien* $I_C(I_B, U_{CE})$ oder $I_C(U_{BE}, U_{CE})$
- die *Ausgangskennlinien* $I_C(U_{CE}, I_B)$ oder $I_C(U_{CE}, U_{BE})$
- die *Rückwirkungskennlinien* $U_{BE}(U_{CE}, I_B)$ oder $U_{BE}(U_{CE}, U_{BE})$

Wie man sieht, hängen die meisten Kennlinien von zwei Parametern ab und müssten eigentlich als 3D Flächen gezeichnet werden. Allerdings hat sich die zweidimensionale Darstellung als Kurvenscharen durchgesetzt, an die wir uns hier halten wollen. Dabei gibt das erste Argument die variierte Größe (Abszisse, x-Achse) an, das zweite Argument gibt den Scharparameter an.

### 3.2.2.1 Eingangskennlinie

Abb. 3.13 zeigt schematisch die Eingangskennlinie eines npn-Transistors.

Die Eingangskennlinie beschreibt die Abhängigkeit des Basisstroms von der Spannung über die Basis-Emitter-Diode (BE-Diode) und entspricht damit einer Diodenkennlinie, wie wir sie in Kap. 2 kennengelernt haben. Sie kann also beschrieben werden als

$$I_B = I_S \left[ \exp \left( \frac{U_{BE}}{U_T} \right) - 1 \right] \tag{3.11}$$

Hier nicht wiedergegeben ist eine leichte Abhängigkeit der Eingangskennlinie von $U_{CE}$, die für kleine Basisströme oft vernachlässigt werden kann. Für kleine Spannungen $U_{BE} < 0{,}7$ V fließt kein Strom durch die BE-Diode. Wenn $U_{CE} > 0$ V fließt jedoch der kleine Sperrstrom der CB-Diode aus der Basis heraus.

▶   **Hinweis: Realer Transistor**
    Bei realen Transistoren ist zu beachten, dass wenn $U_{BE}$ und damit der Basisstrom groß wird, es durch den Ohmschen Widerstand der Basis (Basisbahnwiderstand) zu Abweichungen von der reinen Diodenkennlinie kommt. Die folgenden Betrachtungen wollen wir, dem Verständnis zuliebe, aber mit idealisierten Transistoren fortsetzen.

Aus der gezeigten Charakteristik der Eingangskennlinie folgt, dass im Normalbetrieb die Spannung $U_{BE}$ im Bereich der Durchlassspannung einer Diode liegen wird:

$$U_{BE} \approx 0{,}7 \text{ V} \tag{3.12}$$

Daher kann man bei vielen Schaltungen idealisierend den Spannungsabfall über die BE-Diode als konstant annehmen.

Muss die Schaltung genauer betrachtet werden, benutzt man oft den *differentiellen Eingangswiderstand* der BE-Diode, der die lokale Steigung der Diodenkennlinie beschreibt und definiert ist als

$$r_{BE}|_{U_{CE}=const.} := \frac{\partial U_{BE}}{\partial I_B} \bigg|_{U_{CE}} = \left[ \frac{I_S}{U_T} \exp \left( \frac{U_{BE}}{U_T} \right) \right]^{-1} \approx \frac{U_T}{I_B} \quad \text{für } I_S \ll I_B.$$
$$\tag{3.13}$$

Der differentielle Eingangswiderstand hängt also, wie zu erwarten war, stark vom Basisstrom ab. Am Verlauf der Kennlinie ist leicht zu erkennen, dass der differentielle Eingangswiderstand für kleine Basisströme groß wird und mit steigendem Basisstrom sinkt.

### 3.2.2.2 Steuerkennlinien
Die Steuerkennlinien geben die Steuerwirkung des Transistors, also die Verstärkung des Basisstroms, wieder. Wie oben besprochen ist diese in weiten Bereichen linear (Gl. 3.7), wenn wir den Kollektorstrom als Funktion des Basisstroms betrachten: $I_C(I_B)$.

Über die Eingangskennlinie hängt der Basisstrom von der Basis-Emitter-Spannung ab, so dass zur Beschreibung der Steuerwirkung des Transistors auch $I_C(U_{BE})$ betrachtet werden kann. Diese Kurve nennt man die *Spannungssteuerkennlinie*, sie entspricht, wie man leicht sieht, einer mit dem konstanten Faktor B gestreckten Diodenkennlinie.

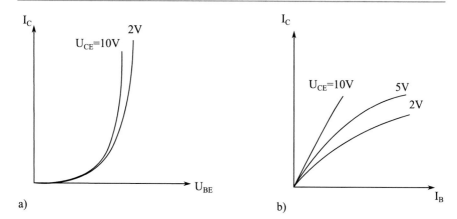

**Abb. 3.8 a)** Spannungs- und **b)** Stromsteuerkennlinie

Die Funktion des Transistors wird an dieser Abbildung offensichtlich: Kleine Änderungen der Basis-Emitter-Spannung bewirken große Änderungen des Kollektorstroms. Bei der Spannungssteuerung beschreibt man die Verstärkungswirkung des Transistors anhand der lokalen Steigung der Kennlinie im Arbeitspunkt, der sogenannten *Steilheit* oder *Transkonduktanz*:

$$g(I_C) := \left.\frac{\partial I_C}{\partial U_{BE}}\right|_{U_{CE}} = \frac{I_C}{U_T} \qquad (3.14)$$

Abb. 3.8 zeigt Beispiele für die Spannungs- (links) und Stromsteuerkennlinien (rechts). Die Stromsteuerung verläuft nicht für alle Werte des Basisstroms linear, wie man in der Abbildung erkennt. Daher sind die Stromverstärkungsfaktoren abhängig vom Kollektorstrom bzw. der Kollektorspannung:

$$B := \left.\frac{I_C}{I_B}\right|_{U_{CE}} \quad \text{und} \quad \beta := \left.\frac{dI_C}{dI_B}\right|_{U_{CE}} \qquad (3.15)$$

### 3.2.2.3 Ausgangskennlinie

Die Ausgangsgrößen von Transistorschaltungen sind für gewöhnlich Kollektor- oder Emitterstrom, die nahezu gleich sind (Gl. 3.7 mit $A \approx 1$). Eingebürgert hat sich die Betrachtung des Kollektorstroms als Ausgangsgröße, weshalb die Ausgangskennlinie den Zusammenhang zwischen dem Kollektorstrom $I_C$ und der Kollektor-Emitter-Spannung $U_{CE}$ angibt. Wir benutzen hier den Basisstrom $I_B$ (alternativ auch $U_{BE}$) als Scharparameter. Damit ergibt sich die in Abb. 3.9 dargestellte Kennlinie. Diese teilt man in drei Arbeitsbereiche des Transistors auf:

1. **Sperrbereich:**  Ist die Kollektor-Emitter-Spannung $U_{CE} > 0$ V, aber die Basis-Emitter-Diode in Sperrrichtung geschaltet, d.h. $I_B \leq 0$ A oder

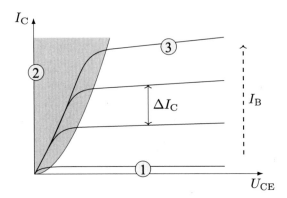

**Abb. 3.9** Ausgangsstrom $I_C$ als Funktion der Kollektor-Emitter-Spannung $U_{CE}$. Die Zahlen markieren die Arbeitsbereiche des Transistors

$U_{BE} < U_D(BE) \approx 0{,}7$ V, so fließt nur der Sperrstrom der Kollektor-Basis-Diode aus der Basis heraus, welcher im Bereich weniger nA bis µA liegt. Es fließt kein Strom vom Emitter zum Kollektor, der Transistor sperrt.

2. **Sättigungsbereich:** Wenn die Basis-Emitter-Diode leitet, d. h. $I_B > 0$ A bzw. $U_{BE} > U_D(BE) \approx 0{,}7$ V, aber die Spannung zwischen Kollektor und Emitter kleiner ist als die Basis-Emitter-Spannung $U_{CE} \leq U_{BE}$, dann ist die Basis-Kollektor-Diode nicht vollständig gesperrt, aber eben auch nicht leitend: $U_{CB} = U_{CE} - U_{BE} \leq 0$ V. Das bedeutet, dass die Sperrschicht der CB-Diode nicht ihre maximale Breite hat, aber eben auch nicht gänzlich verschwindet. Einige der Elektronen, die von der Basis in die CB-Sperrschicht diffundieren, werden, wie im oben beschriebenen Normalbetrieb des Transistors, zum Kollektor hin beschleunigt. Es fließt ein Strom zwischen Emitter und Kollektor.

Mit steigender Kollektor-Emitter-Spannung steigt dieser Kollektorstroms stark an, da die Breite der CB-Sperrschicht anwächst und ein immer größerer Anteil der Elektronen aus der Basis die Sperrschicht erreichen. Dieser Anstieg setzt sich fort, bis eine Sättigungsspannung $U_{CE,satt}$ erreicht wird. Bei dieser Spannung hat die CB-Sperrschicht ihre volle Ausdehnung erreicht, alle Elektronen, die aus dem Emitter in die Basis diffundieren und dort nicht rekombinieren, werden zum Kollektor abgesaugt. Die Sättigungsspannung eines Transistors ist seinem Datenblatt zu entnehmen. Typische Werte liegen im Bereich $U_{CE,satt} \approx 0{,}2$ V und damit unter typischen Diodenspannungen. Für die Sättigungsspannung kann also nicht einfach ein Wert von 0,7 V angenommen werden!

3. **Aktiver Bereich:** Im Bereich $I_B > 0$ A, bzw. $U_{BE} > U_D(BE) \approx 0{,}7$ V, und $U_{CE} > U_{CE,satt}$ rufen kleine Änderungen des Basisstroms (bei $U_{CE} = const.$) große Änderungen des Kollektorstroms hervor:

$$i_C := \frac{\mathrm{d}I_C}{\mathrm{d}t} = \beta \cdot \frac{\mathrm{d}I_B}{\mathrm{d}t} =: \beta \cdot i_B \qquad (3.16)$$

Dieser Betriebsbereich ist daher für die Benutzung des Transistors als Wechselstromverstärker sehr interessant.

**Transistor als Schalter**
Will man einen Transistor als elektronisch ansteuerbaren Schalter benutzen, so betreibt man ihn typischerweise zwischen Sperrbereich (Schalter offen) und Sättigungsbereich (Schalter geschlossen), i.e. bei Kollektor-Emitter-Spannungen nahe der Sättigungsspannung. Angesteuert wird der Schalter dann durch den Basisstrom.

Wird $U_{CE}$ zu groß eingestellt, so kann es zum Durchbruch der CB-Diode kommen. Der Strom steigt exponentiell an, was sehr schnell dazu führt, dass der magische Rauch aus dem Transistor entweicht, d. h. dass der Transistor zerstört ist.

Auch diese Durchbruchspannung ist im Datenblatt des Transistors zu finden.

**Der Early-Effekt**
Wie zum Beispiel in Abb. 3.9 zu erkennen, ist der Kollektorstrom im aktiven Bereich des Transistors in Wirklichkeit nicht vollständig unabhängig von $U_{CE}$. Die Basis eines Bipolartransistors ist typischerweise höher dotiert, als der Kollektor. Damit dehnt sich, bei steigender Rückwärtsspannung, die Sperrschicht überwiegend in den Kollektor aus und nur wenig in die Basis. Die Sättigungsspannung $U_{CE,satt}$ ist die Spannung, bei der die Sperrschicht sich durch die ganze Dicke des Kollektors ausdehnt. Wird die Spannung weiter erhöht, wächst die Sperrschicht wesentlich langsamer weiter in die Basis hinein, was dazu führt, dass mehr Elektronen die Sperrschicht erreichen und zum Kollektor beschleunigt werden. Der Kollektorstrom steigt nahezu linear mit $U_{CE}$ an. Extrapoliert man die Kennlinien zu negativen Kollektor-Emitter-Spannungen, so schneiden diese die x-Achse, d. h. $I_C = 0$, bei der sogenannten Early-Spannung, die in Abb. 3.10 dargestellt ist.

Dieser nach seinem Entdecker James M. Early benannte *Early-Effekt* ist auch als Basisweitenmodulation bekannt. Legt man Tangenten an die Kurven des Ausgangs-

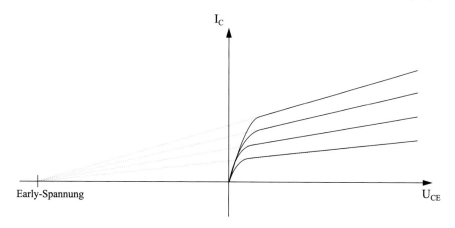

**Abb. 3.10** Der Early-Effekt bei Bipolartransistoren

kennlinienfeldes, so schneiden diese bei der negativen sogenannten *Early-Spannung* die Spannungsachse.

Ein ähnlicher Effekt ist bei Feldeffekttransistoren, die wir später kennenlernen, unter dem Namen *Kanallängenmodulation* bekannt.

### 3.2.2.4 Rückwirkungskennlinie

Diese Kennlinie beschreibt den Einfluss des Ausgangs einer Transistorschaltung (Spannung $U_{CE}$) auf den Eingang (Spannung $U_{BE}$) bei festem Basisstrom. Diese Rückwirkung tritt auf, weil die CB-Diode nicht perfekt sperrt. Daher steigt bei einem Anstieg von $U_{CE} = U_{CB} + U_{BE}$ auch $U_{BE}$ ein wenig an. Der Effekt ist typischerweise sehr klein ($\frac{\Delta U_{BE}}{\Delta U_{CE}} \leq 10^{-4}$), aber als Rückwirkung des Ausgangs auf den Eingang auch absolut unerwünscht und muss daher bei der Herstellung des Transistors minimiert werden.

Wenn das erfolgreich ist, wovon wir hier ausgehen, kann die Rückwirkung vernachlässigt werden.

### 3.2.2.5 Vierquadrantendarstellung

Abb. 3.11 zeigt die Vierquadrantendarstellung, bei der in jedem Qudaranten eine der Kennlinien bzw. Kennlinienscharen dargestellt wird. Anhand dieser Darstellung lässt sich die Funktionsweise eines Transistors sehr anschaulich von kleinen Änderungen der Eingangsspannung zu großen Änderungen des Ausgangsstroms nachvollziehen.

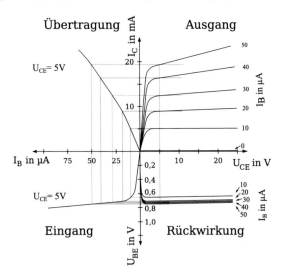

**Abb. 3.11**  Vierquadrantenkennlinienfeld eines npn-Transistors

### 3.2.3 Der Arbeitspunkt

Unter dem Arbeitspunkt eines Transistors fasst man die Gleichströme und Gleichspannungen zusammen, die sich in einer Transistorschaltung durch die äußere
Beschaltung einstellen: $I_E^0, I_B^0, I_C^0, U_{CE}^0, U_{CB}^0, U_{BE}^0$

Wie man im Vierquadrantenkennlinienfeld erkennt, sind diese sechs Größen nicht
unabhängig voneinander einstellbar. Legt man einen Punkt fest, zum Beispiel im
Ausgangskennlinienfeld ($U_{CE}^0, I_C^0$), so sind die restlichen Spannungen und Ströme
eindeutig bestimmt und müssen durch die Beschaltung korrekt eingestellt werden,
damit der Transistor funktioniert.

Die korrekte Wahl des Arbeitspunktes beim Design einer Schaltung ist wichtig,
damit zum Beispiel in einer Anwendung als Verstärker das Eingangssignal im dynamischen Bereich der Eingangskennlinie liegt, bzw. das Ausgangssignal die maximale
Ausgangsspannung nicht überschreitet, was zur Verformung des verstärkten Signals
führen würde.

Die Betriebsgrößen im Ausgangskreis ($I_C^0, U_{CE}^0$) legt man durch die Wahl eines
Lastwiderstandes in der Kollektorleitung und der Betriebsspannung fest. Diese
beiden Größen bestimmen die sogenannte *Arbeitsgerade* im Ausgangskennlinienfeld, auf der alle möglichen Betriebszustände der Schaltung liegen (Abb. 3.12). Der
Arbeitspunkt ist dann gegeben durch den Schnittpunkt der Arbeitsgeraden mit einer
der Kurven der Ausgangskennlinienschar. Diesen Punkt wählt man durch die Vor-
gabe des Eingangsstroms $I_B^0$ aus, welcher (Eingangskennlinie) wiederum durch die
Eingangsspannung vorgegeben ist (Abb. 3.13).

Wie man sieht, kann man mit der Bestimmung des Arbeitspunktes bei einer beliebigen Betriebsgröße anfangen. Meist wird der Transistor jedoch zur Verstärkung von
Signalen aus einer vorgegebenen Quelle benutzt, so dass Eingangsspannung oder
Eingangsstrom oft von außen vorgegeben sind und so zu den bestimmenden Größen
werden.

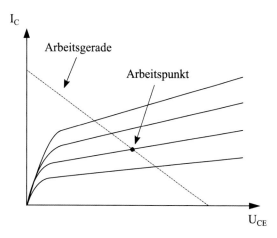

**Abb. 3.12** Arbeitsgerade
und Arbeitspunkt im
Ausgangskennlinienfeld

**Abb. 3.13** Eingangskennlinie
eines Bipolartransistors
inklusive Arbeitspunkt.
Kleine Änderungen von $U_{BE}$
um den Arbeitspunkt
ergeben große Änderungen
des Eingangsstroms

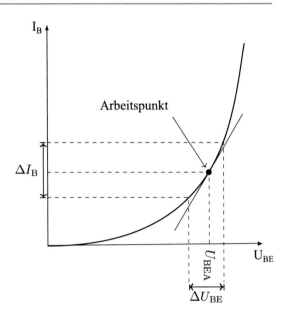

## 3.2.4 Einstellen des Basispotentials

Bei der Verstärkung von Wechselspannungs- oder Wechselstromsignalen kann man meistens nicht davon ausgehen, dass die Gleichspannungsanteile der Signale, also die Gleichspannung, um die das Signal oszilliert, der Basisspannung entspricht, die einen guten Arbeitspunkt des Transistors einstellt. Daher werden Signalquellen typischerweise über einen *Koppelkondensator* an den Eingang der Verstärkerschaltung angeschlossen, welcher nur den Wechselspannungsanteil des Signals durchlässt. Diese Art, die Signalquelle anzuschließen, bezeichnet man als *AC-Kopplung*.

▶  **Hinweis**
An dieser Stelle ist eine kurze Erinnerung an die Notation in diesem Buch angebracht. Wir bezeichnen zeitlich konstante Größen, zum Beispiel Gleichspannung und -ströme mit Großbuchstaben, während zeitlich veränderliche Größen (Wechselspannungen, -ströme) mit Kleinbuchstaben gekennzeichnet sind. Siehe zum Beispiel Gl. 1.2 und 1.4.

Diese Notation setzt sich hier fort, wenn wir die Gleichspannungsanteile $U$ und die Wechselspannungsanteile $u$ von Signalen betrachten. Das Eingangssignal an einer Verstärkerschaltung lautet dann $U(t)_{ges} = U_{const} + u(t)$.

Mathematisch richtig wird dieser Ausdruck, wenn wir die differenzielle Größe $u(t) = \frac{dU}{dt}$ mit einem Zeitintervall $dt$ multiplizieren. Da man bei der Betrachtung von Signalen aber eigentlich immer den Verlauf über einen Zeitintervall betrachtet, lassen wir diesen Teil weg.

Bei der AC-Kopplung muss die Basisspannung, auch *Basisvorspannung* genannt, des Transistors innerhalb der Verstärkerschaltung eingestellt werden. Abb. 3.14 zeigt eine

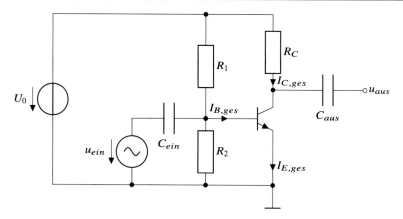

**Abb. 3.14** Verstärkerschaltung mit AC-gekoppelter Signalquelle und Basisspannungsteiler

Verstärkerschaltung mit einem Kollektorwiderstand $R_C$, der Versorgungsspannung $U_0$, und einer AC-gekoppelten Signalquelle mit einer Signalamplitude $u_{ein}$.

Eine gängige Methode, die Basisspannung einzustellen, ist der sogenannte *Basisspannungsteiler*. Dieser erzeugt eine Spannung an der Basis, relativ zum Referenzpotential, von

$$U_B = U_0 \cdot \frac{R_2}{R_1 + R_2} = I_B \cdot \frac{R_1 R_2}{R_1 + R_2}. \tag{3.17}$$

Dabei stellt der Gleichstromanteil des Basisstroms $I_B = U_0/R_1$ eine Last für den Spannungsteiler dar. Wählt man den Basisspannungsteiler niederohmig, so dass $I_B \cdot R_1 \ll U_0$ gilt, kann man den Einfluss des Basisstroms vernachlässigen und den Spannungsteiler als unbelastet behandeln.

Eine weitere Möglichkeit, die Basisspannung einzustellen, ist über einen Basisvorwiderstand $R_B$, siehe Abb. 3.15. Die Basisspannung wird

$$U_B \approx U_0 - I_B \cdot R_B \tag{3.18}$$

und hängt direkt vom Basisstrom ab. Daher ist diese Art der Basisvorspannung weniger stabil bei großen Eingangssignalen, hat jedoch den wirtschaftlichen Vorteil, weniger Bauteile zu benötigen.

Für die Dimensionierung des Basisvorwiderstandes kann man folgende Überlegung anstellen: Wenn das erwartete Eingangssignal symmetrisch ist, dann kann die Amplitude des Ausgangssignals dann maximal werden, wenn die Ausgangsgleichspannung im Ruhefall, d. h. wenn kein Wechselspannungssignal am Eingang anliegt ($u_{ein} = 0$ V), bei der Hälfte der maximalen Ausgangsspannung liegt: $U_{CE} \approx \frac{U_0}{2}$.

Daraus folgt, dass der Kollektorstrom im Ruhezustand den Wert $I_C = \frac{U_0}{2R_C} = \beta \cdot I_B$ annehmen muss. Es fließt also zu jeder Zeit ein nicht zu vernachlässigender Strom, auch wenn die Schaltung gar nichts zu tun hat.

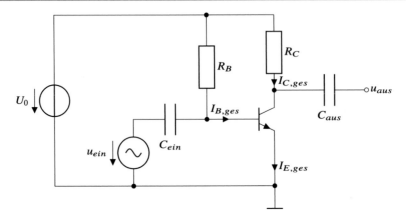

**Abb. 3.15** Einstellung des Basispotentials mittels eines Basisvorwiderstandes

Für den Basisstrom gilt weiterhin $I_B = \frac{U_0 - U_{BE}}{R_B}$ und damit

$$R_B = 2\beta \cdot R_C \frac{U_0 - U_{BE}}{U_0} \approx 2\beta \cdot R_C \qquad (3.19)$$

Hat man den Arbeitspunkt geschickt gewählt, i.e. so, dass das Eingangssignal den linearen Bereich der Eingangskennlinie nicht verlässt, ergibt sich eine sehr nützliche Näherung. In diesem Fall kann die Kennlinie der BE-Diode nämlich näherungsweise als Gerade betrachtet werden, so dass sich der Zusammenhang zwischen Eingangswechselspannung und Basiswechselstrom vereinfacht zu

$$u_{ein} = r_{BE} \cdot i_B. \qquad (3.20)$$

Dabei ist $r_{BE}$ der bekannt differenzielle Widerstand der BE-Diode, siehe Gl. 3.13.

### 3.2.5 Stabilisierung des Arbeitspunktes

Da Transistoren Halbleiterbauelemente sind, hängen ihre Eigenschaften von der Temperatur der Halbleiter, im Englischen *junction temperature* genannt, ab. Die Datenblätter von Transistoren geben daher Eigenschaften wie die Stromverstärkung bei bestimmten Temperaturen, typischerweise 25 °C, an. Bei höherer Temperatur steigt die Stromverstärkung an. Um diese und andere Einflüsse auf das Verhalten einer Schaltung zu unterdrücken, ist es notwendig, den Arbeitspunkt durch Gegenkopplung zu stabilisieren. Dabei wird ein Teil des Ausgangssignals so auf den Eingang zurückgeführt, dass es der Änderung der Eingangsgröße entgegenwirkt. Die Gegenkopplung reduziert die Verstärkung des Eingangssignals, führt aber gleichzeitig zu einer signifikanten Reduktion des Einflusses der Temperatur *(Temperaturdrift)* und der produktionsbedingten Streuung der Transistorparameter auf die Schaltung: Ein Vorteil, für den man die reduzierte Verstärkung gerne in Kauf nimmt.

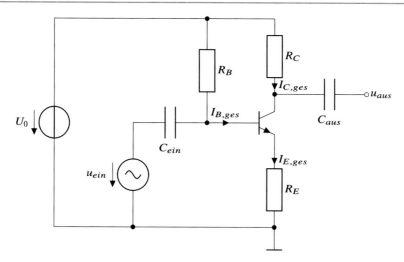

**Abb. 3.16** Stabilisierung des Arbeitspunktes durch Stromgegenkopplung über den Emitterwiderstand $R_E$

In Abb. 3.16 wird die Gegenkopplung durch den Emitterwiderstand $R_E$ realisiert. Wenn der Emitterstrom, zum Beispiel aufgrund eines Temperaturanstiegs, um den Betrag $\Delta I_E$ ansteigt, so fällt über den Emitterwiderstand entsprechend mehr Spannung ab als zuvor: $\Delta U_E = R_E \cdot \Delta I_E$

Da die Spannung an der Basis durch den Spannungsteiler konstant gehalten wird, wird $U_{BE}$ dementsprechend kleiner:

$$U_B = konst = U_{BE} + U_E \Rightarrow \Delta U_{BE} = -\Delta U_B \qquad (3.21)$$

Wie man der Eingangskennlinie entnehmen kann, sinkt dadurch der Basisstrom, wodurch wiederum der Emitterstrom sinkt und die temperaturbedingte Änderung kompensiert wird. Abb. 3.18 zeigt die Reduktion der Temperaturabhängigkeit durch Stromgegenkopplung im Vergleich zu einer nicht gegengekoppelten Schaltung, Abb. 3.17. In der Simulation wird die Temperatur des Transistors zwischen 0 °C und 100 °C variiert. Am Eingang der Schaltung liegt in beiden Fällen dasselbe sinusförmige Signal an.

Die Reduktion der Verstärkung kann für Wechselspannungssignale aufgehoben werden, indem parallel zum Gegenkopplungswiderstand $R_E$ ein Kondensator $C_E$ geschaltet wird. Ist dieser so dimensioniert, dass seine Impedanz im Frequenzbereich des Ausgangssignals klein ist, wird für das Signal $R_E$ kurzgeschlossen, so dass keine Rückkopplung stattfindet. Für langsame Änderungen des Emitterwiderstandes bleibt die Rückkopplung jedoch bestehen, so dass Temperaturänderungen (typischerweise langsam gegenüber dem Ausgangssignal) weiterhin kompensiert werden.

**Abb. 3.17** Ausgangssignal
einer Emitterschaltung ohne
Stromgegenkopplung bei
Transistortemperaturen
zwischen 0 °C und 100 °C

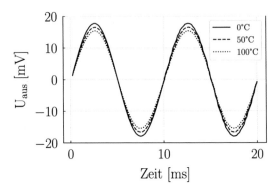

**Abb. 3.18** Ausgangssignal
einer Emitterschaltung mit
Stromgegenkopplung bei
Transistortemperaturen
zwischen 0 °C und 100 °C.
Die Verstärkung ist kleiner
als vorher, ebenso aber auch
die Änderung mit der
Temperatur

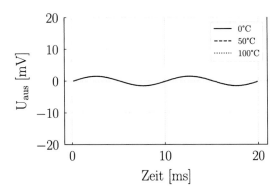

### 3.2.6  Das Kleinsignalersatzschaltbild

Wenn man davon ausgeht, dass der Arbeitspunkt einer Transistorschaltung geeignet
gewählt ist, kann man die Betrachtung der Schaltung auf ihr Verhalten bei kleinen
Signalen reduzieren, das sogenannte *Kleinsignalverhalten*. Signale sind so lange als
klein anzusehen, wie der Transistor durch die Änderungen der Ströme und Spannungen den aktiven Bereich nicht verlässt, siehe Abschn. 3.2.2.3.

Aus den Kennlinien wissen wir, dass sowohl der Basisstrom, als auch der Kollektorstrom von $U_{BE}$ und $U_{CE}$ abhängen. Berechnet man damit die Änderung der
Ströme im Arbeitspunkt, so findet man folgendes Gleichungssystem:

$$i_B := \frac{dI_B}{dt} = \underbrace{\frac{\partial I_B}{\partial U_{BE}}\Big|_A}_{g_\pi} \cdot \underbrace{\frac{dU_{BE}}{dt}}_{u_{BE}} + \underbrace{\frac{\partial I_B}{\partial U_{CE}}\Big|_A}_{\approx 0} \cdot \underbrace{\frac{dU_{BE}}{dt}}_{u_{CE}} = g_\pi \cdot u_{BE} \qquad (3.22)$$

$$i_C := \frac{dI_C}{dt} = \underbrace{\frac{\partial I_C}{\partial U_{BE}}\Big|_A}_{g_m} \cdot \underbrace{\frac{dU_{BE}}{dt}}_{u_{BE}} + \underbrace{\frac{\partial I_C}{\partial U_{CE}}\Big|_A}_{g_0} \cdot \underbrace{\frac{dU_{BE}}{dt}}_{u_{CE}} = g_m \cdot u_{BE} + g_0 \cdot u_{CE}$$

$$(3.23)$$

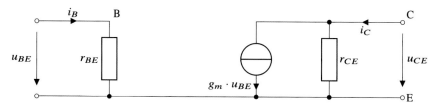

**Abb. 3.19** Kleinsignalersatzschaltbild eines npn-Transistors

Die darin auftauchenden Größen sind

- Der *Eingangsleitwert* $g_\pi = \frac{g_m}{\beta} = \frac{1}{r_{BE}}$
- Die *Rückwirkungskennlinie* $\frac{\partial I_B}{\partial U_{CE}} \approx 0$, siehe Abschn. 3.2.2.4
- Die *Transkonduktanz* $g_m$, siehe Gl. 3.14
- Der *Ausgangsleitwert* $g_0 = \frac{1}{r_{CE}}$, der den Early-Effekt quantisiert.

Dieses Gleichungssystem können wir durch das in Abb. 3.19 gezeigte Ersatzschaltbild darstellen, welches man als *Kleinsignalersatzschaltbild* des Transistors bezeichnet.

Das Kleinsignalersatzschaltbild werden wir später zur Berechnung der charakteristischen Größen von Transistorverstärkerschaltungen benutzen.

## 3.3 Der Feldeffekttransistor

In der modernen Elektronik ist der Transistor, sowohl als Verstärker als auch als elektronisch ansteuerbarer Schalter, nicht mehr wegzudenken. Heutzutage werden Schaltungen allerdings nur noch in den seltensten Fällen mit diskreten Komponenten aufgebaut, sondern stattdessen in *application specific integrated circuits,* den sogenannten *ASICs,* direkt in Siliziumchips implementiert. Die Größe von Bauteilen, charakterisiert über die *Strukturgröße* genannte kleinste Ausdehnung eines Teils des Transistors (meistens Breite der Gate-Elektrode), kann dabei sehr klein werden. Das erlaubt sehr hohe Schaltungsdichten, und damit sehr komplexe Funktionalität in physisch sehr kleinen Chips. Die Betriebsspannungen und -ströme von Schaltungen sinken leider nicht proportional zur physikalischen Ausdehnung der Komponenten. Daher steigt mit der Dichte der Transistoren pro Chip auch die Leistungsdichte und damit die Abwärme, die in den Schaltungen produziert wird.

Für Schaltungen mit Bipolartransistoren, bei denen zur Ansteuerung immer ein Basisstrom fließen muss, wird das sehr schnell zum Problem. Für solche Zwecke verwendet man stattdessen *Feldeffekttransistoren (FETs),* bei denen die Steuerwirkung durch ein elektrisches Feld erreicht wird. Damit wird kein Steuerstrom mehr benötigt, was es ermöglicht, diese Transistoren so gut wie leistungslos zu steuern. Aufgrund nie ganz auszuschließender Leckströme liegen die Eingangsströme solcher Transistoren im Bereich nA, die Ausgangsströme typisch bei wenigen mA.

Das Verhalten von Feldeffekttransistoren ist bis auf wenige Ausnahmen dem von
Bipolartransistoren sehr ähnlich, so dass die Schaltungen, die wir später kennenler-
nen werden, mit beiden Sorten von Transistoren gebaut werden können. Aus diesem
Grund beschränken wir uns hier auf eine qualitative Darstellung der Funktion von
Feldeffekttransistoren und überlassen die Details der einschlägigen Literatur.

### 3.3.1  MOSFETs

#### 3.3.1.1 Aufbau und Funktion
Es gibt verschiedene Möglichkeiten, Feldeffekttransistoren zu bauen. Aufgrund der
Wichtigkeit dieser Transistoren, unter anderem in der Prozessortechnologie, ist deren
Weiterentwicklung immer noch Gegenstand aktiver Forschung. Wir wollen uns hier
zunächst mit den *Metall-Oxid-Silizium Feldeffekttransistoren,* besser bekannt als
*MOSFETs* (im englischen Sprachgebrauch steht das Akronym MOS für „metal-oxid-
semiconductor"), beschäftigen. Abb. 3.20 zeigt den schematischen Aufbau eines *n-
Kanal Anreicherungs-MOSFET.*

N-Kanal MOSFETs sind in einem p-dotierten Siliziumsubstrat implementiert,
dessen Potential über den *Bulk-Anschluss* eingestellt werden kann. Im Substrat sind
zwei $n^+$ Bereiche implantiert, welche den *Source-* und den *Drain-Anschluss* bilden. „Source" steht dabei für die Quelle von Elektronen für den Transistorstrom,
weshalb die Source die Rolle des Emitters beim Bipolartransistor übernimmt. Aus
dem Drain-Anschluss fließen die Elektronen wieder aus dem Transistor, was diesen
äquivalent zum Kollektor macht. Das Substrat zwischen Source und Drain ist durch
eine Isolatorschicht, die aus $SiO_2$ besteht, vom Steueranschluss, dem *Gate* getrennt.
Die typische Dicke dieses Gate-Oxids hängt von der Prozesstechnologie ab, in der
der Transistor gefertigt ist. Typischerweise arbeiten Prozesse mit kleineren Struk-
turgrößen mit dünneren Oxiden. Momentan liegen Oxiddicken im Bereich weniger
Nanometer.

**Abb. 3.20** Schematischer
Aufbau eines n-Kanal
Anreicherungs-MOSFET

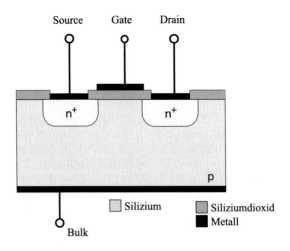

Durch die Isolation zwischen dem Gate und dem Rest des Transistors ist klar, dass
praktisch kein Strom vom Gate nach Source, Drain oder Bulk fließen kann. Reale
existierende Leckströme werden im Datenblatt des entsprechenden Transistors angegeben und liegen im Bereich weniger 10 nA bis 100 nA. Die Eingangswiderstände
von MOSFETs liegen dementsprechend in der Größenordnung $10^{12}...10^{15}\Omega$.

Im Gegensatz zum Bipolartransistor sind beim MOSFET Source und Drain gleich
aufgebaut und können im Prinzip vertauscht werden. Oft sind jedoch innerhalb des
Transistors Bulk und Drain verbunden, was die Symmetrie aufhebt.

Anders als beim Bipolartransistor ist der Abstand zwischen den p-n$^+$ Übergängen
zwischen Source/Drain und Bulk nicht klein. Selbst wenn eine der Dioden leitet,
erreichen die Elektronen nicht die Raumladungszone der anderen Diode, so dass
kein Stromfluss stattfindet. Wird nun das Gate auf ein positives Potential relativ zum
Bulk, Source und Drain gebracht, so werden durch das entstehende elektrische Feld
Elektronen aus dem Substrat in eine dünne Schicht unter dem Gate gezogen. Diese
Anreicherung von Elektronen unter dem Gate gibt diesem Typ von Transistor den
Namen *Anreicherungstyp* und macht das eigentlich p-leitende Gebiet des Substrats
zu einer effektiv n-leitenden Schicht. Man sagt, der Transistor operiere in *schwacher
Inversion*, da die Majoritätsladungsträgersorte gegenüber der eigentlichen Implan-
tation invertiert ist.

Der n-Kanal unter dem Gate verbindet nun Source und Drain leitend, so dass
Strom durch den Transistor fließt. Aus der Definition des Ohmschen Widerstandes
in Gl. 1.8 wird schnell klar, dass der Durchmesser des n-Kanals den *Kanalwiderstand*
und damit den Drainstrom $I_D$ durch den Transistor bestimmt. Der Kanaldurchmes-
ser wird durch die Gate-Spannung eingestellt, die typischerweise relativ zur Source
gemessen und als $U_{GS}$ bezeichnet wird. Die Spannung, bei der der Stromfluss ein-
setzt, nennt man die *Schwellenspannung* $U_{th}$ („threshold voltage"). Abb. 3.21 verdeutlicht die Nomenklatur bei einer MOSFET-Schaltung.

### 3.3.1.2 Schaltsymbole

Die Schwellenspannung kann durch den Herstellungsprozess beeinflusst werden und
sogar negative Werte annehmen. Diese FETs, die schon bei $U_{GS} = 0$ V leiten, und
erst bei negativeren Spannungen sperren, bezeichnet man als *Verarmungstyp*, bzw.
mit dem Adjektiv „*selbstleitend*". Die MOSFETs vom Anreicherungstyp, wie der
oben beschriebene, bezeichnet man dementsprechend auch als „*selbstsperrend*".

**Abb. 3.21** Zur Nomenklatur
bei MOSFET Schaltungen

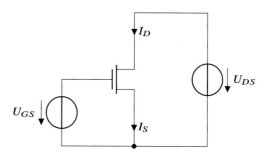

**Abb. 3.22** Schaltsymbole
von MOSFETs

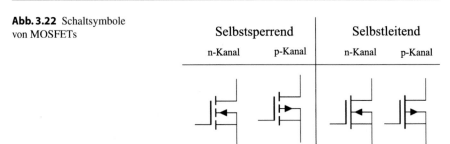

Die Schaltsymbole der verschiedenen Transistortypen sind unterschiedlich und in
Abb. 3.22 dargestellt.

### 3.3.1.3 Kennlinien

Die Kennlinien von Feldeffekttransistoren sind denen von Bipolartransistoren
sehr ähnlich. Da die Steuerwirkung über das elektrische Feld der Gate-Elektrode
erzielt wird, gibt es allerdings kein Äquivalent zur Eingangskennlinie der BE-
Diode $I_B(U_{BE})$. Man betrachtet daher die in Abb. 3.23 dargestellte *Steuerkennlinie*
$I_D(U_{GS})$ und das *Ausgangskennlinienfeld* $I_D(U_{DS}, U_{GS})$, bei dem $U_{GS}$ als Scharparameter dargestellt ist.

Das Ausgangskennlinienfeld kann wieder in verschiedene Bereiche unterteilt werden, wobei wir die jeweilige Berechnung des Drainstroms hier nicht vorführen:

1. **Der Widerstandsbereich:** Für $U_{GS} > U_{Th}$ und $U_{GS} - U_{Th} > U_{DS}$ findet man
   für den Drainstrom

$$I_D = \beta_n \left[ (U_{GS} - U_{Th}) U_{DS} - \frac{U_{DS}^2}{2} \right] \qquad (3.24)$$

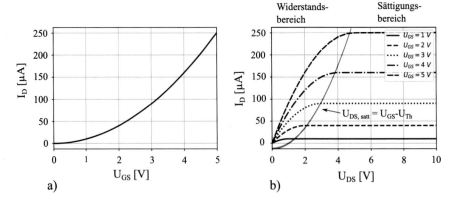

**Abb. 3.23** Kennlinien eines MOSFETs. **a)** Eingangskennlinie $I_D(U_{GS})$; **b)** Ausgangskennlinienfeld $I_D(U_{DS})$ für verschiedene $U_{GS}$

mit der Stromverstärkung $\beta_n$ des Transistors.

Wie man sieht, hängt der Drainstrom, ähnlich einem Ohmschen Widerstand, linear von der Steuerspannung $U_{GS}$ ab, weshalb dieser Bereich der Ausgangskennlinie auch als *linearer Bereich* bezeichnet wird.

2. **Der Sättigungsbereich:** Für $U_{GS} > U_{Th}$ und $U_{GS} - U_{Th} \leq U_{DS}$ wird der Drainstrom

$$I_D = \frac{\beta_n}{2}\,(U_{GS} - U_{Th})^2\,. \tag{3.25}$$

Trotz steigender Drain-Source-Spannung steigt der Drainstrom nicht weiter an (so lange wir die Kannallängenmodulation vernachlässigen, s. Abschn. 3.2.2.3). Der Drainstrom steigt hier quadratisch mit $U_{GS}$.

Da der Drainstrom unabhängig von der Drain-Source-Spannung über den Transistor ist, bietet sich dieser Betriebsbereich für eine Nutzung des Transistors zum Beispiel als steuerbare Stromquelle an.

### 3.3.1.4 CMOS-Schaltungen

Wir haben nun den n-Kanal MOSFET, kurz als NMOS bezeichnet, kennen und lieben gelernt. Wie beim Bipolartransistor gibt es MOSFETs auch mit entgegengesetzten Dotierungskennzeichen. Diese nennt man p-Kanal MOSFETs oder PMOS, sie funktionieren bei entsprechend umgedrehten Spannungsvorzeichen in der gleichen Weise wie NMOS-Transistoren. Die Verwendung beider Typen von MOS Transistoren erlaubt die Entwicklung relativ einfacher Schaltungen, die komplexe Funktionalität implementieren, wie zum Beispiel in der modernen ASIC-Entwicklung. Diese Technologie, die die beiden komplementären Transistortypen in derselben Schaltung verwendet, nennt man *„complementary MOS"*, oder kurz *CMOS-Technologie*.

Wegen ihrer Bedeutung in der modernen Elektronik wird eine ganze Logikfamilie nach der CMOS-Technologie benannt, wie wir in Kap. 5 sehen werden.

## 3.4  Der Transistor als Verstärker

Im Folgenden betrachten wir die Grundschaltungen, in denen jeweils ein Bipolartransistor als Verstärker wirkt. Die Ergebnisse lassen sich jedoch leicht auf Verstärkerstufen mit Feldeffekttransistoren übertragen.

Mit seinen drei Anschlüssen ist der Transistor ein sogenannter *Dreipol*. Einer dieser Pole gehört gleichzeitig dem *Eingangskreis* und dem *Ausgangskreis* des Verstärkers an. Beim Ausgangsstrom handelt es sich immer um den Kollektor- oder Emitterstrom, der von einer Spannungsquelle $U_0$ geliefert wird und am Lastwiderstand $R_L$ die gewünschte Ausgangsleistung erzeugt.

Man unterscheidet drei Grundschaltungen, die jeweils nach dem Anschluss benannt sind, der Eingangs- und Ausgangskreis gemeinsam ist: *Emitter-, Basis-* und *Kollektorschaltung*.

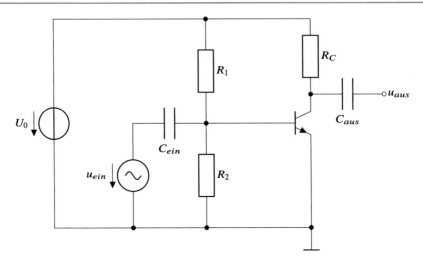

**Abb. 3.24** Emitterschaltung mit AC-gekoppelter Signalquelle und AC-gekoppeltem Ausgang

## 3.4.1 Emitterschaltung

Wir beginnen mit der Vorstellung der in Abb. 3.24 dargestellten Emitterschaltung.
Der Eingang der Schaltung ist die Basis des Transistors, an die eine Signalquelle AC-
gekoppelt ist, welche ein Signal mit der Wechselspannungsamplitude $u_{ein}$ erzeugt.
Der Innenwiderstand der Signalquelle wird in dieser vereinfachenden Betrachtung
vernachlässigt. Das verstärkte Signal wird wieder über einen Kondensator ausgekoppelt, so dass die Wechselspannungsamplitude $u_{aus} = \frac{dU_C}{dt}$ am Ausgang mit der
Kollektorspannung $U_C$ erscheint.

**Spannungs- und Stromverstärkung**
Die (zeitabhängige) Spannung am Kollektor des Transistors berechnen wir über die
Maschenregel:

$$U_C(t) = U_0 - R_C \cdot I_C(t) \tag{3.26}$$

Für das Ausgangssignal, i.e. die Wechselspannung $u_{aus}$ finden wir, weil $U_0 = const$:

$$u_{aus} = \frac{dU_C(t)}{dt} = -R_C \cdot \underbrace{\frac{dI_C(t)}{dt}}_{i_C}$$

$$= -R_C \cdot \beta i_B$$

Ist der Arbeitspunkt der Schaltung sinnvoll gewählt und ist das Eingangssignal
klein, so können wir Gl. 3.20 einsetzen und die *Spannungsverstärkung* der Emitterschaltung wird:

$$V_u := \frac{u_{aus}}{u_{ein}} = -\frac{\beta R_C}{r_{BE}} \tag{3.27}$$

**Abb. 3.25** Ein- und Ausgangsspannung einer idealisierten Emitterschaltung

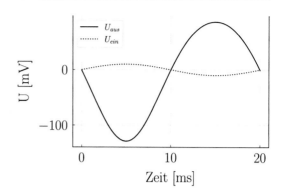

Das Ausgangssignal ist verstärkt und invertiert im Vergleich zum Eingangssignal, was in Abb. 3.25 zu sehen ist.

---

**Frage**

Was passiert, wenn das Eingangssignal nicht klein ist? Wie sieht das Ausgangssignal der Schaltung dann aus?

---

Der Ausgangsstrom der Emitterschaltung ist der Kollektorstrom des Transistors, der Eingangsstrom ist ungefähr gleich dem Basisstrom (mehr dazu später). Damit ist die *Stromverstärkung* der Emitterschaltung

$$V_i := \frac{i_{aus}}{i_{ein}} \approx \frac{i_C}{i_B} = \beta \qquad (3.28)$$

**Eingangswiderstand**

Um eine Verzerrung des Spannungssignals der Signalquelle $u_{ein}$ zu verhindern, darf der Strom, den eine Last aus der Quelle zieht, nicht zu groß werden. Betrachten wir die Verstärkerschaltung als Last für die Signalquelle, dann ist der Lastwiderstand, den die Quelle sieht, der *Eingangswiderstand* der Emitterschaltung. Da der Signalwiderstand gemeint ist, definieren wir diesen als differenziellen Widerstand:

$$r_{ein} := \frac{u_{ein}}{i_{ein}} \qquad (3.29)$$

Um den Eingangswiderstand zu berechnen, betrachten wir den Eingangsstrom. Mit den Stromrichtungen wie in Abb. 3.26 teilt sich der Eigangsstrom wie folgt aus der Knotenregel:

$$i_{ein} = i_B - i_{R1} + i_{R2} \qquad (3.30)$$

Mit Gl. 3.30 können wir den Kehrwert des Eingangswiderstandes schreiben als

$$\frac{1}{r_{ein}} = \frac{i_{ein}}{u_{ein}} = \frac{i_B - i_{R1} + i_{R2}}{u_{ein}}$$

$$= \frac{i_B}{u_{ein}} + \frac{u_{ein}}{R_1 \cdot u_{ein}} + \frac{u_{ein}}{R_2 \cdot u_{ein}}$$

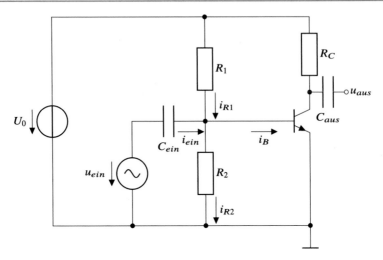

**Abb. 3.26** Definition der Stromrichtungen zur Berechnung des Eingangswiderstandes der Emitterschaltung

---

**Frage**

Zeigen Sie, dass in dieser Schaltung gilt $u_{ein} = -R_1 \cdot i_{ein}$.

Da im Emitterzweig kein Widerstand verbaut ist, die Emitterspannung $U_E$ also gleich dem Referenzpotential ist, gilt $u_{ein} = u_{BE}$ und damit

$$\frac{1}{r_{ein}} = \frac{i_B}{u_{BE}} + \frac{1}{R_1} + \frac{1}{R_2}$$
$$= \frac{1}{r_{BE}} + \frac{1}{R_1} + \frac{1}{R_2}$$

Der Eingangswiderstand der Emitterschaltung entspricht also der Parallelschaltung der Basisvorwiderstände und des differenziellen Widerstandes der BE-Strecke:

$$r_{ein} = r_{BE}||R_1||R_2 \approx r_{BE} \qquad (3.31)$$

Für kleine Basisströme ist $r_{BE}$ kleiner als die typischen Werte der Basisvorwiderstände und dominiert damit den Gesamtwiderstand der Parallelschaltung.

**Ausgangswiderstand**

Der *Ausgangswiderstand* der Emitterschaltung bestimmt, wie viel Strom die an sie angeschlossene Last ziehen darf, bevor das Ausgangsspannungssignal verzerrt wird. Auch der Ausgangswiderstand wird als differenzieller Widerstand definiert:

$$r_{aus} := \frac{u_{aus}}{i_{aus}} \qquad (3.32)$$

Die Ausgangsspannung entspricht der Spannung am Kollektor des Kondensators. Da der Emitteranschluss auf Ground liegt, entspricht diese der Kollektor-Emitter-Spannung:

$$u_{aus} = u_C = u_{CE} \qquad (3.33)$$

Zur Bestimmung des Ausgangsstroms benutzen wir die Knotenregel am Kollektor des Transistors. Der Strom durch den Kollektorwiderstand teilt sich dort auf in den Strom, der aus dem Ausgang fließt, und den Kollektorstrom durch den Transistor:

$$i_{aus} = i_{RC} - i_C = -\frac{u_{CE}}{R_C} - \frac{u_{CE}}{r_{CE}}. \qquad (3.34)$$

Dabei haben wir die Ausgangskennlinie mit Hilfe des differentiellen Widerstandes über den Transistor $r_{CE}$ ausgedrückt, was bei sinnvoll gewähltem Arbeitspunkt eine gute Näherung ist.

Damit ergibt sich für den Kehrwert des Ausgangswiderstandes

$$\frac{1}{r_{aus}} = -\left(\frac{1}{R_C} + \frac{1}{r_{CE}}\right).$$

Der Ausgangswiderstand entspricht also einer Parallelschaltung des Kollektorwiderstandes und des differentiellen Widerstands zwischen Kollektor und Emitter des Transistors. Wie man der Ausgangskennlinie, zum Beispiel in Abb. 3.9, entnehmen kann, ist der Kollektorstrom nahezu unabhängig von $U_{CE}$. Daher ist der differenzielle CE-Widerstand sehr groß $r_{CE} := \frac{u_{CE}}{i_C} \gg 1$ und damit

$$r_{aus} = r_{CE} \| R_C \approx R_C \qquad (3.35)$$

### 3.4.1.1 Dimensionierung der Emitterschaltung

Will man eine solche Emitterschaltung nun wirklich aufbauen, müssen die Werte der Widerstände so gewählt werden, dass sich ein sinnvoller Arbeitspunkt einstellt. Die Berechnung der Widerstandswerte bezeichnet man als *Dimensionierung der Schaltung*. Dabei werden, basierend auf dem Anwendungszweck der Schaltung, also zum Beispiel der gegebenen Amplitude des Eingangssignals und des gewünschten Ausgangssignals, und den Eigenschaften des Transistors, einige Werte vorgegeben anhand derer die Schaltung dimensioniert werden kann. Wir wollen die Berechnung anhand der Schaltung in Abb. 3.24 demonstrieren:

- Nehmen wir an, die Stromverstärkung unseres Transistors beträgt $B = 100$ und die Versorgungsspannung sei $U_0 = 12$ V. Gefordert ist, dass der Kollektorstrom im Arbeitspunkt $I_C^0 = 5$ mA beträgt. Die Beschaltung am Eingang, also die Signalquelle $u_{ein}$, und am Ausgang können vernachlässigt werden, da sie durch Koppelkondensatoren von der Transistorschaltung getrennt sind und daher keinen Einfluss auf den Arbeitspunkt haben.

- Zur Bestimmung der Widerstände des Basisspannungsteilers benutzen wir die Faustregel, dass der Strom durch $R_2$ dem Zehnfachen des Basisstroms entsprechen soll. Dieser beträgt

$$I_B^0 = \frac{I_C^0}{B} = \frac{5\,\mathrm{mA}}{100} = 50\,\mu\mathrm{A} \tag{3.36}$$

und damit ist

$$I_{R2} = 500\,\mu\mathrm{A}. \tag{3.37}$$

Da über die BE-Strecke eine Diodenspannung von $U_{BE}^0 = 0,7$ V abfällt, ergibt sich für die beiden Widerstände

$$R_2 = \frac{U_{BE}^0}{I_{R2}} = \frac{0,7\,\mathrm{V}}{500\,\mu\mathrm{A}} = 1,4\,\mathrm{k\Omega} \tag{3.38}$$

$$R_1 = \frac{U_0 - U_{BE}^0}{I_{R2} + I_B^0} = \frac{11,3\,\mathrm{V}}{550\,\mu\mathrm{A}} \approx 20,5\,\mathrm{k\Omega} \tag{3.39}$$

- Um die Amplitude des Ausgangssignal zu maximieren, wählen wir die Ausgangsspannung in Ruhe etwa bei der halben Versorgungsspannung. In unserem Beispiel wählen wir $U_{CE}^0 = 6,6$ V und finden damit für den Kollektorwiderstand

$$R_C = \frac{U_0 - U_{CE}^0}{I_C^0} = \frac{5,4\,\mathrm{V}}{5\,\mathrm{mA}} = 1,1\,\mathrm{k\Omega} \tag{3.40}$$

Damit sind alle Widerstände bestimmt, die Dimensionierung ist abgeschlossen. Man beachte: Zur Einstellung dieses Arbeitspunktes haben wir, wie im Abschn. 3.2.3 besprochen, die Größen $I_C^0$ und $U_{CE}^0$ gewählt.

### 3.4.2  Emitterschaltung mit Stromgegenkopplung

Wie wir in Abschn. 3.2.5 gesehen haben, ist die Emitterschaltung mit Stromgegenkopplung stabiler gegenüber Temperaturänderung, was sie zu einer beliebten Variante der oben besprochenen Emitterschaltung macht. Welchen Einfluss hat die Stromgegenkopplung mit Hilfe des Emitterwiderstandes (siehe Abb. 3.27) auf die Verstärkung und die Ein- und Ausgangswiderstände?

**Spannungsverstärkung**
Während die Ausgangsspannung der Emitterschaltung unverändert bleibt

$$u_{aus} = -\beta R_C i_B \tag{3.41}$$

müssen wir bei der Eingangsspannung den Spannungsabfall über $R_E$ berücksichtigen:

$$u_{ein} = u_{BE} + i_E \cdot R_E \tag{3.42}$$

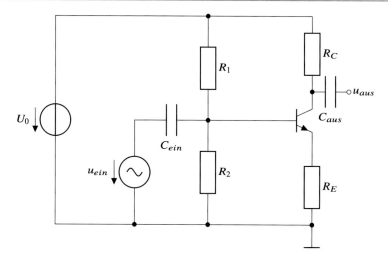

**Abb. 3.27** Emitterschaltung mit Stromgegenkopplung durch den Emitterwiderstand $R_E$

Damit wird die Spannungsverstärkung

$$V_u := \frac{u_{aus}}{u_{ein}} = \frac{-R_C i_C}{u_{BE} + i_E \cdot R_E}$$

$$= -\frac{\frac{i_C}{i_B} R_C}{\frac{u_{BE}}{i_B} + \frac{i_E}{i_B} R_E}$$

$$= -\frac{\beta R_C}{r_{BE} + \gamma \cdot R_E} \approx -\frac{R_C}{R_E} \qquad (3.43)$$

Für typische Werte von $R_C$ und $R_E$ hängt die Spannungsverstärkung also nur noch von der äußeren Beschaltung ab, nicht mehr von den Eigenschaften des Transistors. Wie man sieht, ist die Verstärkung zwar kleiner als ohne Stromgegenkopplung geworden, dafür ist sie aber auch stabiler.

**Eingangswiderstand**

Zur Bestimmung des Eingangswiderstandes der Emitterschaltung mit Gegenkopplung machen wir dieselben Überlegungen, wie im Fall ohne Gegenkopplung und finden wieder

$$\frac{1}{r_{ein}} := \frac{i_{ein}}{u_{ein}} = \frac{i_B}{u_{ein}} + \frac{1}{R_1} + \frac{1}{R_2}. \qquad (3.44)$$

Jetzt müssen wir allerdings beachten, dass die Eingangsspannung über die BE-Diode und den Emitterwiderstand abfällt:

$$u_{ein} = u_{BE} + u_{RE} \Rightarrow \frac{u_{ein}}{i_B} = r_{BE} + \gamma \cdot R_E. \qquad (3.45)$$

Damit wird

$$\frac{1}{r_{ein}} = \frac{1}{r_{BE} + \gamma R_E} + \frac{1}{R_1} + \frac{1}{R_2}. \tag{3.46}$$

Wir finden also für den Eingangswiderstand wieder eine Parallelschaltung aus den Basisvorwiderständen und dem Widerstand über die BE-Diode nach Ground. Der Widerstand dieser Strecke ist jetzt $r_{BE} + \gamma R_E$, der Emitterwiderstand erscheint also um den Faktor $\gamma$ vergrößert, was typisch ist für den Eingangswiderstand von Transistorschaltungen bei Vorhandensein eines Emitterwiderstandes. Für typische Widerstandswerte ist nun der Widerstand über den Transistor größer als die Werte der Basisvorwiderstände: $r_{BE} + \gamma R_E \gg R_1, R_2$. Der Eingangswiderstand wird also

$$r_{ein} \approx R_1 \| R_2 \tag{3.47}$$

und ist damit ebenfalls nur von der äußeren Beschaltung abhängig.

**Ausgangswiderstand**

Zur Berechnung des Ausgangswiderstandes bedienen wir uns eines recht typischen Verfahrens. Dabei halten wir die gesamte Eingangsspannung $U_{ein}(t)$ konstant, was bedeutet dass $u_{ein} = 0$ wird. Der Basisstrom $I_B(t)$ ist damit ebenfalls konstant, $i_B = 0$. Änderungen von $I_C(t)$, also Ausgangswechselströme $i_C = i_{aus}$, können dann nur vorkommen, wenn sich die Ausgangsspannung ändert. Damit können wir den differenzielle Ausgangswiderstand schreiben als

$$r_{aus} = \left. \frac{u_{aus}}{i_C} \right|_{u_{ein}=0} \tag{3.48}$$

Bei der Bestimmung des Ausgangswechselstroms $i_C$ müssen wir beachten, dass Änderungen des Kollektorstroms aufgrund der Stromgegenkopplung Änderungen von $U_{CE}$ hervorrufen:

$$i_C = \frac{\partial I_C}{\partial I_B} \cdot i_B + \frac{\partial I_C}{\partial U_{CE}} \cdot u_{CE} = \beta \cdot i_B + \frac{u_{CE}}{r_{CE}} \tag{3.49}$$

Den Basiswechselstrom können wir schreiben als

$$i_B = \frac{u_{BE}}{r_{BE}} = -\frac{R_E \cdot i_E}{r_{BE}} \approx -\frac{R_E \cdot i_C}{r_{BE}} \tag{3.50}$$

und finden so für den Kollektorwechselstrom

$$i_C = -\beta \frac{R_E}{r_{BE}} \cdot i_C + \frac{U_{CE}}{r_{CE}} \tag{3.51}$$

Da die Versorgungsspannung $U_0$ konstant ist, gilt $u_{aus} \approx u_{CE}$, und damit wird der Ausgangswiderstand

$$r_{aus} \approx r_{CE} \left( 1 + \frac{\beta R_E}{r_{BE}} \right) > r_{CE} \gg 1. \tag{3.52}$$

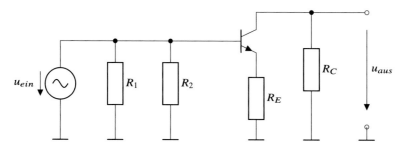

**Abb. 3.28** Wechselstromersatzschaltbild der Emitterschaltung mit Stromgegenkopplung

Der Ausgangswiderstand der Emitterschaltung mit Gegenkopplung ist also groß. Das bedeutet, dass sich der Ausgangsstrom nur wenig ändert, wenn sich die Ausgangsspannung ändert. Die Schaltung kann damit als eine (fast) ideale Stromquelle betrachtet werden.

### 3.4.3 Schaltungsberechnung mit dem Kleinsignalersatzschaltbild

Bei der Betrachtung der Wechselstromeigenschaften der Emitterschaltung mit Gegenkopplung machen wir einige Annahmen:

1. Die Signalfrequenzen seien groß genug, um die Impedanzen der Ein- und Auskoppelkondensatoren vernachlässigen zu können: $Z(C_{ein}) = Z(C_{aus}) \rightarrow 0$
2. Wir wollen nur die Signale betrachten, Gleichspannungen und -ströme werden ignoriert. Dazu werden Gleichspannungsquellen durch Kurzschlüsse ($R = 0$) ersetzt und Gleichstromquellen durch Leerläufe ($R = \infty$).
3. Die Signalamplituden sollen klein sein, so dass der Transistor durch sein Kleinsignalersatzschaltbild, siehe Abb. 3.19, ersetzt werden kann.

Aufgrund der ersten beiden Annahmen kann die Emitterschaltung mit Gegenkopplung in Abb. 3.27 durch das *Wechselstromersatzschaltbild* in Abb. 3.28 vereinfacht werden. Hier wird, wie bisher auch, der Innenwiderstand der Signalquelle vernachlässigt.

Nun können wir das Kleinsignalersatzschaltbild des Transistors einsetzen, was die Schaltung in Abb. 3.29 ergibt. Mit Hilfe dieses Schaltbildes berechnen wir wieder die charakteristischen Größen der Emitterschaltung mit Gegenkopplung.

**Spannungsverstärkung**
Nehmen wir an, dass der differenzielle Kollektor-Emitter-Widerstand groß ist, $r_{CE} \gg R_C$, so finden wir für die Ausgangsspannung

$$u_{aus} = -i_C \cdot R_C = -\beta \cdot i_B R_C \qquad (3.53)$$

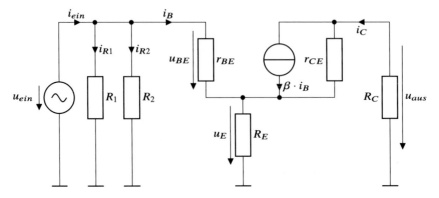

**Abb. 3.29** Kleinsignalersatzschaltbild der Emitterschaltung mit Gegenkopplung

Über $R_1$, $R_2$ und den Emitterzweig des Transistors fällt jeweils $u_{ein}$ ab, weswegen gilt:

$$u_{ein} = i_B \cdot r_{BE} + (\beta + 1) i_B \cdot R_E. \tag{3.54}$$

Die Spannungsverstärkung wird also

$$V_u := \frac{u_{aus}}{u_{ein}} = -\frac{\beta R_C}{r_{BE} + \gamma \cdot R_E} \tag{3.55}$$

was genau dem Ergebnis in Gl. 3.43 entspricht.

**Eingangswiderstand**
Der Eingangsstrom teilt sich entsprechend der Knotenregel auf in

$$i_{ein} = i_{R1} + i_{R2} + i_B. \tag{3.56}$$

Mit der Eingangsspannung wie in Gl. 3.54 finden wir für den Kehrwert des Eingangswiderstandes

$$\frac{1}{r_{ein}} = \frac{i_{R1}}{u_{ein}} + \frac{i_{R2}}{u_{ein}} + \frac{i_B}{i_B \cdot r_{BE} + (\beta + 1) i_B \cdot R_E}$$
$$= \frac{1}{R_1} + \frac{1}{R_2} + \frac{1}{r_{BE} + \gamma R_E} \tag{3.57}$$

Dieses Ergebnis kennen wir auch schon aus Gl. 3.46.

**Ausgangswiderstand**
Zur Berechnung des Ausgangswiderstandes halten wir die Eingangsspannung wieder konstant, das heißt $u_{ein} = 0$. Damit fällt auch über die Basisvorwiderstände keine Wechselspannung ab: $u_{R1} = u_{R2} = 0$. Das Kleinsignalersatzschaltbild vereinfacht sich wie in Abb. 3.30 gezeigt.

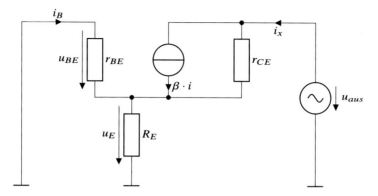

**Abb. 3.30** Kleinsignalersatzschaltbild zur Berechnung des Ausgangswiderstandes

Für die Ausgangsspannung finden wir:

$$u_{aus} = (i_x - \beta \cdot i_B) \cdot r_{CE} + u_E. \tag{3.58}$$

Die Spannung $u_E$ fällt über die Parallelschaltung $R_E \| r_{BE}$ ab, durch die der Strom $i_x$ fließt:

$$u_E = i_x \cdot \frac{R_E \cdot r_{BE}}{R_E + r_{BE}} \tag{3.59}$$

Wir brauchen noch einen Ausdruck für den Strom $i_B$ in Gl. 3.58. Dazu benutzen wir, dass durch den Emitterwiderstand die Summe der Ströme $i_B$ und $i_x$ fließt:

$$\frac{u_E}{R_E} = i_x + i_B. \tag{3.60}$$

Weiterhin fällt über den Widerstand $r_{BE}$ die Spannung $u_E = -i_B \cdot r_{BE}$ ab. Ersetzen wir $u_E$ in Gl. 3.60, so finden wir

$$i_B = -i_X \frac{R_E}{R_E + r_{BE}} \tag{3.61}$$

was mit Gl. 3.58 wiederum für die Ausgangsspannung ergibt

$$u_{aus} = i_x r_{CE} + i_x \frac{R_E}{R_E + r_{BE}} (\beta \cdot r_{CE} + r_{BE}). \tag{3.62}$$

Unter den Randbedingungen, dass der differentielle Widerstand $r_{CE}$ groß ist und dass $r_{BE} \gg R_E$ gilt, ergibt sich für den Ausgangswiderstand

$$r_{aus} := \frac{u_{aus}}{i_x} = r_{CE} \left( 1 + \frac{\beta \cdot R_E}{R_E + r_{BE}} \right) + \frac{R_E \cdot r_{BE}}{R_E + r_{BE}} \tag{3.63}$$

$$\approx r_{CE} \left( 1 + \frac{\beta \cdot R_E}{r_{BE}} \right) \tag{3.64}$$

Auch das Ergebnis für den Ausgangswiderstand, das wir mit Hilfe des Kleinsignaler-
satzschaltbildes relativ einfach gefunden haben, stimmt mit der Berechnung bei der
ursprünglichen Emitterschaltung mit Stromgegenkopplung überein, siehe Gl. 3.52.

### 3.4.4  Kollektorschaltung

Bei der in Abb. 3.31 dargestellten Kollektorschaltung gehört, wie der Name sagt, der
Kollektor des Transistors sowohl dem Eingangs- als auch dem Ausgangsschaltkreis
an, die Ausgangsspannung greift man jedoch am Emitter des Transistors ab.
   Zur Berechnung der Charakteristika der Kollektorschaltung benutzen wir wieder
das Kleinsignalersatzschaltbild. Wie in Abschn. 3.4.3 betrachten wir zunächst das
Wechselstromersatzschaltbild in Abb. 3.32, indem wir alle Gleichspannungsquellen,
sowie Ein- und Auskoppelkondensator durch Kurzschlüsse ersetzen.

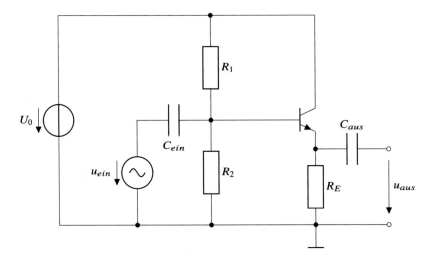

**Abb. 3.31**  Ein npn-Transistor in Kollektorschaltung

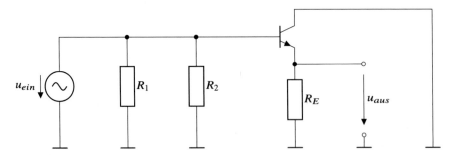

**Abb. 3.32**  Wechselstromersatzschaltbild der Kollektorschaltung

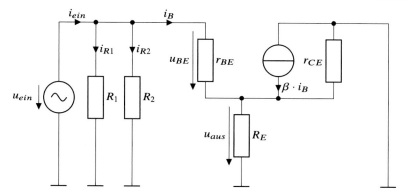

**Abb. 3.33** Kleinsignalersatzschaltbild der Kollektorschaltung

Ersetzen wir den Transistor durch sein Kleinsignalersatzschaltbild, bekommen wir die Schaltung in Abb. 3.33, mit deren Hilfe wir nun die charakteristischen Größen der Kollektorschaltung berechnen können.

**Spannungsverstärkung**
Die Ausgangsspannung ist schnell gefunden:

$$u_{aus} = (\beta + 1) i_B \cdot R_E. \tag{3.65}$$

Mit der Maschenregel ergibt sich für die Eingangsspannung

$$
\begin{aligned}
u_{ein} &= i_B \cdot r_{BE} + (\beta + 1)i_B \cdot R_E \\
        &= i_B \cdot r_{BE} + (\beta + 1)i_B \cdot R_E
\end{aligned} \tag{3.66}
$$

Die Spannungsverstärkung ergibt sich also zu

$$V_u := \frac{u_{aus}}{u_{ein}} = \frac{(\beta + 1)\, R_E}{r_{BE} + (\beta + 1)\, R_E} \approx 1. \tag{3.67}$$

Man sagt, der Ausgang folge dem Eingang. Daher wird die Kollektorschaltung auch oft als *Emitterfolger* bezeichnet.

Da der Eingangsstrom zum größten Teil in die Basis des Transistors fließt $i_{ein} \approx i_B$ und der Ausgangsstrom aus dem Emitterstrom besteht, beträgt die Stromverstärkung der Kollektorschaltung $V_i \approx \gamma$.

**Eingangswiderstand**
Laut Knotenregel beträgt der Eingangsstrom

$$i_{ein} = i_{R1} + i_{R2} + i_B. \tag{3.68}$$

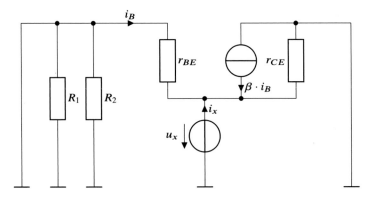

**Abb. 3.34** Zur Berechnung des Ausgangswiderstandes der Kollektorschaltung

Mit der Eingangsspannung nach Gl. 3.66 wird der Kehrwert des Eingangswiderstandes

$$\frac{1}{r_{ein}} = \frac{i_{R1}}{u_{ein}} + \frac{i_{R2}}{u_{ein}} + \frac{i_B}{u_{ein}}$$
$$= \frac{1}{R_1} + \frac{1}{R_2} + \frac{1}{r_{BE} + (\beta + 1)\, R_E} \approx \frac{1}{\gamma \cdot R_E}. \tag{3.69}$$

Der Eingangswiderstand der Kollektorschaltung ist also sehr hoch.

**Ausgangswiderstand**

Wie zuvor halten wir zur Berechnung des Ausgangswiderstandes die Eingangsspannung konstant, $u_{ein} = 0$ und erzeugen die Signale mittels einer Testquelle am Ausgang, siehe Abb. 3.34.

Das Testspannungssignal $u_x$ fällt über $r_{BE}$ und die Parallelschaltung der Basisvorwiderstände ab:

$$u_x = i_B\,(r_{BE} + R_1 \| R_2) \tag{3.70}$$

Der Teststrom teilt sich auf in die jeweiligen Ströme durch den Emitter- und den Kollektorast der Schaltung:

$$i_x = i_B + \beta \cdot i_B. \tag{3.71}$$

Der Ausgangswiderstand wird

$$r_{aus} := \frac{u_x}{i_x} = \frac{r_{BE} + R_1 \| R_2}{\beta + 1} \tag{3.72}$$

und nimmt damit einen relativ kleinen Wert an.

Wie wir gesehen haben, hat die Kollektorschaltung einen großen Eingangswiderstand, belastet also eine Signalquelle nur wenig, und einen kleinen Ausgangswiderstand, kann also der nächsten Schaltung viel Strom zur Verfügung stellen, ohne dass das Spannungssignal verzerrt wird. Diese Art von Schaltungen bezeichnet man allgemein als *Impedanzwandler* und benutzt sie sehr häufig als erste Verstärkerstufe, zum Beispiel für Audiosignale.

---

**Die Darlington-Schaltung**

Wenn die Stromverstärkung der Kollektorschaltung für eine Anwendung nicht reicht, kann man die in Abb. 3.35 gezeigte *Darlington-Schaltung* verwenden.

Hier steuert der Emitterstrom des Transistors $T_1$ die Basis des Transistors $T_2$. Für den Emitterstrom von $T_2$ finden wir schnell:

$$I_{E2} = \beta_2 \cdot I_{B2} = \beta_2 \cdot I_{E1} = \beta_2 \beta_1 \cdot I_{B1} \qquad (3.73)$$

mit den jeweiligen Stromverstärkungen der Transistoren $\beta_1$ und $\beta_2$. Die Stromverstärkung der Darlington-Schaltung beträgt also

$$V_I = \frac{I_{E2}}{I_{B1}} = \beta_2 \cdot \beta_1 \qquad (3.74)$$

---

## 3.4.5  Basisschaltung

Die letzte der drei Transistorgrundschaltungen ist die in Abb. 3.36 dargestellte Basisschaltung. Der Basisanschluss liegt über einen Kondensator wechselstrommäßig an Masse, die Basisgleichspannung wird weiterhin durch einen Basisspannungsteiler eingestellt. Das Eingangssignal wir am Emitter eingekoppelt und am Kollektor als verstärktes Ausgangssignal ausgekoppelt.

Abb. 3.37 zeigt das Wechselstromersatzschaltbild, bei dem, wie gewohnt, die Gleichspannungsquellen und Kondensatoren durch Kurzschlüsse ersetzt wurden. Auch der Innenwiderstand der Signalquelle wird vernachlässigt.

Benutzen wir nun noch für den Transistor die Kleinsignalnäherung, dann erhalten wir das Kleinsignalersatzschaltbild in Abb. 3.38, mit dessen Hilfe wir die charakteristischen Größen der Basisschaltung berechnen können.

**Spannungsverstärkung**

Die Ausgangsspannung beträgt

$$u_{aus} = -\beta \cdot i_B \cdot R_C. \qquad (3.75)$$

Die Eingangsspannung wird mit den eingezeichneten Spannungspfeilen

$$u_{ein} = -i_B \cdot r_{BE}. \qquad (3.76)$$

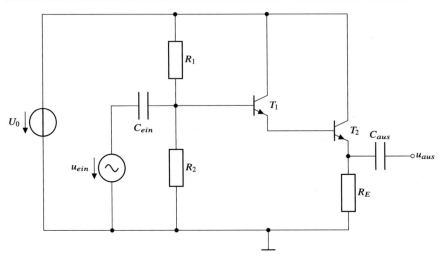

**Abb. 3.35** Die Darlington-Schaltung

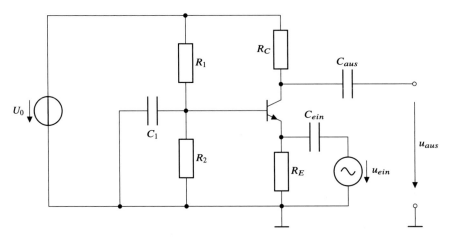

**Abb. 3.36** Ein npn-Transistor in Basisschaltung

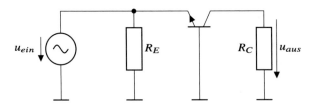

**Abb. 3.37** Wechselstromersatzschaltbild der Basisschaltung

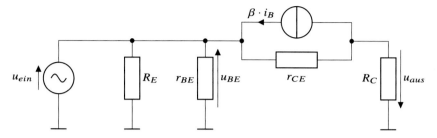

**Abb. 3.38** Kleinsignalersatzschaltbild der Basisschaltung

Damit beträgt die Spannungsverstärkung

$$V_u = \frac{\beta \cdot R_C}{r_{BE}} \tag{3.77}$$

**Stromverstärkung**

Zur Berechnung der Stromverstärkung wird ein Lastwiderstand parallel zu $R_C$ geschaltet. Eine einfach Rechnung ergibt dann für die Stromverstärkung

$$V_i = \frac{\beta}{\beta + 1} \cdot \frac{1}{1 + R_L/R_C} \le \frac{\beta}{\beta + 1} < 1. \tag{3.78}$$

Die maximale Stromverstärkung erreicht man im Kurzschlussfall, d. h. wenn $R_L = 0$, wo sie für große $\beta$ etwa 1 beträgt. Die Stromverstärkung der Basisschaltung ist also immer kleiner als 1.

**Eingangswiderstand**

Der Eingangsstrom teilt sich auf in den Strom durch $R_E$ und den Emitterstrom $i_E$ des Transistors

$$i_{ein} = \frac{u_{ein}}{R_E} + i_E \tag{3.79}$$

mit

$$i_E = (\beta + 1)i_B = -(\beta + 1)\frac{u_{BE}}{r_{BE}}. \tag{3.80}$$

Hier sind wieder die Richtungen der in Abb. 3.38 eingezeichneten Spannungspfeile zu beachten!

Mit Gl. 3.76 erhalten wir dann den Kehrwert des Eingangswiderstandes

$$\frac{1}{r_{ein}} = \frac{1}{R_E} + \frac{\beta + 1}{r_{BE}}. \tag{3.81}$$

Der Eingangswiderstand besteht aus der Parallelschaltung $R_E \| \frac{r_{BE}}{\beta + 1}$, nimmt also sehr kleine Werte an.

**Tab. 3.1** Eigenschaften der Transistorgrundschaltungen

| Transistorgrundschaltung | Verstärkung | | Widerstand | |
|---|---|---|---|---|
| | Spannung | Strom | Eingang | Ausgang |
| Emitterschaltung ohne Gegenkopplung | $V_u = -\frac{\beta R_C}{r_{BE}}$ | $V_i = \beta$ | $r_{\text{ein}} \approx r_{BE}$ | $r_{\text{aus}} \approx R_C$ |
| mit Gegenkopplung | $V_u \approx -\frac{R_C}{R_E}$ | $V_i = \beta$ | $r_{\text{ein}} \approx R_1 \| R_2$ | $r_{\text{aus}}$ groß |
| Kollektorschaltung | $V_u \leq 1$ | $V_i = \beta$ | $r_{\text{ein}} \approx \gamma R_E$ | $r_{\text{aus}}$ klein |
| Basisschaltung | $V_u = \frac{\beta R_C}{r_{BE}}$ | $V_i = \alpha$ | $r_{\text{ein}} \approx \frac{r_{BE}}{\gamma}$ | $r_{\text{aus}} \approx R_C$ |

**Ausgangswiderstand**

Zur Ermittlung des Ausgangswiderstandes ersetzen wir die Eingangsspannung wieder durch einen Kurzschluss und sehen dann leicht im Kleinsignalersatzschaltbild, dass der Ausgangswiderstand der Parallelschaltung aus Kollektorwiderstand und dem differenziellen Kollektor-Emitter-Widerstand besteht.

$$r_{aus} = R_C \| r_{CE} \approx R_C \qquad (3.82)$$

Da $r_{CE} \gg R_C$, dominiert der Kollektorwiderstand $R_C$ den Ausgangswiderstand der Basisschaltung.

### 3.4.6 Übersicht

In der Tab. 3.1 fassen wir zur einfacheren Übersicht kurz die zuvor besprochenen Eigenschaften der Transistorgrundschaltungen zusammen.

## 3.5 Bandbreite von Transistorschaltungen

### 3.5.1 Miller-Kapazität und Kaskode

Bipolartransistoren sind aus drei verschieden dotierten Bereichen aufgebaut, welche zwei pn-Übergänge formen. Diese Übergänge haben jeweils eine Kapazität, die wir als parasitäre Kapazitäten bei Transistorschaltungen betrachten müssen, wie in Abb. 3.39 dargestellt. Zusätzlich müssen wir auch eine parasitäre Kapazität über den ganzen Transistor, also zwischen Kollektor und Emitter, betrachten.

Wie man leicht sehen kann, bilden der Eingangswiderstand der Schaltung, der hier mit $R_S$ bezeichnet ist, und die um die Spannungsverstärkung vergrößerte Kapazität $(V_U + 1) \cdot C_{BE}$ einen Tiefpass am Eingang der Emitterschaltung, welcher die Bandbreite der Schaltung begrenzt. Die anderen beiden sogenannten *Miller-Kapazitäten* haben ähnliche Einflüsse:

- $C_{BE}$: Tiefpassverhalten am Eingang
- $C_{CE}$: Tiefpassverhalten am Ausgang
- $C_{CB}$: Frequenzabhängige Rückkopplung

**Abb. 3.39** Parasitäre
Kapazitäten bei einer
vereinfachten
Emitterschaltung

**Abb. 3.40** Die
Kaskodenschaltung

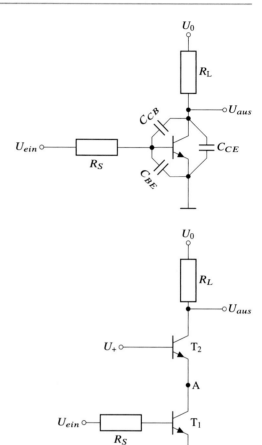

Dabei begrenzt die Kollektor-Basis-Kapazität $C_{CB}$ die Verstärkung bei hohen Frequenzen, indem das verstärkte Ausgangssignal mit einer Phasenverschiebung von
180 °C auf den Eingang zurückgekoppelt wird. Eine Möglichkeit, die Bandbreite zu
vergrößern, ist der Einsatz der in Abb. 3.40 dargestellten *Kaskodenschaltung.*

**Die Kaskodenschaltung**
In der Kaskodenschaltung wird zwischen den Emitter des verstärkenden Transistors
$T_1$ und den Lastwiderstand $R_L$ ein zweiter Transistor geschaltet, dessen Basis auf
einer konstanten Spannung $U_+$ liegt. Der Transistor $T_2$ wird somit in Basisschaltung
betrieben und hält die Spannung am Punkt A der Schaltung auf einem festen Wert,
nämlich $U_+ - 0{,}7$ V.
    Damit ändert sich zwar der Emitterstrom des Transistors $T_1$ entsprechend dem
Eingangssignal, und damit der Spannungsabfall über den Lastwiderstand $R_L$, wel-

cher ja das Ausgangssignal erzeugt. Dagegen bleibt die Spannung am Emitter von $T_1$ konstant, weshalb eben keine Rückkopplung über die Kollektor-Basis-Kapazität von $T_1$ mehr geschieht. Dadurch wird die Grenzfrequenz der Schaltung signifikant erhöht, die Kaskodenschaltung kann zur Verstärkung hoch-frequenter Signale benutzt werden.

## 3.6    Anwendungsbeispiele von Transistorschaltungen

### 3.6.1    Spannungs- und Stromquellen

#### 3.6.1.1 Konstantspannungsquelle

Die in Abb. 3.41 gezeigte Schaltung wird dazu benutzt, eine lastunabhängige Gleichspannung zu erzeugen. Die Z-Diode hält durch ihre sehr steile Durchbruchkennlinie die Basisspannung konstant. Die Ausgangsspannung beträgt dann

$$U_{aus} = U_Z - U_{BE} = const. \tag{3.83}$$

Die Funktionsweise ähnelt damit sehr der Spannungsstabilisierung mit Z-Dioden, wie in Abb. 2.31 in Kap. 2.

Der Unterschied ist, dass die hier gezeigte Schaltung aufgrund der Wirkung des verwendeten Leistungstransistors einen größeren Laststrom zur Verfügung stellen kann, ohne dass die Ausgangsspannung abfällt.

#### 3.6.1.2 Konstantstromquellen

Abb. 3.42 zeigt zwei einfache Möglichkeiten, Konstantstromquellen aufzubauen.

Bei beiden Schaltungen halten die Dioden das Basispotential konstant und stellen damit einen konstanten Kollektorstrom durch den Lastwiderstand zur Verfügung. Auch hier profitieren wir von den sehr steilen Kennlinien der Dioden.

**Abb. 3.41** Eine Konstantspannungsquelle

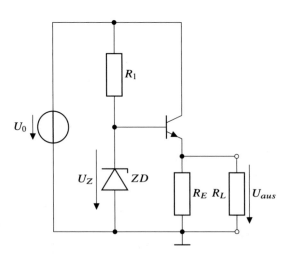

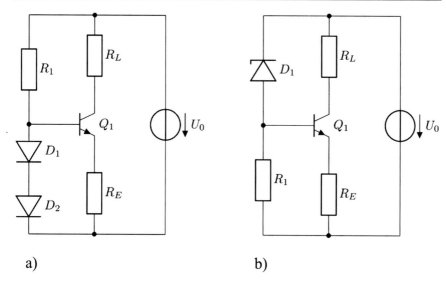

a)                                          b)

**Abb. 3.42**  Zwei Konstantstromquellen

**Abb. 3.43**  Eine
Stromspiegel-Schaltung

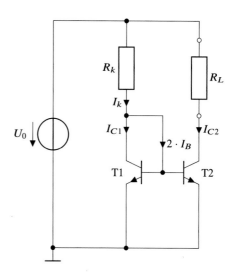

### 3.6.1.3 Stromspiegel

In manchen Schaltungen, insbesondere in ASICs, will man konstante Ströme als Referenz für Schaltungsteile benutzen, welche aber konfigurierbar, also einmalig vom Benutzer einstellbar sein sollen. Zu diesem Zweck benutzt man gerne sogenannte *Stromspiegel,* wie beispielsweise in Abb. 3.43 dargestellt.

Dabei ist wichtig, dass die Parameter (differentieller Widerstand, Stromverstärkung, etc.) der Transistoren $T1$ und $T2$ gleich sind und die Transistoren die gleiche Temperatur haben.

Weil bei $T1$ Kollektor und Basis miteinander verbunden sind, wird dieser Transistor an der Grenze des Sättigungsbereichs betrieben, und es gilt

$$U_{CE} = U_{BE}. \tag{3.84}$$

Damit sind der Spannungsabfall über den Einstellwiderstand $R_k$ und der Strom $I_k$ durch den Widerstand konstant

$$I_k = \frac{U_0 - U_{BE}}{R_k}. \tag{3.85}$$

Da die Basen der Transistoren auf demselben Potential liegen, sind die Basisströme gleich und es ergibt sich

$$I_k = I_{C1} + 2 \cdot I_B \tag{3.86}$$

$$\rightarrow I_{C1} = I_k - 2 \cdot I_B = I_k - 2 \cdot \frac{I_{C1}}{B}$$

$$\Rightarrow I_{C1} = I_k \cdot \frac{B}{B+2}$$

Für den Laststrom $I_L$, den wir als Referenzstrom benutzen wollen, gilt dann in guter Näherung

$$I_L = I_{C2} = I_{C1} = \frac{U_0 - U_{BE}}{R_k} \cdot \frac{B}{B+2} = \text{konstant.} \tag{3.87}$$

### 3.6.2  Ansteuerung von DC-Motoren: Die H-Brücke

Bei *DC-Motoren* stellt man die Rotationsgeschwindigkeit des Motors über die Stromstärke ein, die durch die Windungen der Spulen des Rotators fließen. Der Drehsinn, also in welche Richtung der Motor sich dreht, wird vom Vorzeichen des Stromes bestimmt. Um also einen solchen Motor sinnvoll ansteuern zu können, benötigt man eine möglichst einfache und kostengünstige Schaltung, über die man Ströme verschiedener Vorzeichen durch den Motor fließen lassen kann. Eine solchen Schaltung, der wir später bei den Audioverstärkern wieder begegnen werden, ist die in Abb. 3.44 gezeigte *H-Brücke*, auch *Vierquadrantensteller* genannt.

Bei dieser Schaltung werden die Transistoren als Schalter benutzt, d. h. der Basisstrom, oder bei Feldeffekttransistoren die Gate-Source-Spannung, müssen groß genug sein, damit der Transistor zwischen Sperrbereich und aktivem Bereich schaltet, ohne sich lange im Sättigungsbereich aufzuhalten. Das dient dazu, den Ohmschen Widerstand des Transistors zwischen sehr großen (Transistor gesperrt, Schalter offen) und sehr kleinen (Transistor leitet, Schalter geschlossen) Werten umzuschalten. Auf diese Weise geht so wenig Leistung wie möglich im Transistor verloren, die diesen erhitzt, aber der Last nicht zur Verfügung steht. Dennoch werden meistens Hochleistungstransistoren benutzt, da die zu schaltenden Spannungen und Ströme im Bereich

**Abb. 3.44** Eine
H-Brückenschaltung

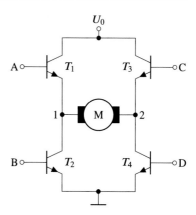

mehrerer zehn Volt und weniger Ampere betragen können. Selbst im Idealfall erhitzen sich die Transistoren und müssen durch die großen Kühlkörper gekühlt werden,
die für Leistungsschaltungen charakteristisch sind.

Soll nun Strom vom Punkt 1 zum Punkt 2 durch den Motor fließen, werden die
Transistoren $T_1$ und $T_4$ leitend geschaltet, während $T_2$ und $T_3$ sperren. Soll der Motor
sich in die andere Richtung drehen, fließt bei entsprechend umgekehrter Ansteuerung
der Strom von Punkt 2 nach Punkt 1. Hierbei ist es sehr wichtig, sicherzustellen,
dass niemals beide Transistoren desselben Astes, also $T_1$ und $T_2$ oder $T_3$ und $T_4$,
gleichzeitig leiten, da man so die Spannungsquelle kurzschließt. Das lässt sich zum
Beispiel verhindern, indem die Transistoren $T_1$ und $T_3$ durch pnp-Transistoren, oder
p-Kanal MOSFETs, ersetzt werden, die bei positiven Basisströmen sperren, siehe
Abb. 3.45.

### 3.6.2.1 Pulsweitenmodulation

Wie oben beschrieben, wollen wir bei der Ansteuerung des Motors den Ohmschen
Bereich der Ausgangskennlinie der Transistoren, wo $R_{CE}$ bzw. $R_{DS}$ klein werden,

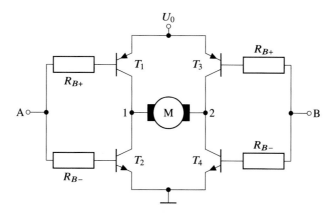

**Abb. 3.45** Eine H-Brückenschaltung, die nur zwei Steuerleitungen benötigt

**Abb. 3.46** Stromfluss durch einen DC-Motor bei Ansteuerung mittels Pulsweitenmodulation

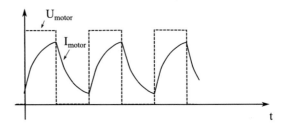

vermeiden, so dass so wenig Leistung wie möglich im Transistor selbst verbraucht wird. Daher werden die Transistoren so angesteuert, dass sie entweder komplett sperren oder komplett leiten. Wie kann man bei diesen Anforderungen die Stromstärke, und damit die Rotationsgeschwindigkeit, variieren?

Die Lösung findet sich in der Trägheit des Motors, sowie der Schaltung selbst. Ähnlich der mechanischen Trägheit der Masse des Rotators des Motors und der von ihm betriebenen Mechanik, sorgen die Kapazitäten und Induktivitäten der elektrischen Schaltung dafür, dass schnelle Änderungen der angelegten Spannung den fließenden Strom nur langsam ändern. Wir erinnern hier an die Auflade- und Entladekurven von Kondensatoren und Spulen, siehe Gl. 1.29 und 1.29, die man in Abb. 3.46 auch am Verlauf der Stromstärke durch einen Motor sieht.

Der Mittelwert der Stromstärke wird dabei über das *Tastverhältnis* (*duty cycle*) der angelegten Rechteckspannung eingestellt, d. h. wie lange die Spannung pro Schwingungsperiode eingeschaltet ist. Da die Frequenz des Rechtecksignals unverändert bleibt, wird über das Tastverhältnis also die Breite der Spannungspulse eingestellt, was zum Namen Pulsweitenmodulation führt. Ein hoher duty cycle bedeutet dabei, dass die Spannung für einen großen Teil der Periodendauer des Signals eingeschaltet ist, was die über viele Perioden gemittelte Spannung gegenüber einem niedrigen duty cycle erhöht.

### 3.6.3  Audioverstärker

Wir hatten bei der Diskussion der Verstärker Grundschaltungen schon das Beispiel der Verstärkung eines Audiosignals benutzt. Nun wollen wir uns anschauen, welche Schaltungen für diese Aufgabe geeignet sind.

Audioverstärker, oder *Endstufen,* der Klassen A, B und AB sind lineare Transistorschaltungen und vergleichsweise einfach aufgebaut. Sie sind die Klassiker unter den Endstufen, haben aber den Nachteil eines sehr geringen *Wirkungsgrades*

$$\eta = \frac{P_{Schall}}{P_{dc}}. \tag{3.88}$$

Das bedeutet, dass die meiste Energie als Wärme verloren geht, anstatt in Schallwellen umgesetzt zu werden.

Beim Klasse-D-Verstärker handelt es sich um einen semi-digitalen Verstärker, der mit einfachen Transistorschaltungen nur noch wenig zu tun hat.

Die an diese Verstärker angeschlossene Last ist der Lautsprecher. Typische Werte für den Lastwiderstand liegen daher bei 4 $\Omega$ oder 8 $\Omega$, weshalb große Ströme benötigt werden, um sie zum Schwingen zu bringen.

### 3.6.3.1 Der Klasse-A-Verstärker

Bei diesem Verstärker handelt es sich um eine einfache Emitterschaltung wie in Abb. 3.27. Der Arbeitspunkt des Transistors wird so gewählt, dass die Ausgangsspannung im Leerlauf, d. h. wenn kein Audiosignal angelegt ist, bei $U_0/2$ liegt. Der Transistor wird also im linearen Teil seiner Ausgangskennlinien betrieben, wodurch das Ausgangssignal die maximal möglich Amplitude annehmen kann. Gleichzeitig fließt aber auch ständig ein Kollektorstrom, im Leerlauf auch *Ruhestrom* genannt, so dass die Leistungsaufnahme des Verstärkers nahezu unabhängig von der Leistung ist, die im Lautsprecher umgesetzt ist. Typische Wirkungsgrade liegen unter 30 %.

### 3.6.3.2 Der Klasse-B-Verstärker

Diese, auch als *Gegentaktverstärker* bekannte, Endstufe besteht aus einem npn- und einem pnp-Transistor, wie in Abb. 3.47 gezeigt.

In der positiven Halbwelle des Eingangssignals ($u_{ein} > 0$ V) leitet der npn-Transistor, während der pnp-Transistor sperrt. Der Emitterstrom von Transistor $Q_1$ fließt komplett durch den Lautsprecher. In der negativen Halbwelle ist die Situation genau umgekehrt. $Q_1$ sperrt und $Q_2$ leitet, so dass auch die Spannung über den Lastwiderstand und das Vorzeichen des Stromes sich umkehren.

Bei dieser Schaltung fließt kein Ruhestrom, wenn das Eingangssignal Null ist, wodurch der Wirkungsgrad theoretisch bis zu 78 % werden kann.

Ein Problem des Klasse-B-Verstärkers ist jedoch, dass die Transistoren erst leiten, wenn die Basisspannung größer als $0,7$ V ($Q_1$), beziehungsweise kleiner als $-0,7$ V ($Q_2$) wird. Dadurch ergeben sich Verzerrungen des Audiosignals beim Umschal-

**Abb. 3.47** Ein Klasse-B-Verstärker aus npn- und pnp-Transistoren

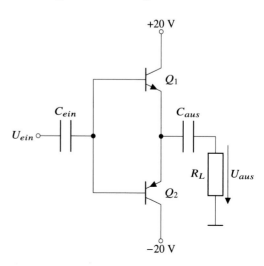

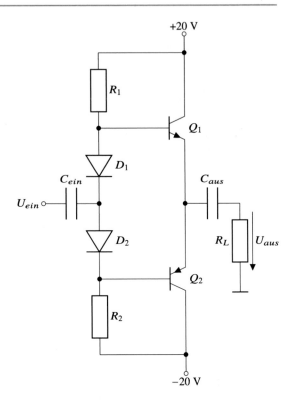

**Abb. 3.48** Ein
Klasse-AB-Verstärker

ten von positiver zu negativer Halbwelle, welche als Klirren des Lautsprechers die
Audioqualität negativ beeinflussen.

### 3.6.3.3 Der Klasse-AB-Verstärker

Beim Klasse-AB-Verstärker wird das Problem im Umschaltbereich umgangen,
indem die Basen der beiden Transistoren mit Dioden vorgespannt werden, siehe
Abb. 3.48. So leiten die Transistoren schon bei kleinen positiven bzw. negativen
Spannungen und die Signalverzerrung beim Vorzeichenwechsel des Eingangssignals
wird minimiert. Allerdings fließt durch die Vorspannung der Basis wieder ein kleiner
Ruhestrom, der den Wirkungsgrad auf 60 % bis 70 % reduziert.

### 3.6.3.4 Der Klasse-D-Verstärker

Der Klasse-D-Verstärker benutzt Pulsweitenmodulation (PWM, siehe
Abschn. 3.6.2.1), um das Audiosignal in ein semi-digitales Signal umzuwan-
deln.

Das Audiosignal wird mit einem Referenzsignal verglichen, welches dieses mit
einer hohen Frequenz abtastet. Dies geschieht in einer *Komparator* genannten Schaltung, die wir im Detail in Abschn. 4.2 kennenlernen werden. Ist die Amplitude des
Audiosignals größer als die des Referenzsignals, wird der Ausgang des Komparators auf den kleinstmöglichen Wert gelegt. Ist das Referenzsignal höher, geht der

**Abb. 3.49** Erzeugung eines pulsweitenmodulierten Signals. Das 1 kHz Sinussignal wird von einem Dreiecksignal mit einer Frequenz von 20 kHz abgetastet. Das resultierende PWM Signal ist unten dargestellt

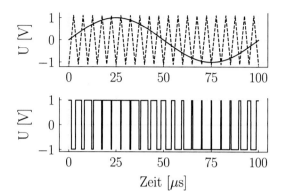

Ausgang auf die größtmögliche Spannung. Als Referenzsignal wird ein Dreiecksignal fester Frequenz benutzt. Das Prinzip ist in Abb. 3.49 gezeigt.

Das so generierte Signal kodiert das Audiosignal in der Weite der Pulse, welche benutzt werden, um eine H-Brücke (Abschn. 3.6.2) anzusteuern, welche den Ausgangsstrom aus ihrer eigenen Stromversorgung bezieht. So ist eine signifikante Leistungsverstärkung möglich, während die Audioquelle sehr wenig belastet wird. Das immer noch pulsweitenmodulierte Signal aus der H-Brücke wird dann über einen Tiefpass an den Lautsprecher gegeben. Der Tiefpass „dekodiert" das PWM Signal und erzeugt wieder eine kontinuierliche Ausgangsspannung, die im Vergleich zum Eingangssignal keine Verzerrung aufweist.

So liefern Klasse-D-Verstärker eine gute Klangqualität bei gleichzeitig guter Ausgangsleistung. Der Wirkungsgrad kann bei Vollaussteuerung theoretisch einen maximalen Wert von 90 % erreichen.

### 3.6.4   Der Differenzverstärker

Die letzte Anwendung von Transistorschaltungen, die wir hier betrachten wollen, bildet die Differenz zweier analoger Spannungen. So trivial sich das anhört, so bildet der *Differenzverstärker* doch die Grundlage für die Operationsverstärker des nächsten Kapitels, welche ihrerseits die Welt der analogen Computer revolutioniert haben. Wie funktioniert eine solch bahnbrechende Schaltung?

Wie in Abb. 3.50 zu erkennen ist, handelt es sich beim Differenzverstärker um zwei Emitterschaltungen, bei denen die Emitter miteinander verbunden sind. Die Ausgangsspannung der Schaltung liegt zwischen den Kollektoranschlüssen der beiden Transistoren an. Es ist dabei darauf zu achten, dass die Verstärkungen der beiden Transistoren möglichst gleich groß sind und diese thermisch gut gekoppelt sind.

Die Konstantstromquelle an den Emittern hält den Gesamtstrom $I_{E1} + I_{E2}$ konstant, so dass auch die Summe der Kollektorströme konstant bleibt. Ändern sich die beiden Eingangsspannungen $U_{ein,1}$ und $U_{ein,2}$ symmetrisch, d. h. $\Delta U_{ein,1} = \Delta U_{ein,2}$, kann sich keiner der Kollektorströme ändern und die Ausgänge bleiben unverändert: $\Delta U_{aus,1} = \Delta U_{aus,2} = 0$. Symmetrische Änderungen der Ein-

**Abb. 3.50** Eine
Differenzverstärkerschaltung
aus zwei npn-Transistoren

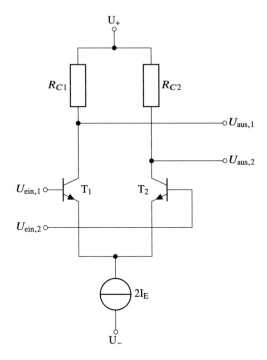

gänge erscheinen also nicht am Ausgang. Die sogenannte *Gleichtaktverstärkung* der
Schaltung beträgt also Null.

Ändert sich nur einer der Eingänge, so ändert sich der Kollektorstrom des betref-
fenden Transistors auf Kosten des Kollektorstroms des anderen Transistors. Bei
einem der Transistoren steigt der Spannungsabfall über den Kollektorwiderstand,
beim anderen sinkt er dementsprechend und die Ausgänge $U_{aus,1}$ und $U_{aus,2}$ liegen
auf unterschiedlichen Potentialen. Es stellt sich also eine Ausgangsspannung ein mit
dem Wert

$$\Delta U_{aus} = U_{aus,1} - U_{aus,2} = \left( U_{ein,1} - U_{ein,2} \right) \cdot V. \qquad (3.89)$$

Die Differenzverstärkung $V$ liegt dabei in der gleichen Größenordnung wie die Spannungsverstärkung der Emitterschaltung.

Wie wir gesehen haben, ist die Spannungsdifferenz der beiden Ausgänge proportional zur Differenz an den Eingängen. Im nächsten Kapitel werden wir sehen, wie
diese Charakteristik genutzt wird, um damit analoge Rechenoperationen zu implementieren.

Eine weitere, grundlegendere Anwendung von Differenzverstärkern liegt in der
Verstärkung leistungsschwacher Signale, welche leicht durch Rauschen überlagert
werden können. Wird ein solches Spannungssignal, zum Beispiel das Signal einer
Antenne, über eine Leitung transportiert, muss man davon ausgehen, dass in diese
Leitung zur gleichen Zeit Rauschen eingekoppelt wird. Die Leitung selbst kann als
Antenne für elektromagnetische Wellen fungieren, Spannungspulse auf in der Nähe

verlaufenden Leitungen können über die parasitäre Kapazität zwischen den beiden Leitungen übersprechen, und so weiter.

In solchen Fällen wird das Signal oft in ein sogenanntes *differentielles Signal* umgewandelt, bei dem die Information in der Differenz zweier Spannungen codiert ist. Die beiden Spannungen werden dann über nahe beieinander liegende Leitungen übertragen. Das führt dazu, dass Rauschen in beide Leitungen gleich stark einkoppelt, so dass die beiden Spannungen in gleicher Weise betroffen sind, die Differenz der Spannungen bleibt jedoch unverändert. Das eigentliche Signal kann dann mit einem Differenzverstärker mit kleiner Gleichtaktverstärkung, bzw. großer *Gleichtaktunterdrückung* und großer Differenzverstärkung empfangen, decodiert und verstärkt werden.

# Ideale Operationsverstärker

**4**

## 4.1 Grundlagen

Bei *Operationsverstärkern* (OPVs) handelt es sich um gleichspannungsgekoppelte (DC-gekoppelte) Differenzverstärker. *Gleichspannungsgekoppelt* bedeutet, dass die Eingangssignale direkt, also beispielsweise ohne eine kapazitive Kopplung durch einen Kondensator dazwischen, an den Eingang geführt werden. Entsprechend werden auch Gleichspannungskomponenten in den Eingangssignalen verstärkt.

Operationsverstärker besitzen zwei Eingänge: den nichtinvertierenden Eingang, der in Schaltplänen mit einem Plus, und den invertierenden Eingang, welcher mit einem Minus gekennzeichnet wird. Der Operationsverstärker verstärkt die Spannungsdifferenz zwischen nichtinvertierendem und invertierendem Eingang[1] - ein Verhalten, welches bereits bei der Differenzverstärkerschaltung im Transistorkapitel in Abschn. 3.6.4 besprochen wurde. Operationsverstärker haben ihren Namen aufgrund der Tatsache, dass sich mit ihnen diverse mathematische Operationen in analogen Schaltungen realisieren lassen. Addition, Subtraktion, Differentiation, aber auch Integration oder Logarithmieren sind mit einem Operationsverstärker möglich. Mit Operationsverstärkern lassen sich aber auch weitere Schaltungen, beispielsweise Verstärkerschaltungen, konstruieren.

Das Schaltbild eines OPVs ist in Abb. 4.1 gezeigt. Neben dem nichtinvertierenden $(+)$ und invertierenden $(-)$ Eingang, gibt es einen Ausgang $(u_a)$ und zwei Verbindungen für eine symmetrische Versorgungsspannung $(U_{S+}$ und $U_{S-})$. Wir werden die Spannungen, die am invertierenden und nichtinvertierenden Eingang anliegen, mit

---

[1] Streng genommen gibt es auch Operationsverstärker, welche einen Eingangsstrom verstärken. Die meisten Operationsverstärker arbeiten jedoch mit Eingangsspannungen. Wenn nicht näher spezifiziert, gehen wir von solchen Operationsverstärkern aus.

© Der/die Autor(en), exklusiv lizenziert an Springer-Verlag GmbH, DE, ein Teil von Springer Nature 2024
T. Bisanz et al., *Elektronik im Physikstudium*,
https://doi.org/10.1007/978-3-662-67926-5_4

**Abb. 4.1** Schaltzeichen
eines Operationsverstärkers
mit eingezeichneten
Versorgungsspannungen

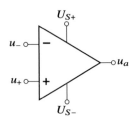

$u_+$ beziehungsweise $u_-$ beschriften. Im Allgemeinen werden das Eingangssignale sein, welche zeitabhängig sind.

Operationsverstärker werden üblicherweise mit einer positiven und einer betragsmäßig gleich großen, aber negativen Versorgungsspannung betrieben. Der Übersicht wegen, werden wir bei den meisten Schaltungen die Versorgungsspannung nicht mehr einzeichnen. Wenn nicht anders erwähnt gilt $U_{S+} = U_S$ und $U_{S-} = -U_S$. $U_S$ ist dabei die positive Versorgungsspannung.

### 4.1.1  Ideale Operationsverstärker

Ideale Operationsverstärker besitzen am invertierenden und nichtinvertierenden Eingang einen unendlich hohen Eingangswiderstand. Die Folge ist, dass in die Eingänge des Operationsverstärkers kein Strom fließt. Im Idealfall beeinflusst der Operationsverstärker das Eingangssignal also überhaupt nicht.

Das Ausgangssignal eines idealen Operationsverstärkers ist die Differenz der Eingangsspannungen, multipliziert mit einer unendlich großen *Leerlaufspannungsverstärkung*. Der ideale Operationsverstärker kann eine beliebige Last treiben. Der Ausgang hat einen verschwindend kleinen Ausgangswiderstand. Außerdem kann der Ausgang eine beliebig hohe Ausgangsspannung annehmen, und das mit unendlich kleinen An- und Abstiegszeiten.

Diese Eigenschaften mögen auf den ersten Blick etwas verwirrend wirken: Eine kleinste Differenzspannung wird um einen unendlich großen Faktor verstärkt. Jedes noch so kleine Signal müsste damit eigentlich sofort zu einem unendlich hohen Ausgangssignal führen. Selbst wenn wir einen kleinen Schritt von diesen idealen Eigenschaften abweichen und einschränken, dass die Ausgangsspannung auf den Bereich der Versorgungsspannung beschränkt ist, würde weiterhin jede kleinste Differenzspannung sofort zu einem auf die Versorgungsspannung begrenzten Ausgangssignal führen. Tatsächlich ist das eine Anwendung des Operationsverstärkers. Wir werden später Komparatorschaltungen besprechen, wo genau dieses Verhalten gewünscht ist. Im weiteren Verlauf wird sich zeigen, dass man mit diesen Eigenschaften und negativer Rückkopplung sehr viele Schaltungen realisieren kann, welche nicht sofort den Ausgang in Sättigung treiben.

Um auf weitere Eigenschaften des idealen Operationsverstärkers zurückzukommen: Liegt an beiden Ausgängen genau 0 V an, so ist die Ausgangsspannung beim idealen Operationsverstärker ebenfalls 0 V. Eine Abweichung davon nennt sich *Offsetspannung*. Die Offsetspannung des idealen Operationsverstärker beträgt 0 V. Liegt an beiden Eingängen die gleiche, aber von 0 V verschiedene, Spannung an, so ist die Ausgangsspannung weiterhin 0 V. Eine Abweichung davon würde bedeuten, dass auch Gleichspannungskomponenten verstärkt werden. Man spricht hier auch von *Gleichtaktunterdrückung*. Ein idealer Operationsverstärker hat eine unendlich hohe Gleichtaktunterdrückung.

All diese Eigenschaften besitzt der ideale Operationsverstärker bei allen Frequenzen. Er hat eine unendlich hohe Bandbreite.

**Eigenschaften des idealen Operationsverstärkers**

1. Unendlich hoher Eingangswiderstand
2. Ausgangswiderstand von 0 $\Omega$
3. Unendlich große Leerlaufspannungsverstärkung
4. Keine Offsetspannung
5. Unendlich hohe Gleichtaktunterdrückung
6. Unendlich große Bandbreite

Wir werden, wenn wir Schaltungen mit negativer Rückkopplung besprechen, die *Goldenen Regeln* kennenlernen. Die Goldenen Regeln beschreiben entweder genau diesen Eigenschaften oder sind eine Konsequenz von ihnen.

## 4.2  Rückkopplung

OPVs besitzen eine extrem hohe *Leerlaufspannungsverstärkung* (auch *Open-Loop Gain*) mit einem Verstärkungsfaktor von $10^5$ V/V (also 100 dB) oder höher. Aufgrund dieser hohen Verstärkung führt bereits eine kleine Spannungsdifferenz an den Eingängen zu einer sehr hohen Ausgangsspannung. Wäre die Spannungsdifferenz zwischen nichtinvertierendem und invertierendem Eingang nur 1 mV, so würde das bei einem Verstärkungsfaktor von $10^5$ zu einer Ausgangsspannung von theoretisch 100 V führen. In der Praxis würde man am Ausgang in etwa die positive Versorgungsspannung messen. Aufgrund dieses sehr empfindlichen Verhaltens mit einer extrem hohen Verstärkung werden Operationsverstärker typischerweise mit negativer Rückkopplung betrieben. Bei negativer Rückkopplung wird ein Teil des Ausgangssignals an den invertierenden Eingang zurückgeführt. Die negative Rückkopplung wird auch *Gegenkopplung* genannt. Wird ein Teil des Ausgangssignals an die Eingänge zurückgeführt, so spricht man von einem *Closed-Loop* Betrieb. Manche Operationsverstärkerschaltungen verwenden eine positive Rückkopplung, welche einen Teil des Eingangssignals an den nichtinvertierenden Eingang zurückführt. Diesen Fall nennt man auch *Mitkopplung*. Bevor wir uns jedoch diesen Schaltungen widmen, wollen wir eine Schaltung ohne Rückkopplung, also einen *Open-Loop* Schaltkreis, anschauen.

### 4.2.1  Komparatorschaltungen

Wenn wir eine Referenzspannung an den invertierenden Eingang anlegen und ein Signal an den nichtinvertierenden Eingang, so wird am Ausgang des Operationsverstärkers $+U_S$ anliegen, wenn das Signal größer als die Referenzspannung ist und $-U_S$, wenn es niedriger ist, bedingt durch die sehr hohe Leerlaufspannungsverstärkung. Man nennt eine solche Schaltung eine Komparatorschaltung. Wie der Name schon suggeriert, vergleicht ein Komparator die beiden Eingangsspannungen und gibt $+U_S$ oder $-U_S$ aus, je nachdem, ob die Spannung am invertierenden oder nichtinvertierenden Eingang größer ist. Wäre die Spannung genau gleich, so würde der Komparator eine Spannung von 0 V ausgeben. Aufgrund des hohen Open-Loop Gains würde jedoch eine minimale Abweichung, zum Beispiel durch Rauschen, bereits zu einer hohen Ausgangsspannung führen. Der Schaltplan eines Komparators ist in Abb. 4.2 gezeigt.

In Abb. 4.3 ist der zeitliche Spannungsverlauf einer solchen Komparatorschaltung gezeigt. Als Eingangssignal dient eine Sinusspannung mit einer Frequenz von 50 Hz und einer Amplitude von $\pm 5$ V. Dieses liegt am nichtinvertierenden Eingang an. Als Referenzspannung dient eine konstante Spannung am invertierenden Eingang. Ist die Sinusspannung über der Referenzspannung von 3 V, schaltet der Ausgang des Operationsverstärkers auf seine positive Versorgungsspannung von 15 V. Fällt die Sinusspannung unter die Referenzspannung, so springt der Operationsverstärker auf seine negative Versorgungsspannung von $-15$ V.

**Abb. 4.2** Ein
Operationsverstärker als
Komparator

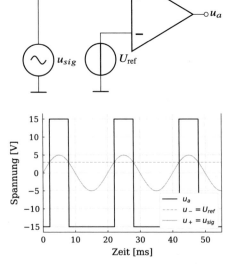

**Abb. 4.3** Der zeitliche
Spannungsverlauf ($u_a$) eines
Komparators. Als
Eingangssignal $u_{sig}$ wird
eine Sinusspannung
verwendet. Die
Referenzspannung $U_{ref}$ ist
konstant

**Abb. 4.4** Ein verrauschtes Eingangssignal und das entsprechende Ausgangssignal eines Komparators mit einer Schwellenwertspannung von 0 V

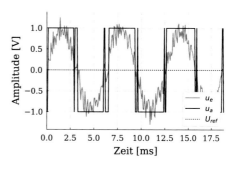

**Abb. 4.5** Dasselbe Eingangssignal wie in Abb. 4.4, diesmal aber das Ausgangssignal eines Schmitt-Triggers mit Schwellenwertspannungen bei ±0,4 V

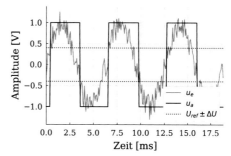

Ein Operationsverstärker eignet sich prinzipiell als Komparator, es gibt dafür allerdings auch dedizierte Bauteile, die sich noch besser eignen[2]. Ist ein solches gerade nicht griffbereit, so kann auch ein Operationsverstärker dafür eingesetzt werden.

### 4.2.1.1 Schmitt-Trigger

Ein verrauschtes Eingangssignal kann zu einem ungewollten, instabilen Ausgangssignal führen, bei welchem das Signal sehr schnell zwischen $+U_S$ und $-U_S$ hin- und herspringt. Ein solcher Fall ist in Abb. 4.4 gezeigt. In solchen Fällen benötigt man nicht eine einzelne Schwellenspannung, sondern ein Schaltverhalten mit einer Hysterese.

Der Komparator soll nicht bei einer Schwellenspannung $U_{thr}$ schalten (*thr* für *threshold*), sondern bei einer höheren $U_{ref} + \Delta U$ von $-U_S$ zu $+U_S$ und erst bei einer niedrigeren $U_{ref} - \Delta U$ wieder zurück. Eine solche Schaltung nennt man Schmitt-Trigger. Man erreicht das gewollte Schaltverhalten mit einem Operationsverstärker mit positiver Rückkopplung. Das Eingangssignal bekommt einen Teil der Ausgangsspannung über einen Spannungsteiler zurückgeführt. Das bewirkt, dass bei einer positiven Ausgangsspannung eine zusätzliche positive Spannung an den nichtinvertierenden Eingang zurückgekoppelt wird. Um also in den Zustand einer negativen Ausgangsspannung zu wechseln, muss das Eingangssignal nicht nur unter die Refe-

---

[2]Wenn wir reale Operationsverstärker besprechen, werden wir sehen, dass die Rückkopplung zu einem instabilen Arbeitspunkt führen kann. Gewöhnliche Operationsverstärker sind daher frequenzkompensiert. Bei der Verwendung im Open-Loop Betrieb ist diese Kompensation nicht nötig.

**Abb. 4.6** Ein
Operationsverstärker mit
positiver Rückkopplung kann
als Komparator mit einer
Hysterese im Schaltverhalten
eingesetzt werden. Eine
solche Schaltung nennt man
Schmitt-Trigger

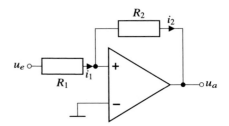

renzspannung $U_{\text{thr}}$ fallen, sondern noch zusätzlich um den rückgekoppelten Anteil
der Ausgangsspannung, welche gleich der Versorgungsspannung ist.

Eine solche Rückkopplung ist in Abb. 4.6 gezeigt. Man beachte, dass ein Teil
der Ausgangsspannung an den nichtinvertierenden Eingang zurückgeführt wird. Um
die konkrete Verschiebung der Schwellenspannung zu berechnen, nutzten wir das
Wissen, dass in die Eingänge des Operationsverstärkers kein Strom fließt und daher
der Strom durch $R_1$ gleich dem Strom durch $R_2$ ist. Es ergibt sich damit:

$$\frac{u_+ - u_e}{R1} = \frac{u_a - u_+}{R_2} \tag{4.1}$$

Die Spannung am nichtinvertierenden Eingang ($u_+$) lässt sich also schreiben als:

$$u_+ = \frac{R_2}{R_1 + R_2} u_e + \frac{R_1}{R_1 + R_2} u_a \tag{4.2}$$

Wobei $u_a$ entweder $+U_S$ oder $-U_S$ ist. Betrachten wir den Fall, dass $u_a$ auf $+U_S$ liegt
und berechnen jene Schwellenwertspannung, wo es zu dem Sprung zu $-U_S$ kommt.
Dies passiert, wenn die Bedingung $u_+ < 0$ V erfüllt ist, da dies die Referenzspannung
ist, welche am invertierenden Eingang anliegt.

Setzt man $u_a$ auf $U_S$, $u_+$ auf 0 V und löst nach $u_e$ auf, so ergibt sich ein Schwel-
lenwert von:

$$U_{\text{ref}\prime} = -\frac{R_1}{R_2} U_S \tag{4.3}$$

Analog zeigt sich, dass sich im umgekehrten Fall die Schwellenspannung um betragsmäßig den gleichen Wert in das Positive verschiebt. Für ein verrauschtes Eingangssignal folgt dadurch ein stabileres Ausgangssignal, gezeigt in Abb. 4.5 im Vergleich
zu Abb. 4.4.

Im allgemeinen Fall, wo am invertierenden Eingang statt 0 V eine Referenzspannung $U_{\text{ref}}$ anliegt, ergibt sich eine Verschiebung von:

$$U_{\text{ref}\prime} = U_{\text{ref}} \pm \frac{R_1}{R_2} U_S \tag{4.4}$$

## 4.3    Schaltungen mit negativer Rückkopplung

### 4.3.1    Goldene Regeln und Virtuelle Masse

Widmen wir uns der am weitesten verbreiteten Familie von Schaltungen mit Operationsverstärkern: jener mit negativer Rückkopplung. Durch die negative Rückkopplung bringen wir den Operationsverstärker in einen Modus, in welchem er das Ausgangssignal so regelt, dass beide Eingänge auf demselben Potential liegen. Es gibt einige *Goldene Regeln,* um die Analyse von Operationsverstärkerschaltungen zu vereinfachen. Diese Regeln gelten nur dann, wenn der Operationsverstärker mit negativer Rückkopplung und nicht in Sättigung betrieben wird.

**Goldene Regeln für Operationsverstärkerschaltungen**

1. Ein Operationsverstärker hat eine unendlich hohe Leerlaufspannungsverstärkung *(Open-Loop Gain).* Die eigentliche Verstärkung der Schaltungen wird durch externe Bauteile im Rückkopplungsnetzwerk bestimmt.
2. Die Eingangsimpedanz ist unendlich groß (das heißt, dass kein Strom in die Eingänge fließt) und die Ausgangsimpedanz ist Null (aus dem Ausgang kann unendlich viel Strom fließen).
3. Der Operationsverstärker regelt seine Ausgangsspannung so, dass die beiden Eingänge auf dem gleichen Potential sind: $u_+ = u_-$

In vielen Schaltungen wird der nichtinvertierende Eingang des Operationsverstärkers auf das Massenpotential gelegt. Im Falle einer negativen Rückkopplung würde der Operationsverstärker also so gegensteuern, dass auch am invertierenden Eingang das Massenpotential anliegt. Man spricht dann auch von einer *virtuellen Masse.* Es handelt sich hierbei also um einen Punkt, der auf Massenpotential liegt, dabei aber nicht mit einer Leiterbahn oder einem Kabel mit diesem verbunden ist.

▶   **Hinweis** Es ist an dieser Stelle wichtig hervorzuheben, dass bei negativer Rückkopplung und keiner Sättigung des Ausgangs die Eingänge nur in sehr guter Näherung auf demselben Potential liegen. Grund hierfür ist, dass der Operationsverstärker aufgrund seiner extrem hohen Leerlaufspannungsverstärkung nur eine sehr kleine Spannungsdifferenz (wenige µV) benötigt, um Ausgangsspannungen von einigen Volt zu erzeugen. Entsprechend wird der virtuelle Massenpunkt auch nicht genau auf dem Massenpotential sein, sondern um diese wenigen µV verschoben.

Entsprechend der 3. Goldenen Regel steuert der Operationsverstärker seine Ausgangsspannung so, dass bei beliebiger Eingangsspannung beide Eingänge auf demselben Potential liegen. Dies muss nicht das Massepotential sein. In diesen Fällen spricht man auch von einem *virtuellen Kurzschluss.*

### 4.3.2  Invertierender und nichtinvertierender Verstärker

Betrachten wir die Schaltung in Abb. 4.7. Sie zeigt den Schaltplan des *invertierenden Verstärkers.* Aus den Goldenen Regeln wissen wir, dass die beiden Eingänge durch die Rückkopplung auf das gleiche Potential gebracht werden, also dass $u_+ = u_-$. Da $u_+$ auf dem Referenzpotential von 0 V liegt, ist die Spannung, welche über $R_1$ abfällt, genau die Eingangsspannung $u_e$. Damit ist:

$$i_1 = \frac{u_e}{R_1} \tag{4.5}$$

Das ist genau die Eigenschaft, die wir bei den Goldenen Regeln als virtuelle Masse bezeichnet haben. Da kein Strom in den Operationsverstärker fließt, ist $i_2 = i_1 = -u_a/R_2$. Umgestellt ergibt sich die

**Ausgangsspannung des invertierenden Verstärkers**

$$u_a = -u_e \frac{R_2}{R_1} \tag{4.6}$$

Das Ausgangssignal folgt also dem Eingangssignal, ist dabei allerdings invertiert und um den Faktor $R_2/R_1$ verstärkt (ist $R_2$ kleiner als $R_1$, wird $u_a$ auch kleiner als $u_e$).

Eine ähnliche Schaltung ist in Abb. 4.8 gezeigt. Sie zeigt den Schaltplan eines *nichtinvertierenden Verstärkers.* Gemäß den Goldenen Regeln sind die beiden Eingänge auf demselben Potential, also $u_e$. Damit fällt über $R_1$ genau diese Spannung ab *(virtueller Kurzschluss).* Da kein Strom in oder aus den Eingängen fließt, ist $i_1 = i_2$. Entsprechend ist $u_e/R_1 = i_1 = i_2 = (u_a - u_e)/R_2$. Umgestellt ergibt das die

**Abb. 4.7** Eine der einfachsten Schaltungen mit negativer Rückkopplung: Der invertierende Verstärker

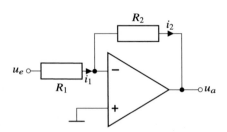

**Abb. 4.8** Eine weitere
einfache Operationsverstärkerschaltung mit negativer
Rückkopplung: Der
nichtinvertierende Verstärker

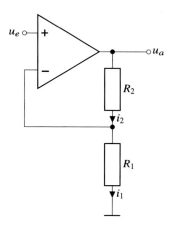

**Ausgangsspannung des nichtinvertierenden Verstärkers**

$$u_a = \left(1 + \frac{R_2}{R_1}\right) u_e \qquad (4.7)$$

Beim nichtinvertierenden Verstärker wird also die Eingangsspannung um den Faktor $(1 + R_2/R_1)$ verstärkt. Man beachte, dass das Ausgangssignal dasselbe Vorzeichen wie das Eingangssignal hat, dass es sich also um einen nichtinvertierenden Verstärker handelt. Ein weiterer Unterschied zum invertierenden Verstärker besteht darin, dass es durch den $1+$ Term zu einer Verstärkung von mindestens 1 kommt.

Im Extremfall lässt man $R_1$ unendlich hoch werden. Man entfernt $R_1$ aus der Schaltung und lässt $R_2$ gegen Null gehen, ersetzt $R_2$ also durch einen Kurzschluss. Somit erhält man einen nichtinvertierenden Verstärker mit einer Verstärkung von genau Eins: Einen sogenannten *Spannungsfolger*. Dies ist auch mittels der Goldenen Regeln sofort ersichtlich. Die Ausgangsspannung $u_a$, welche am invertierenden Eingang anliegt, folgt $u_e$. Man stellt sich die Frage, wofür man einen Verstärker mit einem Verstärkungsfaktor von genau 1 benutzen würde. Erinnern wir uns an die Eigenschaften eines idealen Operationsverstärkers - dieser besitzt einen sehr großen (im idealisiert Fall einen unendlich großen) Eingangswiderstand und einen sehr kleinen (also vernachlässigbaren) Ausgangswiderstand.

Die Schaltung, gezeigt in Abb. 4.9, fungiert also als Impedanzwandler. Das heißt, sie belastet das Eingangssignal nicht, ist ihrerseits aber selbst stark belastbar. Hat man zum Beispiel in einer Schaltung eine Stufe, welche aufgrund einer sehr kleinen Ausgangsimpedanz nicht belastbar ist, aber eine 50 Ω Last treiben soll, so kann man einen Spannungsfolger dazwischenschalten.

**Abb. 4.9** Ein Sonderfall des
nichtinvertierenden
Verstärkers: Der
Spannungsfolger

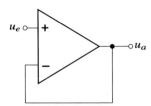

**Abb. 4.10** Eine
Addiererschaltung mit drei
Eingangsspannungen. Die
Ausgangsspannung folgt der
(gewichteten) Summe der
Eingangsspannungen

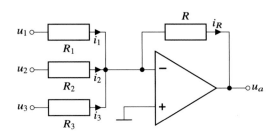

### 4.3.3  Addiererschaltung

Schaltung 4.10 zeigt die erste OPV-Schaltung, mit der eine arithmetische Operation implementiert werden kann: Eine invertierende Addiererschaltung. Da kein Strom in den invertierenden Eingang fließt, ist leicht ersichtlich, dass die Summe der Ströme $i_1 + i_2 + i_3$ gleich dem Strom $i_R$ sein muss. Es folgt für die

**Ausgangsspannung des Addierers**

$$\frac{u_1}{R_1} + \frac{u_2}{R_2} + \frac{u_3}{R_3} = -\frac{u_a}{R} \tag{4.8}$$

Wählen wir $R_i = R$ so gilt, dass:

$$u_1 + u_2 + u_3 = -u_a \tag{4.9}$$

Natürlich ist die Wahl von drei Eingängen, wie hier gezeigt, willkürlich. Mit dieser Schaltung können beliebig viele Eingangsspannungen addiert werden. Im Sonderfall von nur einer Eingangsspannung ergibt sich die Schaltung des invertierenden Verstärkers.

Mittels der $R_i$ lässt sich auch die Gewichtung der einzelnen Eingangsspannungen steuern.

**Aufgabe**

Entwerfen Sie einen 4-bit Digital-Analog-Wandler mittels einer Addiererschaltung. Die Eingangssignale seien dabei immer 1 V. Gewichten Sie die Eingangsbits entsprechend ihrer Stelle – das niederwertigste Bit also am geringsten. Jedes höherwertige Bit wird so gewichtet, dass das Signal der vorigen Bits verdoppelt wird. Bit 0 hat also ein Gewicht von 1, Bit 1 ein Gewicht von 2, Bit 2 eines von 4 und Bit 3 ein Gewicht von 8.

### 4.3.4 Differenzverstärker (Subtrahierer)

Neben der Addition von analogen Signalen lassen sich diese auch mit Operationsverstärkern subtrahieren. Man würde auch mit einem invertierenden Verstärker mit einer Verstärkung von Eins und einem Addierer zum Ziel kommen. Allerdings würde eine solche Schaltung zwei Operationsverstärker benötigen. Ein Subtrahierer lässt sich auch mit nur einem Operationsverstärker realisieren. Die Schaltung dafür ist in Abb. 4.11 gezeigt.

Mithilfe der Goldenen Regeln, welche besagen, dass $i_1 = i_f$ sowie $u_+ = u_-$, und dass die Spannung $u_+$ durch den Spannungsteiler von $R_2$ und $R_4$ gegeben ist (da kein Strom in den nichtinvertierenden Eingang fließt), kann man für die Ausgangsspannung $u_a$ herleiten:

**Ausgangsspannung des Differenzverstärkers**

$$u_a = u_2 \left( \frac{R_1 R_4 + R_3 R_4}{R_1 R_2 + R_1 R_4} \right) - u_1 \left( \frac{R_3}{R_1} \right) \tag{4.10}$$

**Abb. 4.11** Schaltplan eines Differenzverstärkers

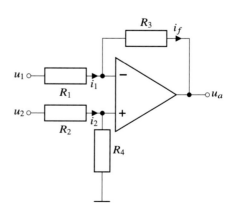

Im Fall $R_1 = R_2$ und $R_3 = R_4$ ergibt sich:

$$u_a = \frac{R_3}{R_1}\,(u_2 - u_1) \qquad (4.11)$$

Die Ausgangsspannung folgt also der Differenz zwischen den angelegten Spannungen $u_1$ und $u_2$.

---

**Aufgabe**

Leiten Sie Gleichung 4.10 her.

### 4.3.5   Integrierer und Differenzierer

Was passiert bei einer Schaltung, in welcher man statt eines Widerstands einen Kondensator als Bauteil im Rückkoppelnetzwerk verwendet? Dieser Fall ist im Schaltkreis in Abb. 4.12 gezeigt. Mit dem Kondensator wird die Rückkopplung auf den Eingang frequenzabhängig gemacht.

Da $u_-$ auf dem virtuellen Massepotential liegt, folgt für den Strom $i_R$:

$$i_R = \frac{u_e(t)}{R} \qquad (4.12)$$

Für den Kondensator gilt:

$$Q = -C \cdot u_a(t) \qquad (4.13)$$

$$= \int i_C\, dt \qquad (4.14)$$

Daraus ergibt sich mit $i_R = i_C$ die

**Abb. 4.12** Ein Kondensator statt eines Widerstands führt zu einer Schaltung, welche das Eingangssignal integriert

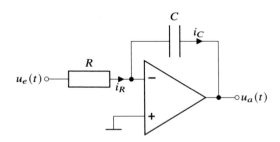

**Ausgangsspannung des Integrierers**

$$u_a(t) = -\frac{1}{RC} \int u_e(t)\,dt \qquad (4.15)$$

Die gezeigte Schaltung entspricht jener eines Integrieres: Das Ausgangssignal entspricht dem Integral des Eingangssignals. Wird das aufintegrierte Signal zu groß, führt das dazu, dass der Operationsverstärker in Sättigung getrieben wird. Dies kann sowohl in positive, als auch in negative Richtung passieren. Mit einem Integrierer lässt sich zum Beispiel ein Rechtecksignal in ein Dreiecksignal umwandeln.

Um aus dem Integrierer einen Differenzierer zu machen, tauscht man Widerstand und Kondensator, gezeigt in Abb. 4.13. Damit ist der Strom durch den Widerstand (virtuelle Masse):

$$i_R(t) = -\frac{u_a(t)}{R} \qquad (4.16)$$

Gleichzeitig gilt:

$$\int i_C\,dt = C \cdot u_e(t)$$
$$i_C(t) = C \cdot \frac{du_e(t)}{dt} \qquad (4.17)$$

es folgt, bedingt durch $i_C = i_R$ die

**Ausgangsspannung des Differenzierers**

$$u_a(t) = -RC\frac{du_e(t)}{dt} \qquad (4.18)$$

**Abb. 4.13** Ein idealer
Differenzierer

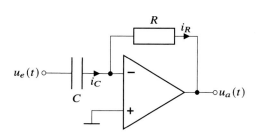

Die eben besprochene Differenziererschaltung hat ein grundlegendes Problem: Durch die Kapazität am Eingang kommt es zu einer Phasenverschiebung. Zusätzlich mit der Phasenverschiebung des Operationsverstärkers kommt es sehr leicht zu einer oszillierenden Rückkopplung, welche sehr anfällig für hochfrequente Rauschanteile ist. Wir werden im Kapitel über reale Operationsverstärker (Kap. 7) Phasenverschiebungen in Operationsverstärkerschaltungen im Detail besprechen. Dort wird auch eine verbesserte Schaltung für den Differenzierer vorgestellt.

### 4.3.6  Logarithmierer und Exponenzierer

Abb. 4.14 zeigt die Schaltung für einen Logarithmierer. Da kein Strom in $u_-$ fließt, folgt, dass $i_R = i_D$. Mit $u_-$ auf dem virtuellen Massepotential ist $i_R = u_e/R$. Aus Abschn. 2.2 kennen wir Gl. 2.31 für den Diodenstrom (idealisiert mit $n = 1$). Somit ist:

$$\frac{u_e}{R} = I_S \exp\left(\frac{U_F}{U_T}\right) \tag{4.19}$$

Die Spannung über die Diode $U_F$ entspricht der negativen Ausgangsspannung $-u_a$. Setzt man dies ein und vereinfacht, erhält man die

**Ausgangsspannung des Logarithmierers**

$$u_a = -U_T \ln\left(\frac{u_e}{R I_S}\right) \tag{4.20}$$

Durch das nichtlineare Verhalten der Diodenkennlinie erhalten wir also ein Ausgangssignal, welches proportional zum natürlichen Logarithmus des Eingangssignals ist.

Tauscht man in der Schaltung den Widerstand und die Diode, ergibt sich die Schaltung, die von in Abb. 4.15 gezeigt ist: ein Exponenzierer.

Da $i_D = i_R$ finden wir mit der vereinfachten Shockley-Gleichung die

**Abb. 4.14** Eine Diode im Rückkopplungsnetzwerk führt zu einer Schaltung, welche das Eingangssignal logarithmiert

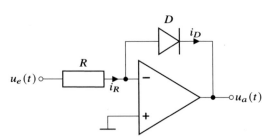

**Abb. 4.15** Setzt man die Diode stattdessen vor den invertierenden Eingang, erhält man eine Schaltung, welche das Eingangssignal exponenziert

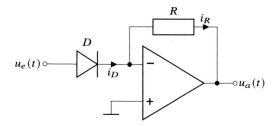

### Ausgangsspannung des Exponenzierers

$$u_a = -R I_S \exp\left(\frac{u_e}{U_T}\right) \tag{4.21}$$

Das Ausgangssignal ist also exponentiell proportional zum Eingangssignal.

### 4.3.7 Stromquellen

In Abb. 4.16 ist eine Operationsverstärkerschaltung gezeigt, welche einen konstanten Strom $I$ durch ein beliebiges Bauteil fließen lässt. Die Schaltung selbst sieht dem nichtinvertierendem Verstärker (siehe Abschn. 4.3.2) sehr ähnlich, nur dass bei ihr in der Regel die Eingangsspannung $U_e$ konstant und der Widerstand, der beim nichtinvertierenden Verstärker den Ausgang zum invertierenden Eingang rückkoppelt, eine dynamische Last ist. Aufgrund der Goldenen Regeln gilt $u_+ = u_- = U_e$ und daher ist $I = U_e/R$. Da kein Strom aus dem invertierenden Eingang fließt, ist $I$ gleich dem Strom durch die Last.

**Abb. 4.16** Konstantstromquelle mit einem Operationsverstärker für beliebige Lasten

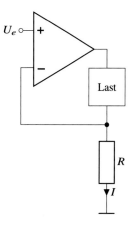

Ein Problem dieser Schaltung ist, dass die Last nicht gegen Masse geschaltet werden kann. Außerdem fließt der gesamte Strom aus dem Ausgang des Operationsverstärkers, was je nach Anwendung eine Einschränkung darstellen kann.

Statt der Schaltung in Abb. 4.16 kann man mit einem zusätzlichen Transistor die Schaltung in Abb. 4.17 bauen. Mithilfe eines pnp-Transistors lässt sich der Emitterstrom $I$ regeln. Dieser ist durch

$$I = \frac{U_{CC} - U_e}{R} \tag{4.22}$$

gegeben. Die Last ist zwischen Kollektor und Masse angeschlossen. Ein wenig umständlich an dieser Schaltung ist die Tatsache, dass die Steuerspannung sich auf $U_{CC}$ und nicht auf das Referenzpotential bezieht.

Eine Stromquelle, welche eine Last gegen Masse treiben kann und nur mit einem Operationsverstärker und Widerständen auskommt, ist die *Howland-Strompumpe* (Abb. 4.18):

Wenn wir für die Spannung, welche über die Last abfällt $u_L$ schreiben und $u_{\text{aus}}$ die Ausgangsspannung des Operationsverstärkers ist, folgt:

$$i_L = i_1 + i_2 = \frac{u_s - u_L}{R_1} + \frac{u_{\text{aus}} - u_L}{R_2} \tag{4.23}$$

$$0 = i_3 + i_4 = \frac{-u_L}{R_3} + \frac{u_{\text{aus}} - u_L}{R_4} \tag{4.24}$$

**Abb. 4.17** Konstantstromquelle mit einem Operationsverstärker, einem pnp-Transistor und einem Widerstand. Die Last in dieser Schaltung hängt an Masse

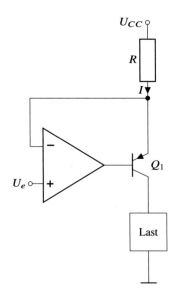

**Abb. 4.18** Eine *Howland-Strompumpe* kommt mit nur einem Operationsverstärker und vier Widerständen aus, um eine beliebige Last gegen Masse zu treiben

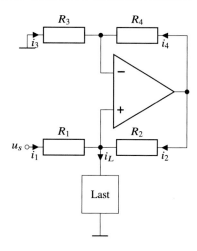

Damit lässt sich folgende Abgleichbedingung finden:

$$i_L = \frac{u_s}{R_1} - \frac{u_L}{R_0} \tag{4.25}$$

$$R_0^{-1} := \frac{1}{R_2}\left(\frac{R_2}{R_1} - \frac{R_4}{R_3}\right) \tag{4.26}$$

Wenn $R_0 \to \infty$ strebt, wird $i_L$ unabhängig von $u_L$. Dafür müssen die Widerstände $R_2/R_1 = R_4/R_3$ abgeglichen werden. $R_0$ hat dabei die Dimension eines Widerstands und kann als Ausgangsimpedanz der Stromquelle interpretiert werden. Je nach Vorzeichen von $u_S$ kann der Strom $i_L$ positiv oder negativ werden. Neben der beliebigen Polarität des Stroms durch die Last sind die weiteren Vorteile der Schaltung, dass die Last gegen Masse geschaltet ist und die Spannung, welche den Strom steuert, gegen Masse referenziert ist.

Ein Problem der *Howland-Strompumpe* ist, dass $R_0$ bei nicht perfekt angepassten Widerständen sehr schnell sehr klein werden kann. Die Stromquelle wird dann von $u_L$ abhängig.

Stört man die Widerstände mit einer Toleranz $p$, folgt:

$$\frac{R_2(1+p)}{R_1(1-p)} - \frac{R_4(1-p)}{R_3(1+p)} \approx \frac{R_2 4p}{R_1} \tag{4.27}$$

Setzt man dieses Resultat für die maximale Abweichung in die Abgleichbedingung ein, erhält man:

$$R_0' = \frac{R_1}{4p} \tag{4.28}$$

Damit wäre mit $R_1 = 10\,\mathrm{k\Omega}$ und einer Toleranz von 1 % die Ausgangsimpedanz nur noch $R_0 = 250\,\mathrm{k\Omega}$.

Für diese Schaltung sind daher sehr gut abgeglichene Widerstände absolut notwendig. Alternativ kann auch ein Potentiometer verwendet und manuell nachträglich abgeglichen werden. Neben präzisen Widerständen ist für diese Schaltung allerdings auch ein Operationsverstärker mit einer sehr hohen Gleichtaktunterdrückung notwendig. Wir werden dies im Kap. 7 über reale Operationsverstärker genauer diskutieren.

## 4.4    Astabile Kippstufe

Als letzte Schaltung wollen wir eine astabile Kippstufe betrachten. Eine solche Schaltung ist auch als astabiler Multivibrator bekannt. Wie der Name suggeriert, handelt es sich hierbei um eine Schaltung, welche zwischen zwei Zuständen hin- und herkippt. Betrachten wir den Schaltplan in Abb. 4.19, so sehen wir, dass am nichtinvertierenden Eingang die Ausgangsspannung über den Spannungsteiler $R_1$ und $R_2$ rückgekoppelt wird. Gehen wir davon aus, dass $u_a$ anfänglich auf die positive Versorgungsspannung $+U_S$ steuert, so lädt sich der Kondensator so lange auf, bis die Spannung jene des Spannungsteilers überschreitet. Die Schaltung kippt dann, der Ausgang steuert zu $-U_S$ und der Kondensator entlädt sich, beziehungsweise lädt sich dann mit dem umgekehrten Vorzeichen auf.

Wir schreiben für die Spannung am nichtinvertierenden Eingang:

$$u_+ = \pm U_S \frac{R_2}{R_1 + R_2} = \pm\beta U_S \qquad (4.29)$$

**Abb. 4.19** Der Schaltplan eines Operationsverstärkers in Verwendung als astabiler Multivibrator

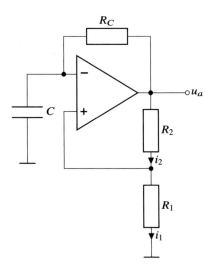

Die Spannung am Kondensator zum Zeitpunkt $t$ ergibt sich aus dem Lade- und Entladevorgang des Kondensators über den Widerstand $R_C$:

$$u_C(t) = U_{\text{anfang}} \exp\left(-\frac{t}{R_C C}\right) + U_{\text{ende}}\left[1 - \exp\left(-\frac{t}{R_C C}\right)\right] \tag{4.30}$$

Betrachten wir den Fall, dass die Schaltung gerade auf $u_a = +U_S$ gekippt ist, so ist der Kondensator zu dieser Zeit auf $-\beta U_S$ aufgeladen. Der Kondensator lädt sich nun also so lange auf, bis die Schwelle $+\beta U_S$ erreicht wird. Die Spannung, mit welcher aufgeladen wird, ist die Ausgangsspannung $U_S$. Wir setzen das in Gl. 4.30 ein und setzen den Zeitpunkt $T_{1/2}$ ein, wo es wieder zum Kippen der Schaltung kommt:

$$+\beta U_S = -\beta U_S \exp\left(-\frac{T_{1/2}}{R_C C}\right) + U_S\left[1 - \exp\left(-\frac{T_{1/2}}{R_C C}\right)\right] \tag{4.31}$$

$$\Leftrightarrow \beta - 1 = (-\beta - 1)\exp\left(-\frac{T_{1/2}}{R_C C}\right) \tag{4.32}$$

$$\Leftrightarrow \frac{1 - \beta}{1 + \beta} = \exp\left(-\frac{T_{1/2}}{R_C C}\right) \tag{4.33}$$

$$\Leftrightarrow T_{1/2} = -R_C C \ln\left(\frac{1 - \beta}{1 + \beta}\right) \tag{4.34}$$

$$\Leftrightarrow T_{1/2} = R_C C \ln\left(\frac{1 + \beta}{1 - \beta}\right) \tag{4.35}$$

Dies entspricht der Zeit für das Umspringen von $+U_S$ auf $-U_S$. Mit demselben Argument findet man auch, dass der Vorgang von $-U_S$ auf $+U_S$ genauso lange dauert. Wir finden also eine Periodendauer von $T$:

$$T = 2 R_C C \ln\left(\frac{1 + \beta}{1 - \beta}\right) \tag{4.36}$$

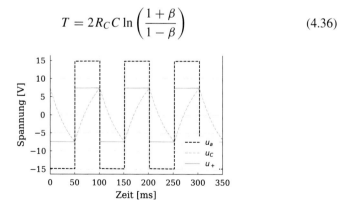

**Abb. 4.20** Der zeitliche Spannungsverlauf ($u_a$) einer astabilen Kippstufe. Die Widerstände $R_1$ und $R_2$ sind so gewählt, dass sie die halbe Ausgangsspannung an den nichtinvertierenden Eingang ($u_+$) zurückführen. Sobald die Spannung am Kondensator $u_C$ diese Schwelle überschreitet, kippt die Schaltung

In Abb. 4.20 ist der Spannungsverlauf für eine astabile Kippstufe gezeigt. Mit $R_1 = R_2$ folgt $\beta = 0{,}5$. Damit ergibt sich für die Periodendauer:

$$T = 2R_C C \ln\left(\frac{1 + \beta}{1 - \beta}\right) \tag{4.37}$$

$$T \approx 2R_C C \times 1.1 \tag{4.38}$$

Mit den gewählten Werten $C = 10\ \mu\text{F}$ und $R_C = 4{,}6\ \text{k}\Omega$ ergibt das eine Periodendauer von knapp über $T = 100$ ms, was auch in der Abbildung ersichtlich ist.

# Digitale Schaltungen

**5**

## 5.1 Einleitung

Moderne Elektronik basiert fast ausschließlich auf digitalen Schaltelementen. Mittlerweile finden sich digitale Schaltungen in jeglicher Elektronik von Computern bis hin zur einfachsten Haushaltselektronik. Der moderne Kühlschrank ist nicht mehr ohne digitale Elektronik denkbar. Die Entwicklung der *Digitalelektronik* hatte zum Teil schwindelerregende Fortschritte gemacht: von der Widerstands-Transistor-Logik mit recht großen Bauteilen hin zu komplementären MOS (CMOS)-Chips. Die Anzahl und Dichte von Transistoren in Mikroprozessoren hat sich von wenigen Tausenden Anfang der 1970er Jahre hin zu mehreren Milliarden in den neusten Computerprozessoren entwickelt. Aber nicht nur für Computer sind digitale Schaltungen essentiell. Auch in klassischen Bereichen der Analogelektronik verdrängen digitale Ansätze zunehmend die analogen Schaltungen. Viele Dinge, die früher mit Hilfe analoger Techniken wie zum Beispiel Operationverstärkerschaltungen (Kap. 4) gemacht wurden, werden heute mit digitalen Schaltungen erledigt. So kann zum Beispiel die Integration eines Signals in der digitalen Domäne durch relativ einfache Algorithmen erzielt werden. Man muss dafür lediglich das Signal zuerst *digitalisieren* und gegebenenfalls nach der Integration wieder in ein analoges Ausgangssignal überführen. Der Vorteil dieser Herangehensweise liegt darin, dass universelle Digitalelektronikbausteine (z. B. CPUs, FPGAs etc.[1]) verwendet werden können, die mittels Software umprogrammiert werden können. Das vereinfacht den Entwicklungsprozess insbesondere komplizierter Schaltungen erheblich und verkürzt maßgeblich die Entwicklungszeit.

In diesem Kapitel können wir nur eine Einführung geben, um einen Zugang zu diesem sehr komplexen Thema zu ermöglichen. Grundlage aller digitalen Elektro-

---

[1]CPU = Central Process Unit; FPGA = Field Programmable Gate Array.

T. Bisanz et al., *Elektronik im Physikstudium*,
https://doi.org/10.1007/978-3-662-67926-5_5

nik ist die Codierung der relevanten Größen als diskrete Werte, d. h. Werte, die als ganze Zahlen oder *logische Zustände* dargestellt werden können. In der Digitalelektronik wird dafür die einfachst mögliche Basis nämlich 2 gewählt, die lediglich die Zustände 0 und 1 benötigt. Das ist ausreichend für alle weiteren Operationen, wie in Abschn. 5.2 genauer erläutert wird. Die Verarbeitung dieser digitalen Zustände erfolgt über sogenannte *Gatter* und erlaubt durch Kombination und Hintereinanderschaltung vieler solcher Gatter im Prinzip die Durchführung aller möglichen mathematischen Operationen. Neben den Gattern werden auch noch *Speicherzellen,* meist als *Register* bezeichnet, gebraucht, die die diskreten Werte speichern und gezielt zur Weiterverarbeitung zur Verfügung stellen können, siehe Abschn. 5.5.1.

Als Schnittstelle zwischen der analogen und digitalen Domäne werden *Analog-Digital-Wandler* (ADC) und *Digital-Analog-Wandler* (DAC) verwendet. Der erste wandelt analoge Signale in digitale um, während der zweite die umgekehrte Operation durchführt, d. h. aus digitalen Signalen wieder analoge Spannungs- oder Stromsignale erzeugt. Diese speziellen Schaltungen, die Elemente aus der digitalen und analogen Domänen beinhalten, werden in Kap. 8 näher erklärt.

## 5.2 Logische Netzwerke

Ein Grund für die Entwicklung digitaler Elektronik ist auch, dass die Verarbeitung analoger Spannungen recht fehleranfällig ist. Wie in den vorherigen Kapitel schon aufgeführt, reicht die Problematik vom elektrischen Rauschen über das Übersprechen zwischen Leitungen bis hin zur Bandbreitenbegrenzung. In diesem Abschnitt schauen wir uns die zugrunde liegende Logik von digitalen Systemen an.

### 5.2.1 Boolesche Algebra

Wenn man zu digitaler Elektronik übergeht, wird eine mathematische Basis für die logischen Operationen benötigt, auf deren Grundlage Entscheidungen in der Elektronik getroffen werden. Mit einer solchen Basis können dann komplexe Logiken in einfachere Ausdrücke überführt werden und durch einfache Gatter dargestellt werden. Die *Boolesche Algebra* ist ein auf Logik basiertes mathematisches System, mit dem komplexe Ausdrücke vereinfacht werden können. Sie basiert darauf, dass eine bestimmte Variable, auch ein *Zustand* genannt, nur zwei bestimmte Werte annehmen kann. Diese werden häufig mit TRUE und FALSE bezeichnet, z. B. TRUE, wenn die Kaffeetasse voll ist und FALSE, wenn die Kaffeetasse leer ist. Oder TRUE, wenn eine Spannung an einer Schaltung anliegt und FALSE, wenn nicht. In der digitalen Elektronik wird das mit 1 und 0 übersetzt. Im Folgenden steht 1 für TRUE und 0 für FALSE. Diese Definition ist aber nicht allgemeingültig (siehe Abschn. 5.3). Die Boolesche Algebra ist dementsprechend das Regelwerk um mit Axiomen und Theoremen Logikfunktionen zu entwerfen und dann durch Logikgatter zu kombinieren.

Im Folgenden werden wir die Boolesche Algebra kurz umreißen und verstehen, welche Regeln genutzt werden, um die Nullen und Einsen in einer digitalen Elektronik miteinander operieren zu lassen.

Eine Boolesche Algebra besteht aus:

- Einer Menge von Elementen B
- Binäre Operatoren $\{\cdot, +\}$: Boolesches Produkt und Boolesche Summe
- Eine invertierende Operation $\{\overline{\phantom{x}}\}$

### 5.2.1.1 AND, OR, NOT

Wir werden in diesem Buch die in der Literatur üblicheren englischen Bezeichnungen für die Operatoren der Booleschen Algebra nutzen.

Als erstes schauen wir uns die Operation AND ($\cdot$) an. Es handelt sich hier um eine Konjugation, die der Multiplikation mit realen Zahlen entspricht. Wir bleiben bei Kaffee um das anschaulicher zu machen: „Wenn der Kaffee heiß ist und (AND) Milch in dem Kaffee ist, werde ich den Kaffee trinken." Das kann auch wie folgt beschrieben werden:

- $A$ beschreibt, ob der Kaffee heiß ist (=1) oder nicht (=0)
- $B$ beschreibt, ob der Kaffee Milch enthält (=1) oder nicht (=0)
- $Y$ beschreibt, ob ich ihn trinke (=1) oder nicht (=0)

Die Konjugation $A$ AND $B = Y$ kann dann in einer entsprechenden Wahrheitstabelle 5.1 dargestellt werden: „Den Kaffee trinke ich nur wenn er heiß und (AND) mit Milch ist." Für die AND Verknüpfung wird häufig auch das mathematischen Symbol $\cdot$ genutzt, d.h. aus $A$ AND $B = Y$ wird $A \cdot B = Y$.

Die OR ($+$)-Operation bedeutet, dass, wenn eine der beiden Variablen wahr (=1) ist, das Ergebnis auch wahr ist (=1). „Ich trinke den Kaffee wenn er heiß oder (OR) mit Milch ist".

Auch die Disjunktion $A$ OR $B = Y$ kann in einer Wahrheitstabelle 5.2 zusammengefasst werden. Die OR-Verknüpfung wird auch mit dem mathematischen Symbol $+$ dargestellt.

**Tab. 5.1** AND-Wahrheitstabelle

| A | B | Y |
|---|---|---|
| 0 | 0 | 0 |
| 0 | 1 | 0 |
| 1 | 0 | 0 |
| 1 | 1 | 1 |

**Tab. 5.2** OR-Wahrheitstabelle

| A | B | Y |
|---|---|---|
| 0 | 0 | 0 |
| 0 | 1 | 1 |
| 1 | 0 | 1 |
| 1 | 1 | 1 |

Die Verwendung von NOT hat den Effekt, dass der Wert einer Variablen umgekehrt (negiert) wird. Wenn eine Variable $A$ den Wert TRUE hat, dann hat der Ausdruck NOT $A$ den Wert FALSE. Die simple Invertierung von Werten ist manchmal extrem hilfreich um Terme zu vereinfachen. Das werden wir später u. a. bei den Normalformen sehen.

**Merksatz**
AND:
Die Konjunktion von zwei Werten ist genau dann wahr, wenn beide Werte wahr sind.
OR:
Die Disjunktion von zwei Werten ist genau dann wahr, wenn mindestens ein Wert wahr ist.
NOT:
Die Negation eines logischen Werts ist genau dann wahr, wenn der Wert falsch ist.

Wie in der normalen Algebra, existieren in der Booleschen Algebra auch einige Axiome, die die Mathematik hinter den Operationen zusammenfassen. Die wichtigsten Rechenregeln sind in Tab. 5.3 zusammengefasst.

Das Distributivgesetz wird in Tab. 5.4 im Detail gezeigt. Hier ist es empfehlenswert, jede Rechenoperationen einzeln anzuschauen. Es hilft, sich die Tab. 5.1 zur AND- und 5.2 zur OR-Operation daneben zu schreiben.

**Tab. 5.3** Rechenregeln der Booleschen Algebra

|  | AND ($\cdot$) | OR ($+$) |
|---|---|---|
| Verschluss: | $a \cdot b$ ist in B | $a + b$ ist in B |
| Identität | $a \cdot 1 = a$ | $a + 0 = a$ |
| Komplementarität | $a \cdot \overline{a} = 0$ | $a + \overline{a} = 1$ |
| Kommutativ | $a \cdot b = b \cdot a$ | $a + b = b + a$ |
| Assoziativ | $a \cdot (b \cdot c) = (a \cdot b) \cdot c$ | $a + (b + c) = (a + b) + c$ |
| Distributiv | $a \cdot (b + c) = (a \cdot b) + (a \cdot c)$ | $a + (b \cdot c) = (a + b) \cdot (a + c)$ |
| De Morganche Regeln | $\overline{a \cdot b} = \overline{a} + \overline{b}$ | $\overline{a + b} = \overline{a} \cdot \overline{b}$ |

**Tab. 5.4** Darstellung des Distributivgesetzes

| $a$ | $b$ | $c$ | $(a + b) \cdot c$ | $(a \cdot c) + (b \cdot c)$ |
|---|---|---|---|---|
| 0 | 0 | 0 | 0 | 0 |
| 0 | 0 | 1 | 0 | 0 |
| 0 | 1 | 0 | 0 | 0 |
| 0 | 1 | 1 | 1 | 1 |
| 1 | 0 | 0 | 0 | 0 |
| 1 | 0 | 1 | 1 | 1 |
| 1 | 1 | 0 | 0 | 0 |
| 1 | 1 | 1 | 1 | 1 |

**Tab. 5.5** XOR-
Wahrheitstabelle

| A | B | Y |
|---|---|---|
| 0 | 0 | 0 |
| 0 | 1 | 1 |
| 1 | 0 | 1 |
| 1 | 1 | 0 |

Die Boolesche Algebra legt noch keinen speziellen Anwendungsfall fest. Alles, was aus Elementen und Operationen besteht, kann eine Boolesche Algebra sein, sofern die oben genannten Eigenschaften gelten.

### 5.2.1.2 Exklusives OR – XOR

Die Operationen AND, OR, NOT sind die Bausteine der Booleschen Algebra. Es gibt dann noch die abgeleiteten Operationen, die die Zusammenfassung von mehreren Grundoperationen sind: NOR-Gatter, NAND-Gatter, XNOR-Gatter, Volladdierer und Halbaddierer. Das sind alles extrem nützliche Werkzeuge bei komplexeren Vorgängen.

Das exklusive OR (XOR) ist die Logikfunktion der Antivalenz; im Englischen auch Antikoinzidenz genannt. Dabei hat der Ausgang $Y$ dann den Zustand „1", wenn alle Eingänge unterschiedlich sind, also „nicht koinzident". Entsprechend ist $Y$ „0", wenn alle Eingänge gleich sind. Gehen wir zurück auf das Kaffee-Beispiel: Die XOR-Operation bedeutet, dass, wenn *nur eine* der beiden Variablen wahr (=1) ist, das Ergebnis auch wahr ist (=1). „Ich trinke den Kaffee wenn er entweder heiß oder mit Milch ist". Wenn beides gleichzeitig (=1) oder (=0) ist wird der Kaffee nicht getrunken. Also weder kalter schwarzer Kaffee noch heißer Kaffee mit Milch sondern nur wenn eins von beiden zutrifft, also ein EXKLUSIVES OR (Tab. 5.5).

## 5.2.2   Disjunktive und Konjunktive Normalformen

Eine Boolesche Funktion wird über die Wahrheitstabelle eindeutig definiert. Mit wachsender Variablenzahl wird die Darstellung anhand einer Wahrheitstabelle aber recht schnell unhandlich und unübersichtlich. Bei der Entwicklung elektronischer Schaltungen ist es daher sehr sinnvoll, dass zu jeder Wahrheitstafel ein äquivalenter logischer Term generiert werden kann. Statt die Wahrheitstafel aufzustellen, kann dann der äquivalente Term nach den Rechengesetzen der Booleschen Algebra umgeformt und auf der Grundlage des vereinfachten Terms eine Schaltung konstruiert werden. Sogenannte *Normalformen* sind Standarddarstellungen für einen Booleschen Ausdruck in einer eindeutigen algebraischen Form.

Bei der *Disjunktiven Normalform* werden pro Zeile der Wahrheitstabelle für die $Q$=1 ist, die Eingänge $E_i$ mit AND verknüpft. Diese Zeilen werden in der Literatur häufig *Minterme* genannt. In der Beispieltabelle 5.6 sind die drei Eingänge $E_i$ mit A, B und C bezeichnet. Eingänge mit logisch 0 müssen invertiert im Minterm auftauchen. Anschließend werden alle Minterme mit OR verknüpft.

| **Tab. 5.6** Beispieltabelle zur Veranschaulichung der Normalformen | **Zeile** | **A** | **B** | **C** | **Q** |
|---|---|---|---|---|---|
| | 0 | 0 | 0 | 0 | 0 |
| | 1 | 1 | 0 | 0 | 0 |
| | 2 | 0 | 1 | 0 | 1 |
| | 3 | 1 | 1 | 0 | 1 |
| | 4 | 0 | 0 | 1 | 1 |
| | 5 | 1 | 0 | 1 | 0 |
| | 6 | 0 | 1 | 1 | 0 |
| | 7 | 1 | 1 | 1 | 1 |

Die Terme in den Zeilen 2, 3, 4 und 7 sind jeweils Minterme. Der erste Minterm in Zeile 2 sieht dann wie folgt aus: $\bar{A} \cdot B \cdot \bar{C}$ da $A = C = 0$ sind und $B = 1$. Die gesamte Disjunktive Normalform ergibt sich dann für die Beispieltabelle 5.6:

$$(\bar{A} \cdot B \cdot \bar{C}) + (A \cdot B \cdot \bar{C}) + (\bar{A} \cdot \bar{B} \cdot C) + (A \cdot B \cdot C) = Q \qquad (5.1)$$

Im Fall der *Konjunktiven Normalform* geht man dann im Grunde umgekehrt vor. Die sogenannten *Maxterme* sind OR-Verknüpfungen aller Eingänge wenn der Ausgang logisch 0 ergibt. Entsprechend werden Eingänge invertiert wenn $E_i{=}1$ ist. Alle Maxterme werden anschließend mit AND verknüpft.

Für die gleiche Beispieltabelle 5.6 sind dann Zeile 0,1,5 und 6 Maxterme, die wie folgt zusammengefasst werden können:

$$(A + B + C) \cdot (\bar{A} + B + C) \cdot (\bar{A} + B + \bar{C}) \cdot (A + \bar{B} + \bar{C}) = Q \qquad (5.2)$$

Die Normalformen haben einen Nutzen, wenn man mit großen Aussagesystemen zu tun hat, beispielsweise bei der logischen Beschreibung einer komplexen Elektrik mit vielen Parametern und tausenden Kombinationsmöglichkeiten. Zunächst schreibt die entwickelnde Person alle Bedingungen auf. Wir bleiben mal bei dem Kaffee: „Der Automat brüht nur Kaffee wenn eine Kaffeetasse unter dem Auslass steht." Entsprechende Aussagen werden gesammelt und dann in eine Tabelle umgewandelt und es können sich durchaus sehr lange logische Ausdrücke ergeben.

### 5.2.2.1 Beispiel: Drücke AND durch NOR aus

In diesem Beispiel drücken wir das einfache AND durch NORs aus. Wir arbeiten entlang der Wahrheitstabelle in Tab. 5.1. Beginnend mit der konjunktiven Normalform schreiben wir jede Zeile, in der $Y = 0$ ist, als Maxterm auf und verknüpfen alle Zeilen mit der AND-Operation. Anschließend formen wir den Gesamtterm unter Nutzung der oben eingeführten Rechenregeln um, damit wir von AND-Verknüpfungen auf NOR-Verknüpfungen kommen. Dies wird durch den Trick erreicht, im ersten Schritt eine doppelte Negierung einzuführen (NOT), was die Schaltfunktion unverändert lässt. Im Folgeschritt wird die de Morgansche Regel berücksichtigt, um die Terme weiter zu vereinfachen, bis wir nur noch AND-Verknüpfungen haben.

$$Y = (A + B) \cdot (A + \bar{B}) \cdot (\bar{A} + B)$$
$$= \overline{\overline{(A + B) \cdot (A + \bar{B}) \cdot (\bar{A} + B)}} \qquad (5.3)$$
$$= \overline{\overline{(A + B)} + \overline{(A + \bar{B})} + \overline{(\bar{A} + B)}}$$

In dieser Form benötigen wir sechs NORs, um das AND auszudrücken. Von diesen werden zwei benutzt, um die Inversionen zu erreichen und eines hat drei, statt zwei, Eingänge. Bei Anwendung der disjunktiven Normalform werden alle Zeilen verknüpft, in denen Y = 1 ist.

$$Y = A \cdot B = \overline{\overline{A \cdot B}} = \overline{\bar{A} + \bar{B}} \qquad (5.4)$$

Hier ergibt sich eine wesentlich einfachere Form mit nur drei NORs, von denen zwei benutzt werden, um die Inversionen zu erreichen: $\bar{A} = \overline{A + A}$.

## 5.3  Logische Signale und Logikpegel

Nach dieser Einführung in die Boolesche Algebra sollten wir uns wieder der Elektronik nähern, schließlich ist das das Thema dieses Buches. Wie schon zuvor erwähnt, arbeiten digitale Schaltungen mit zwei diskreten Spannungswerten, die zwei logische Zustände kodieren, z. B. TRUE oder FALSE bzw. 1 oder 0. Da aber allem wiederum analoge Signale zugrunde liegen, muss genau definiert werden, welcher Spannungswert welchem Zustand entspricht: die sogenannten *logischen Pegel*. Da es immer zu Schwankungen kommen kann, werden statt exakter Spannungen Signalbänder einer gewissen Breite definiert.

Ein hoher Pegel („High Pegel" – H) kennzeichnet eine Spannung, die näher an Plus unendlich liegt; ein niedriger Pegel („Low Pegel" – L) hingegen kennzeichnet eine Spannung, die näher an Minus unendlich liegt. In Tab. 5.7 ist das für TTL- und CMOS-Logik zusammengefasst. Zum Beispiel werden in einer TTL-Logik Spannungen an einem Ausgang zwischen 0 V und +0,7 V als ein Low-Pegel interpretiert während Spannungen oberhalb von +2,4 V bis zu +5 V als High-Pegel interpretiert werden.

Wir müssen auch noch zwischen *positiver* und *negativer Logik* unterscheiden. Bei Verwendung der „positiven Logik" entspricht die logische 0 dem Pegel Low und die logische 1 dem Pegel High. Umgekehrt entspricht bei der „negativen Logik" die

| Pegel | TTL | | CMOS | |
|---|---|---|---|---|
| | von | bis | von | bis |
| H | +2,4 V | +5 V | +5 V | +15 V |
| L | +0 V | +0,7 V | +0 V | +3 V |

**Tab. 5.7** Die Pegeldefinition für die Beispiele TTL und CMOS

logische 0 dem Pegel High und die logische 1 dem Pegel Low. Es kann in Schaltungen Sinn machen, negative Logik zu benutzen, wenn dadurch der Stromverbrauch sinkt oder die Fehleranfälligkeit, zum Beispiel gegenüber kurzen Einbrüchen der Versorgungsspannung, steigt. Wenn nicht anders gekennzeichnet, verwenden wir in diesem Buch nur positive Logik, da sie leichter zugänglich ist.

## 5.3.1   DTL – Dioden-Transistor-Logik

In der Anfangszeit der Digitaltechnik in den 60er Jahren des letzen Jahrhunderts wurden Funktionen durch diskrete Bauteile aufgebaut und später als Dünnfilm- und Dickschichtschaltungen hergestellt. Die sogenannten *DTL-Schaltungen (Dioden-Transistor-Logik)* bestehen aus Dioden, Transistoren und Widerständen, aus denen die Grundschaltungen AND, OR und NOT für die logischen Verknüpfungen aufgebaut werden.

Aufgrund großer Verluste an elektrischer Energie innerhalb solcher Schaltungen werden diese Schaltkreisfamilien nicht mehr häufig verwendet. Wir werden sie dennoch hier beschreiben, da die Grundschaltungen immer noch als Teile in anderen Schaltungen vorzufinden sind und dementsprechend eine wichtige Grundlage zum allgemeinen Verständnis digitaler Elektronik bilden.

Als diskreter Aufbau lässt sich die DTL sehr schnell realisieren wie in Abb. 5.1 mit einem AND-Gatter dargestellt ist. Aber wie genau funktioniert dieses AND-Gatter? Wenn zunächst an Punkt A oder B oder an beiden 0 V anliegt, ist die jeweilige Diode in Durchlassrichtung vorgespannt und verhält sich daher wie ein geschlossener Schalter. In diesem Zustand ist die Versorgungsspannung + 5V am Eingang C über eine der beiden Dioden oder durch beide mit dem Massepotential verbunden. Wenn der Strom durch den Widerstand R von C nach Masse fließt, wird die gesamte Spannung von 5 V über den Widerstand abfallen, und daher wird die Spannung an Y niedrig oder logisch Null.

**Abb. 5.1**  Ein AND-Gatter, aufgebaut in diskreten Bauelementen mit einem Widerstand und zwei Dioden

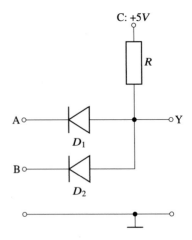

**Tab. 5.8** Wertetabelle zu den
möglichen Zuständen in der
Dioden-Transistor-Logik

| A | B | Y |
|---|---|---|
| 0 V | 0 V | 0,7 V = 0 |
| 0 V | 5 V | 0,7 V = 0 |
| 5 V | 0 V | 0,7 V = 0 |
| 5 V | 5 V | 5 V = 1 |

Die Dioden im vorwärts vorgespannten Zustand verhalten sich jedoch nicht als idealer Kurzschluss; dort ist ein gewisser Spannungsabfall, der gleich der Vorwärtsspannung ist. Diese Spannung liegt bei niedriger Ausgangsbedingung bei $Y$ an, so dass die Ausgangsspannung nicht 0 V beträgt, sondern 0,6 V bis 0,7 V, was idealerweise als Null interpretiert wird.

Wenn wir nun +5 V an $A$ und $B$ anlegen, sind beide Dioden in Sperrrichtung vorgespannt und wirken wie geöffnete Schalter. Dann fließt kein Strom durch den Widerstand $R$ und die Spannung von $C (+5 \text{ V})$ liegt bei $Y$ an. Die verschiedenen Zustände sind in Tab. 5.8 zusammengefasst und es ist zu erkennen, dass diese Konstellation genau der Wahrheitstabelle der AND-Verknüpfung entspricht.

Als weiteres Beispiel ist in Abb. 5.2 ein OR-Gatter in DTL aufgebaut. Bei Anlegen von 0 V an beiden Eingängen $A$ und $B$ liegen an $Y$ auch 0 V an, da auch am Widerstand nur 0 V anliegen. Wird jedoch einer oder beide Eingänge auf 5 V gezogen, schaltet die jeweilige Diode durch und die 5 V liegen auch an $Y$, was einer logischen 1 entspricht. Dies ist das gleiche Verhalten, wie es von einer OR-Verknüpfung benötigt wird.

Die Diodengatter sind auf AND und OR beschränkt. Durch den Einsatz von Transistoren können weitere grundlegende Logikfunktionen realisiert werden, die aber hier nicht weiter beleuchtet werden. Nachteile der Dioden-Transistor-Logik sind u. a., dass sich die Ausgangspegel pro Gatter stark ändern. Entsprechend wird es recht komplex, die ganze Schaltung so auszulegen, dass bei mehr als einem hintereinander geschalteten Gatter die Ausgangsspannungen nicht aus dem definierten Bereich herauslaufen. Darüber hinaus sind die Ausgangspegel lastabhängig und die Schaltungen verbrauchen relativ viel Strom. Heutzutage werden meist Transistor-

**Abb. 5.2** Ein OR-Gatter,
aufgebaut in diskreten
Bauelementen mit einem
Widerstand und zwei Dioden

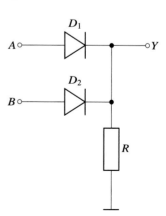

Transistor-Logik (TTL) oder Complementary-MOS-Logik (CMOS) verwendet, die in den folgenden Kapiteln vorgestellt werden.

## 5.3.2 TTL – Transistor-Transistor-Logik

In der *Transistor-Transistor Logik* (TTL) werden die logischen Verknüpfungen ausschließlich durch bipolare npn-Transistorstufen erzeugt und nur als monolithisch integrierte Schaltkreise realisiert. Für die Spannungsableitung und Verschiebung der Pegel werden dann pn-Dioden verwendet. Widerstände dienen meist als Strombegrenzer und Spannungsteiler. TTL Schaltkreise sind so dimensioniert, dass Eingangsspannungen $U_e < 0{,}8$ V als Low-Pegel und $U_e > 2{,}0$ V als High-Pegel erkannt werden. Die Ausgangsspannung $U_a$ ist typischerweise $< 0{,}4$ V bei einem Low-Pegel und $> 2{,}4$ V bei einem High-Pegel.

Ein großer Nachteil von TTL mit einer einfachen Ausgangsstufe ist der relativ hohe Ausgangswiderstand bei logisch „1", der vollständig durch den Ausgangskollektorwiderstand bestimmt wird. Dadurch ist die Anzahl der anschließbaren Eingänge limitiert. Ein Vorteil einer solchen einfachen Ausgangsstufe ist der hohe Spannungspegel (bis zur Betriebsspannung) des logischen Ausgangs „1" in dem Fall, dass der Ausgang nicht belastet ist.

Integrierte TTL-Schaltkreise, sogenannte ICs[2], waren in Anwendungen wie Computern, komplexe Steuerungen und Messinstrumenten, aber auch in der Unterhaltungselektronik weit verbreitet.

In Abb. 5.3 ist der interne Aufbau eines NAND-Gatters in TTL gezeigt. Der zentrale Baustein ist in diesem Fall ein Multi-Emitter Transistor (siehe Info-Box „Multi-Emitter Transistor"), dessen Emitter gleichzeitig die Eingänge für das NAND-Gatter darstellen. Zum Schutz der Elektronik sind die Dioden $D_1$ und $D_2$ nach Masse in Sperrrichtung vorgeschaltet. Ohne die Dioden könnten beim Umschalten zwischen High- und Low-Pegeln Spannungsspitzen bis 2 V auftreten, die von den Dioden auf maximal 0,7 V begrenzt werden. Dadurch wird ein Überschwingen verhindert.

**Multi-Emitter Transistor**

Wie der Name schon sagt, besteht ein bipolarer Multi-Emitter Transistor aus mehreren Emittern, aber je nur einer Basis und einem Kollektor. Liegt einer der Emitter auf tiefem Potential (Low-Pegel), so hat der Ausgang ebenfalls tiefes Potential, unabhängig davon, auf welchem Potential die anderen Eingänge (Emitter) liegen. Der Ausgang liegt nur dann auf hohem Potential (High-Pegel), wenn alle Eingänge ebenfalls hoch sind.

---

[2]Integrated Circuits.

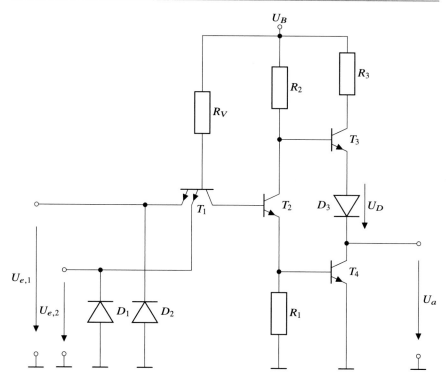

**Abb. 5.3** Interner Aufbau eines Standard-TTL-NAND-Gatters

Liegt nun Massepotential (= Low-Pegel) an mindestens einem der Emitter des Eingangstransistors $T_1$, ist der Transistor leitend. Entsprechend liegt die Kollektor-Emitterspannung bei $U_{CE} \approx 0{,}3$ V. Der durch $R_V$ begrenzte Basisstrom fließt dann als Emitterstrom über die Eingängen nach Masse ab, und damit liegt auch am Ausgang von $T_1$ (Kollektor) Low-Pegel. Am Kollektor von $T_1$ ist in Reihe die Basis-Emitterstrecke des Transistors $T_2$ angeschlossen. Der Kollektorstrom von $T_1$ hält das Basispotential des Transistors $T_2$ niedrig, dadurch leitet dieser Transistor nicht (sperrt), wodurch er weder Kollektorstrom zieht noch einen Emitterstrom liefert. Das hat zur Folge, dass der Ausgangstransistor $T_3$ leitend durchschaltet und $T_4$ gesperrt wird.

Wie sieht dann das Ausgangspotential $U_a$ aus?

$$
\begin{aligned}
U_a &= U_B - U_{BE,3} - U_D - I_2 \cdot R_2 \\
&= U_B - U_{BE,3} - U_D - \frac{I_a}{\beta_3} \cdot R_2 \\
&= \text{High}
\end{aligned}
\tag{5.5}
$$

Das Ausgangspotenzial ist also hoch, und durch $T_3$ kann ein durch den Widerstand $R_3$ begrenzter großer Ausgangsstrom fließen.

Schauen wir uns jetzt den Fall an, dass an beiden Eingängen die Betriebsspannung anliegt (=High-Pegel): Der Multi-Emitter-Transistor $T_1$ sperrt in diesem Fall. Der Basisstrom fließt dann als Kollektorstrom zum Transistor $T_2$ und steuert diesen in den leitenden Zustand. Dessen Emitterpotential lässt ab $0,7$ V den Ausgangstransistor $T_4$ leiten, wodurch dann $U_0$ auf LOW geht.

### 5.3.3  CMOS

CMOS steht für „Complementary Metal Oxide Semiconductor" (komplementäre Metall-Oxid-Halbleiter) und ist heutzutage die vorherrschende Technologie zur Herstellung integrierter Schaltungen für Mikroprozessoren, digitale Sensoren und viele andere elektronische Komponenten. Sie wurde bereits in den frühen 60ern des letzten Jahrhunderts entwickelt und hat sich seitdem rasend verbreitet. Der Begriff Metalloxid-Halbleiter bezieht sich auf die traditionelle Struktur von Transistoren, bei der sich ein Metall-Gate auf einer Oxidschicht auf dem Halbleiter befindet. Meist wird dafür heute eine Polysiliziumschicht genutzt, aber der Name ist geblieben.

Im Gegensatz zu den vorher üblichen Technologien können bei CMOS sowohl n-Kanal also auch p-Kanal MOSFET-Transistoren (siehe Abschn. 3.3.1) für die Entwicklung logischer Funktionen auf dem gleichen Substrat verwendet werden. Durch die gleiche Steuerspannung jeweils zweier komplementärer Transistoren (einmal NMOS, einmal PMOS) sperrt immer genau einer und der andere ist leitend.

Das einfachste Beispiel ist hier der Inverter bzw. NOT-Gatter in Abb. 5.4. Liegt am Eingang $U_A$ eine niedrige Spannung, was einer logischen „0" entspricht, leitet der PMOS-Kanal. Dadurch wird die 5 V Versorgungsspannung mit dem Ausgang verbunden ($U_Y$), und entsprechend ist der Ausgang logisch „1". Wird eine höhere positive Spannung am Eingang angelegt, geht nur der NMOS-Transistor in den leitenden Zustand, so dass der Ausgang dann mit Masse verbunden wird. Dementsprechend wird aus einer 0 am Eingang eine 1 und umgekehrt, und wir haben einen Inverter.

**Abb. 5.4** Interner Aufbau eines Standard-CMOS-NOT-Gatters

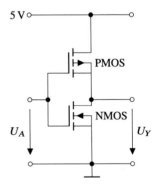

Die Vorteile von CMOS sind hohe Geschwindigkeit, geringe Verlustleistung, hohe Rauschspannen in beiden Zuständen und ein großer Bereich von Betriebs- und Eingangsspannungen.

## 5.4 Sequentielle Logikschaltungen

Bei einer „sequentiellen Logikschaltung" werden die drei Zustände des „vorherigen Eingangs", des „aktuellen Eingangs" und je nach dem auch des „vorherigen Ausgangs" logisch verknüpft. Zustände bleiben fixiert bis einer dieser Zustände aktiv geändert wird z. B. bei getakteten Schaltungen, wenn das nächste Taktsignal ankommt. Diese Eigenschaft der fixierten Zustände ermöglicht, dass Zustände gespeichert werden können. Wie weiter unten beschrieben, sprechen wir hier erst einmal nur von einzelnen Bits.

### 5.4.1 Schaltzeichen

Es gibt verschiedene Konventionen, die Gatter zu zeichnen. In diesem Buch nutzen wir die Notation wie in Abb. 5.5 dargestellt (nach IEC 60617-12). Die Schaltzeichen sind hierbei immer viereckig. Zentral ist die Hauptfunktion eingetragen, z. B. bedeutet & AND und $\geq 1$ OR. Ein kleiner Schrägstrich an der Ausgangslinie steht für die Invertierung.

### 5.4.2 Halb- und Volladdierer

In diesem Abschnitt schauen wir uns eine Schlüsselkomponente der Digitaltechnik an, die an vielen Stellen wie z. B. in *arithmetischen Logikeinheiten (ALU)* in jeder CPU benötigt wird: den *Addierer.* Wie der Name schon sagt, sind Addierer digitale

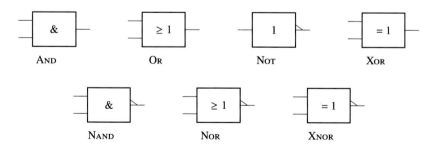

**Abb. 5.5** Die meistgenutzten logischen Gatter in der Digitaltechnik und deren Symbole nach IEC 60617-12

**Abb. 5.6** Binärer
Halbaddierer bestehend aus
einem XOR und einem AND

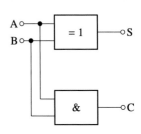

Schaltungen, die die Addition von Zahlen durchführen. Sie können für alle numerischen Darstellungen wie Binary, Binary Coded Decimal (BCD) oder Grey Code konzipiert werden. Von diesen ist die binäre Addition die am häufigsten durchgeführte Aufgabe der gängigsten Addierer. Ein Halbaddierer ist eine kombinierte Schaltung, die eine einfache Addition von zwei Ein-Bit-Binärzahlen durchführt und als Ergebnis eine 2-Bit-Zahl erzeugt. Das *Least Significant Bit (LSB)*[3] des Ergebnisses ist die Summe, und das *Most Significant Bit (MSB)*[4] ist der Übertrag. Ein Volladdierer ist eine Schaltung, die dann drei Zahlen addieren kann (zwei Bits der Zahlen und ein Übertragsbit der vorherigen Summe). Sie wird weiter unten beschrieben.

In Abb. 5.6 ist das Blockdiagramm eines einfachen Halbaddierers bestehend aus einem XOR- und einem AND-Gatter dargestellt. Hier stehen $A$ und $B$ für die beiden Eingangsbits, die addiert werden sollen, und die Ausgänge sind die Summe $S$ und der Übertrag $C$ *(carry)*.

Liegt an einem der beiden Eingänge $A$ oder $B$ eine 1 an, dann liegt am Ausgang $S$ des XOR auch eine 1 an (siehe Beschreibung XOR in Abschn. 5.2.1.2). Sind beide Eingänge mit einer 1 belegt, dann ist der Ausgang $S$ wieder 0, gleichzeitig springt dann aber der Ausgang $C$ des AND-Gatters auf 1 und damit ist der Übertrag gesetzt. Dieser einfachen Binäraddierer wird als Halbaddierer bezeichnet, da es keine Möglichkeit gibt das Übertragsbit des vorherigen Bits zu addieren. Dies ist eine wesentliche Einschränkung von Halbaddierern, wenn sie als Binäraddierer eingesetzt werden, insbesondere in Situationen bei denen mehrere Bits addiert werden müssen.

Um diese Einschränkung zu überwinden, wurden Volladdierer entwickelt, wie in Abb. 5.7 dargestellt. Dementsprechend sind diese Schaltungen komplexer und schwieriger zu implementieren. Zunächst haben wir die gleichen zwei Bits wie beim Halbaddierer, die summiert werden und zusätzlich ein drittes Bit, das sogenannte Übertragungsbit aus der vorherigen Stufe. Dieses wird häufig mit $C_{in}$ bezeichnet in Anlehnung an „carry over" aus dem Englischen. Der Volladdierer ist eine kombinatorische Logikschaltung, die die drei Bits einschließlich dem Übertragungsbits addiert (Tab. 5.9).

---

[3]Die $2^0$ Stelle einer n-Bit Binärzahl.
[4]Die $2^n$ Stelle einer n-Bit Binärzahl.

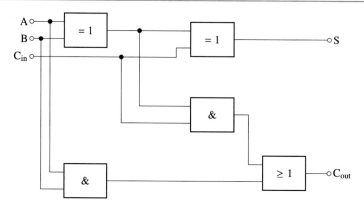

**Abb. 5.7** Binärer Volladdierer bestehend aus XOR und AND

**Tab. 5.9** Wertetabelle für einen Volladdierer mit zwei binären Eingängen und einem Übertragungsbit $C_{in}$ und zwei Ausgangsbits

| $C_{in}$ | A | B | $C_{out}$ | Sum |
|---|---|---|---|---|
| 0 | 0 | 0 | 0 | 0 |
| 0 | 0 | 1 | 0 | 1 |
| 0 | 1 | 0 | 0 | 1 |
| 0 | 1 | 1 | 1 | 0 |
| 1 | 0 | 0 | 0 | 1 |
| 1 | 0 | 1 | 1 | 0 |
| 1 | 1 | 0 | 1 | 0 |
| 1 | 1 | 1 | 1 | 1 |

### 5.4.3 Speicherzellen: Flipflops

Nun kommen wir zu einem weiteren fundamentalen Baustein der Digitaltechnik ohne den keinerlei Speicherung von Daten möglich wäre – das *Flipflop*. Flipflops werden dazu benutzt, eine Datenmenge von einem Bit pro Flipflop über eine unbegrenzte Zeit zu speichern. Es handelt sich dabei um elektronische Schaltungen die nur die zwei stabilen Zustände High und Low an den Ausgängen haben können und diese nur ändern, wenn es eine bestimmte Kombination von Eingangssignale gibt.

In der Digitaltechnik gibt es verschiedene Arten von Flipflops die sich durch Aufbau, Anzahl und Funktion der Eingänge und die Möglichkeit einen Takt anzulegen unterscheiden. Wenn kein Takt anliegt und das Flipflop direkt angesteuert wird, werden diese Flipflops auch Speicher-Flipflops oder Latch (Englisch: Riegel) genannt. Bei Ansteuerung mit einem Takt, also einem zusätzlichen „Clock"-Eingang, wird dann zwischen zustandsgesteuert und flankengesteuert unterschieden. Den Unterschied zwischen diesen beiden Ansteuerungen werden wir weiter unten anschauen. Das grundlegendste Flipflop ist das SR-Flipflop, alle anderen Typen basieren auf ihm. Das SR-Flipflop und die wichtigsten Geschwister, mit und ohne Taktsteuerung, werden wir kurz beschreiben.

**Abb. 5.8** SR-Flipflop

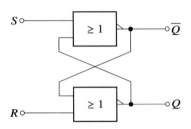

### 5.4.3.1 Flipflops ohne Taktsteuerung

Im engeren Sinne sind die beiden nun folgenden Flipflops Latches, aber da sie in der Literatur meist Flipflops (ohne Taktsteuerung oder auch direkt gesteuerte Flip-flops) genannt werden, bleiben wir hier auch bei dieser Benennung. Bauteile ohne Taktsteuerung werden auch als *asynchron* bezeichnet.

### SR-Flipflop

In Abb. 5.8 ist ein einfacher SR-Flipflop bestehend aus zwei NOR-Gattern gezeigt. Ganz wichtig bei Flipflops ist die interne Rückkopplung die die Speicherung des Zustandes bewirkt, sichtbar durch die sich kreuzenden Leitungen. Jeweils ein NOR-Gatter ist mit den Eingängen Set oder Reset verbunden – der jeweils zweite Eingang ist mit dem Ausgang des anderen NOR-Gatter verbunden, und das ist der Trick der Sache. Die Bezeichnung „SR" kommt von den beiden Eingangszuständen „gesetzt" („set") und „zurückgesetzt" („reset"). Die Ausgänge werden meistens mit $Q$ und $\bar{Q}$ bezeichnet, und es ist aus der Darstellung ersichtlich, dass die Ausgänge komple-mentär zueinander sind. Versuchen wir nun, die verschiedenen Möglichkeiten der Eingaben und die entsprechenden Ausgaben zu analysieren. Wichtig ist, sich daran zu erinnern, dass bei einem NOR-Gatter die logische 1 sozusagen ein dominierender Eingang ist, d. h. wenn einer der Eingänge logisch 1 (High) ist, dann ist der Ausgang logisch 0 (Low), unabhängig vom anderen Eingang.

Die verschiedenen Fälle und Kombinationen von Eingängen werden in der Wahr-heitstabelle für das SR-Flipflop in der Tab. 5.10 dargestellt.

- Betrachten wir zunächst den Fall wenn beide Eingänge, $S$ und $R$, auf logisch 0 liegen. In diesem Fall liegt nirgendwo eine 1 an, die dominieren würde, und entsprechend hat es keine Auswirkungen auf den Ausgang $Q$, und der vorherige Zustand wird beibehalten. Dieser Zustand wird als Haltezustand oder Speicher-zustand bezeichnet.

**Tab. 5.10** Wertetabelle zu den möglichen Zuständen eines SR-Flipflops

| $S$ | $R$ | $Q$ | $\bar{Q}$ | |
|---|---|---|---|---|
| 0 | 0 | $Q$ | $\bar{Q}$ | Speichern |
| 1 | 0 | 1 | 0 | Setzen (set) |
| 0 | 1 | 0 | 1 | Reset |
| 1 | 1 | X | X | Unerwünscht |

**Abb. 5.9** Das logische
Symbol eines SR-Flipflops
ohne Taktsteuerung

- Im nächsten Fall setzen wir den Eingang $S = 1$ und $R = 0$, woraufhin der Ausgang des oberen NOR-Gatters auf 0 gezogen wird und somit der Ausgang des unteren NOR-Gatters und der Wert von $Q$ zu 1 (High) wechselt. $\overline{Q}$ liegt dann auf 0 (Low). Weil die 1 am Eingang $S$ dazu führt, dass der Ausgang $Q$ in einen seiner stabilen Zustände wechselt und auf 1 gesetzt wird, wird dieser auch als SET-Eingang bezeichnet.
- Nun die Situation, dass der Eingang $R = 1$ gesetzt ist (und $S = 0$): Das bedeutet, dass der Ausgang des unteren NOR-Gatters 0 wird, d. h. $Q$ ist 0 (Low). Infolgedessen werden beide Eingänge des oberen NOR-Gatters zu 0 und der Ausgang ist somit 1 (High). Da die 1 am Eingang $R$ den Ausgang des Flipflops in einen seiner stabilen Zustände schaltet und ihn sozusagen auf 0 zurücksetzt, wird dieser auch als RESET-Eingang bezeichnet.
- Der Fall, dass beide Eingänge, $R$ und $S$ auf 1 gesetzt werden, ist „verboten", denn dieser Zustand würde die Ausgänge der beiden NOR-Gatter zwingen, auf 0 zu gehen, was nicht vereinbar ist mit der Bedingung, dass beide Ausgänge komplementär sind. Dieser Fall würde zu einem instabilen oder unvorhersehbaren Zustand führen, und entsprechend ist durch äußere Beschaltung zu vermeiden, dass dieser Zustand eintritt.

Man kann das SR Flipflop „setzen" oder „löschen", indem man den entsprechenden Eingang auf 1, also auf High legt. Deswegen wird dieses Flipflop auch als Set-Reset-Flipflop mit „active high" Eingängen bezeichnet. In Abb. 5.9 wird das logische Symbol eines SR-Flipflops gezeigt das in sequentiellen Schaltungen verwendet wird. In komplexeren Schaltungen werden die NOR-Gatter dann nicht mehr einzeln gezeigt.

### RS-Flipflop
Einen SR-Flipflop kann man auch unter Verwendung von zwei NAND-Gattern, die über Kreuz miteinander gekoppelt sind, realisieren. Hier sind jedoch die Speicher- und Verbots-Zustände im Vergleich zu der NOR-Gatter Version (siehe Tab. 5.10) vertauscht.

In Abb. 5.10 ist so ein Flipflop gezeigt. Es wird gesetzt, indem man den entsprechenden Eingang $\overline{S}$ auf 0 legt. Man bezeichnet dieses Flipflop daher als $\overline{RS}$-Flipflop oder auch RS-Flipflop mit „active low" Eingängen, die die gewünschte Funktion ausführen, wenn sie auf 0 liegen. Man markiert dies durch den Querstrich über den Signalnamen.

Auch hier ist es nützlich, sich zu verdeutlichen, dass beim NAND-Gatter der dominierende Eingangszustand 0 ist, d. h. wenn einer der Eingänge logisch 0 ist, ist automatisch der Ausgang logisch 1, unabhängig vom anderen Eingang. Der Aus-

**Abb. 5.10** RS-Flipflop

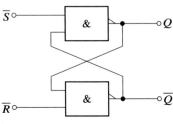

**Abb. 5.11** Das logische
Symbol eines RS-Flipflops

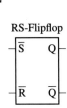

gang des NAND-Gatter ist nur dann 0, wenn beide Eingänge 1 sind. Dies im Hinter-
kopf zu haben hilft, um sich die Funktionsweise eines NAND-basierten RS-Flipflops
(Abb. 5.11) und die verschiedenen Zustände (siehe Tab. 5.11) anzusehen.

- Bei dieser Version ist der Fall wenn beide Eingänge auf High sind der Speicher-
  zustand da der Ausgang seinen vorherigen Zustand behält.
- Wenn der Eingang $R = 1$ und der Eingang $S = 0$, ist das RS-Flipflop im
  SET-Zustand. Da der $R$-Eingang auf 1 gesetzt ist, wird der Ausgang des oberen
  NAND-Gatters, d. h. $Q$, 0. Das hat zur Folge, dass beide Eingänge des unteren
  NAND-Gatters zu 0 werden und somit der Ausgang des NAND-Gatters, d. h. $\bar{Q}$, 1
  wird.
- Wir haben den RESET-Zustand wenn der Eingang $S = 1$ und Eingang $R = 0$
  liegen. Da $S$ auf 1 liegt, wird der Ausgang des oberen NAND-Gatters gleich 0.
  Dies führt dazu, dass beide Eingänge des unteren NAND-Gatters LOW werden
  und somit der Ausgang des oberen NAND-Gatters, d. h. $Q$, HIGH wird.
- Bei diesem Flipflop ist der Zustand, bei dem beide Eingänge auf Null stehen,
  unerwünscht und zu vermeiden, da dieser Zustand die Regel bricht, wonach die
  Ausgänge komplementär zueinander sein sollten. Dann befindet sich das Flipflop
  in einem undefinierten (oder verbotenen) Zustand.

**Tab. 5.11** Wertetabelle zu
den möglichen Zuständen
eines RS-Flipflops

| $\bar{S}$ | $\bar{R}$ | $Q$ | $\bar{Q}$ | |
|---|---|---|---|---|
| 0 | 1 | 0 | 1 | Set |
| 1 | 0 | 0 | 1 | Reset |
| 1 | 1 | $Q$ | $\bar{Q}$ | Speichern |
| 0 | 0 | X | X | Verboten |

### 5.4.3.2 Flipflops mit Taktsteuerung

Die SR- und RS-Flipflops die wir bisher gesehen haben sind vollständig taktunabhängig, d. h. ihre SET- und RESET-Eingänge lassen sich jederzeit ansprechen. Das kann aber schnell zu Problemen führen, wenn man, wie in der Praxis üblich, mehrere bis hin zu sehr vielen Flipflops hintereinander schaltet. Da bei diesen Flipflops die Schaltzeiten nicht definiert sind, kann es kurzzeitig zu „verbotenen" Zuständen eines Schaltwerks kommen, da jedes Gatter in der Realität eine gewisse Zeit zur Verarbeitung des Signals benötigt. Eine wichtige Verbesserung bringt die Erweiterung durch eine Taktsteuerung. Ein taktgesteuertes Flipflop übernimmt Eingangssignale nur dann, wenn der anliegende Taktzustand dazu passt. Taktgesteuerte Bauteile werden als *synchrone* Bauteile bezeichnet, da sie ihre Daten- und Steuersignale durch ein einheitliches Taktsignal synchron übernehmen. Hier wird unterschieden zwischen taktflankengesteuerte und pegelgesteuerte Bauteile. Die taktflankengesteuerten Bauteile werden meist weiter als Flipflop bezeichnet während die pegelgesteuerten Latches genannt werden (Englischsprachige Literatur).

Worin unterscheiden sich diese Steuerungen? Pegel- bzw. taktzustandsgesteuerte Bauteile übernehmen Eingangssignale, sobald eine Zustandsveränderung am Takteingang *Clock* stattgefunden hat. Das Flipflop reagiert auf das SET-Signal, wenn das Takteingangssignal auf High, also auf 1 steht. Ist das Taktsignal 0 wird der vorherige Zustand gehalten. Taktflankengesteuerte Flipflops können den Zustand nur bei einer Taktflanke ändern, d. h. wenn das Clock-Signal von 0 auf 1 (steigende Flanke) oder von 1 auf 0 (fallende Flanke) geht. Welche Flanke relevant ist wird über die interne Schaltung festgelegt. Zu allen anderen Zeiten bleibt der Zustand gespeichert, egal was an den weiteren Eingängen passiert.

#### Pegelgesteuertes SR-Flipflop

In Abb. 5.12 ist ein SR-Flipflop mit einer vorgeschalteten Pegelsteuerung gezeigt. Diese wird aus zwei AND-Gattern erzeugt. Der Takteingang *Clock* ist mit je einem der Eingänge der beiden AND-Gatter verbunden. Das führt dazu, dass die Ausgänge auf Low liegen, solange der *Clock*-Eingang auch auf Low liegt. In diesem Zeitfenster haben Änderungen der Eingänge *S* oder *R* keinerlei Einfluss auf den Zustand der Ausgänge. Ändert sich der *Clock*-Eingang von Low auf einen High-Zustand dann schaltet das AND-Gatter durch. Liegt z. B. eine 1 an *S* und 0 an *R*, werden diese an den hintergeschalteten SR-Flipflop weiter geleitet. Diese Vorschaltung der beiden AND-Gatter hat den Vorteil, dass der Ausgangszustand für jeden gewünschten Zeitraum

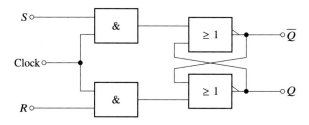

**Abb. 5.12**  SR-Flipflop aus zwei NORs mit einer vorgeschalteten Flankensteuerung aus zwei AND-Gattern

beibehalten werden kann, unabhängig vom Zustand der Eingänge, solange der *Clock*-Eingang auf Low bleibt. Man ist jedoch noch nicht davor geschützt, dass „verbotene" Zustände angelegt werden können.

### D-Flipflop mit Flankensteuerung

Das Problem der „verbotenen" Zustände (eine 1 an beiden Eingängen, oder eine 0 an beiden Eingängen), wird bei einem D-Flipflop umgangen, welches in Abb. 5.13 dargestellt ist. Hierbei sind die $S$- und $R$-Eingänge verbunden. Ein zwischengeschalteter Inverter sorgt dafür, dass an den beiden Eingängen immer die jeweils gegenteiligen Signale anliegen. Mit anderen Worten: Es gibt nur ein Eingangssignal, das in diesem Fall $D$ (von data oder delay) genannt wird. Offensichtlich ist $R = S$ nicht mehr möglich; der Speicherzustand wird bei $Clock = 0$ realisiert. Dieses Flipflop benötigt für die Steuerung seines logischen Verhaltens nur einen einzigen Eingang.

Wie funktioniert nun die Flankensteuerung im linken Bereich von Abb. 5.13? Diese kleine Kombination aus einem Inverter und einem AND-Gatter wird Impulsglied genannt. Es macht aus einem außen anliegende Takt einen sehr kurzen Taktpuls und ermöglicht so eine Flankensteuerung. Wichtig ist dabei, sich daran zu erinnern, dass jedes Signal eine gewisse Zeit benötigt, ein Gatter zu durchlaufen. Wenn z. B. der Clock-Eingang von 0 auf 1 springt, wird an dem oberen Eingang des AND-Gatters diese 1 direkt anliegen während die invertierte 0 erst mit leichter Verzögerung an dem unteren Eingang ankommt, d. h. für einen gewissen Moment liegt an beiden Eingängen eine 1 an, so dass es einen kurzen Puls am Ausgang des Gatters gibt.

In den dynamisch getakteten digitalen Speichern sind Impulsglieder für positive oder negative Schaltflanken integriert. In Abb. 5.14 ist das logische Symbol eines D-Flipflops gezeigt. Das kleine Dreieck neben dem Clock-Eingang zeigt an, dass es sich um ein flankengesteuertes Bauteil handelt.

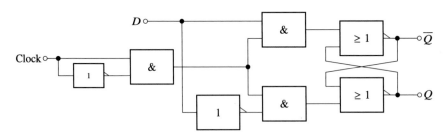

**Abb. 5.13** D-Flipflop mit Flankensteuerung

**Abb. 5.14** Das logische Symbol eines D-Flipflops

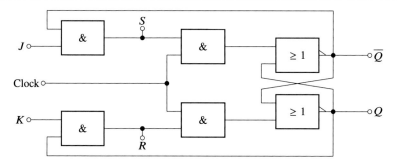

**Abb. 5.15** JK-Flipflop

**Abb. 5.16** Das logische
Symbol eines JK-Flipflops

## JK-Flipflop

Das letzte Beispiel eines Flipflops, das wir uns anschauen wollen, ist das in Abb. 5.15 gezeigte JK-Flipflop. Es handelt sich hier ebenfalls um ein taktflankengesteuertes Flipflop, welches nur bei einem Wechsel von 0 auf 1 am Takteingang seinen Zustand wechselt. Der hier mit $J$ gekennzeichnete Eingang wirkt dabei wie ein „set"-Eingang und der benachbarte $K$-Eingang wie ein „reset"-Eingang. Liegen an beiden Eingängen jeweils ein High Pegel (also 1) an, dann wechselt das JK-Flipflop bei jeder steigenden Flanke den Zustand, man sagt, es „toggelt". Das macht das JK-Flipflop zu einem sehr nützlichen Bauteil für bestimmte Anwendungen. Abb. 5.16 zeigt das Schaltsymbol eines JK-Flipflops.

## 5.5  Register und Zähler

Bislang haben wir fast ausschließlich digitale Bau- und Schaltelemente betrachtet, die nur einen logischen Zustand (ein Bit) betrachten, speichern oder verarbeiten. Natürlich müssen wir in der Praxis deutlich größere Zahlräume betrachten können, das heißt wir müssen zum Beispiel Zahlen von 1 bis 256 speichern und verarbeiten können. Der Zahlenraum bis 256 wird in binärer Darstellung von 8 Bits abgedeckt, da $2^8 = 256$ ist. Wir können also jede Zahl von 0 bis 255 (oder von 1 bis 256) mit 8 parallel betrachteten Bits angeben.

Um eine solche Zahl digital zu speichern, müssen wir lediglich 8 Speicherzellen, wie wir sie im vorigen Abschnitt diskutiert haben, parallel benutzen. Dazu reicht es 8 Flipflops als ein Schaltungsblock zu betrachten und die Rangfolge vom niedrigstwertigen Bit (LSB) zum höchstwertigen Bit (MSB) festzulegen. Einen solchen Block von Schalt- oder Speicherzellen bezeichnet man als *Register*. Benutzt man diesen Block zum Speichern einen Zahl spricht man von einem *Speicherregister.* Die Tiefe eines Registers gibt an, wieviele Bits gleichzeitig gespeichert werden können und wird üblicherweise in Bits angeben. Ein n-Bit Register enthält also n 1-Bit Speicherzellen.

Die digitale Verarbeitung solcher Register erfolgt parallel, also gleichzeitig für alle Bits des Registers. Die Addition zweier 8-Bit Dualzahlen geschieht dabei zum Beispiel analog zu dem Verfahren, das in Abschn. 5.4.2 erläutert wurde. Aber hier werden gleichzeitig die beiden gesamten Eingaberegister addiert, indem jedes einzelne Bit der Register parallel und paarweise addiert wird und dabei die Rangfolge der Bits inklusive der Übertragungsbits berücksichtigt wird. In der heutigen Mikroelektronik sind Registergrößen bis zu 64 Bit gebräuchlich, so dass auch sehr große Zahlen bis $1,8 \cdot 10^{19}$ dargestellt und verarbeitet werden können.

### 5.5.1   Schieberegister

Ein einfache Erweiterung der zuvor eingeführten Speicherzellen bzw. -register sind sogenannte *Schieberegister.* Sie werden meistens mit Hilfe von Flipflops realisiert. Sie enthalten genau wie Speicherregister für jede Stelle einer Dualzahl (für jedes Bit) zum Beispiel einen D-Flipflop. Aber anders als in reinen Speichern kann hier durch ein Taktsignal der Inhalt des $i$-ten Flipflops in das $(i + 1)$-te Flipflop geschrieben werden. Ein 4-Bit Schieberegister besteht also aus 4 Speicherzellen, z. B. D-Flipflops, die hintereinander geschaltet sind. Abb. 5.17 zeigt beispielhaft das Schaltsymbol dieses 4-Bit Schieberegisters.

Dieses Register hat 2 Eingänge und insgesamt 4 Ausgänge. Neben dem Dateneingang braucht man noch einen Takteingang, der für das Weiterschieben der Daten von einer zur nächsten Speicherzelle benutzt wird. Das Taktsignal ist üblicherweise ein Rechtecksignal, zur steigenden oder fallenden Flanke wird der Speicherinhalt einer Zelle zur nächsten geschoben. Jede der 4 Speicherzellen ihrerseits besitzt einen direkten Ausgang, an denen der Inhalt des ganzen Schieberegistern zu jedem Zeitpunkt parallel ausgelesen werden kann. Der Ausgang der letzten Speicherzelle im Register wird häufig auch einfach Datenausgang des Schieberegisters genannt.

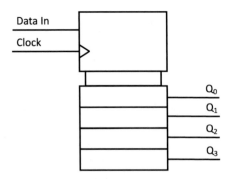

**Abb. 5.17** Schaltzeichen eines 4-Bit Schieberegisters

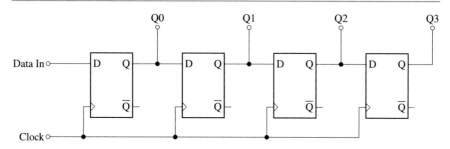

**Abb. 5.18** Einfaches 4-Bit Schieberegister bestehend aus 4 hintereinander geschalteten D-Flipflops

Zu Beginn einer jeden sinnvollen Operation einer komplexen, sequentiellen Schaltung wird das Schieberegister mit Daten über den Dateneingang gefüllt. Dies geschieht seriell, ein Bit nach dem anderen. Um eine $n$-Bit-Zahl in das Register zu laden, benötigt man also genau $n$ Takte. Das heißt auch, dass Schieberegister als FIFO (englisch für **First-In-First-Out**) Speicher verwendet werden können, wenn man nur den Datenausgang (d. h. den Ausgang des letzten Flipflops) betrachtet. Denn die Daten, die zuerst ins Schieberegister geschrieben werden, verlassen dieses auch wieder als erstes. Insofern eignet sich ein Schieberegister auch als Datenpuffer oder Warteschlange. Wichtig ist auch, dass Schieberegister *synchron* arbeiten, das heißt das Schieben bzw. Weiterschieben eines Wertes von einer zur der nächsten Zelle geschieht für alle Zellen gleichzeitig, synchron zum Taktsignal.

Der einfachst mögliche Aufbau eines solchen Schieberegister, der durch die Hintereinanderschaltung von 4 D-Flipflops realisiert wird, ist in Abb. 5.18 zu sehen. Wieder sieht man die zwei Eingänge, *Data In* und *Clock,* die den Dateneingang und das Taktsignal darstellen. Sobald die aktive Flanke des Taktsignals am Clock-Eingang des D-Flipflops anliegt, schalten alle Flipflops jeweils den Zustand an ihrem Eingang $D$ zum Ausgang $Q$ durch. Die vier Ausgänge $Q0$ bis $Q3$ werden einfach an den nicht-invertierten Datenausgängen der 4 D-Flipflops abgegriffen.

Üblicherweise werden Schieberegister mit weiterer Logik versehen, um den Funktionsumfang der Schaltung zu erweitern. Zum Beispiel kann man den Datenausgang mit dem Dateneingang verbinden und erhält so ein Ringschieberegister, bei dem die Daten-Bits im Kreis laufen. Durch weitere Schaltelemente und zusätzliche logische Eingangssignale kann ein paralleles Beschreiben *(Load)* sowie ein paralleles Auslesen bzw. Halten *(Enable)* des gesamten Schieberegister hinzugefügt werden. Am Ausgang des Schieberegister wird mit jedem Takt ein Bit sozusagen frei, da es aus dem Register heraus geschoben wird. Dieses Bit kann für andere Schaltungen benutzt werden, zum Beispiel um eine Aktion zu starten, wenn das Bit gesetzt ist, d. h. auf 1 steht. Man kann aber auch definieren, dass dieses Bit immer gelöscht oder gesetzt werden soll, um einen wohldefinierten Zustand am Ausgang des Schieberegister zu haben. Auch kann ein Schieberegister so erweitert werden, dass man die Richtung der Verschiebung ändern kann. Solche Schieberegister werden dann als *bidirektional* bezeichnet.

Schieberegister finden einen weiten Einsatz in der Elektronik. Nahezu alle Wandler zwischen seriellen und parallelen Datenströmen verwenden Schieberegister, die parallel geladen bzw. ausgelesen werden. Das in Abb. 5.18 dargestellte Schieberegister stellt zum Beispiel einen (stark vereinfachten) 4-Bit Seriell-zu-Parallel Datenwandler dar. Des Weiteren werden Schieberegister vielfach in den arithmetischen Rechenwerken von Mikroprozessoren verwendet. Es zeigt sich nämlich, dass die Multiplikation zweier Zahlen in Binärdarstellung am effektivsten durch Bitverschiebungen gefolgt von Additionen realisiert wird. Weitere Anwendungen von Schieberegistern sind, wie bereits erwähnt, Pufferschaltungen, aber auch die Erzeugung von Pseudozufallszahlen kann mittels linear rückgekoppelter Schieberegister erreicht werden.

## 5.5.2  Zählerschaltungen

### 5.5.2.1 Asynchrone Dualzähler

Eine andere wichtige Grundschaltung sind *Dualzähler,* die beim Takten Dualzahlen in ansteigender Folge erzeugen. Damit kann zum Beispiel eine Folge von Ereignissen gezählt werden, denn jede erzeugte Dualzahl bleibt bis zum nächsten Takt gespeichert. Ein solcher Zähler arbeitet in seiner einfachsten Ausfertigung *asynchron,* d. h. die Bits schalten nicht alle gleichzeitig, mit allen Nachteilen, die das bringt. Er lässt sich ähnlich wie ein Schieberegister als Hintereinanderschaltung mehrerer Flipflops realisieren. Abb. 5.19 zeigt beispielhaft ein 4-Bit Dualzähler, der aus 4 T-Flipflops[5] aufgebaut ist.

Diese Schaltung hat nur einen Eingang $E$, an dem üblicherweise ein periodisches Signal anliegt, das gezählt werden soll, zum Beispiel ein Clock-Signal. Die T-Eingänge der flankengesteuerten T-Flipflops müssen auf 1 liegen, damit die Flipflops bei der aktiven Flanke ihren Ausgangszustand ändern. Am einfachsten versteht man die Funktionsweise der Schaltung, wenn man die zeitliche Entwicklung der Ausgänge bei einem gegebenen Rechtecksignal am Eingang betrachtet.

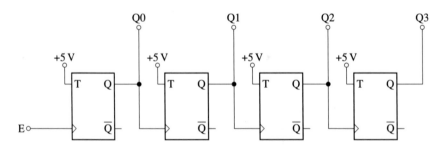

**Abb. 5.19** Asynchroner 4-Bit Zähler für Dualzahlen, der aus 4 T-Flipflops aufgebaut ist. Links ist der Eingang E, die 4 parallelen Ausgänge Q0, Q1, Q2 und Q3 sind oben erkennbar

---

[5]Ein T-Flipflop (englisch für *Toggle*) ist im Prinzip ein JK-Flipflop, bei dem die beiden Eingänge J und K zu einem Eingang T zusammengefasst werden.

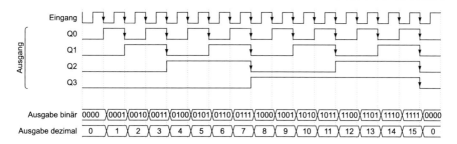

**Abb. 5.20** Zeitliche Darstellung der Signale des asynchronen 4-Bit Dualzählers ohne Berücksichtigung der Gatterlaufzeiten. Am Eingang liegt ein regelmäßiges Rechtecksignal (Clock) an. Die vier Ausgangssignale müssen parallel betrachtet werden. Die Signaländerungen der Flipflops triggern, wie durch die Pfeile angedeutet, jeweils auf die fallende Flanke. In den letzten beiden Zeilen ist zusätzlich die Ausgabe des Zähler in binärer bzw. dezimaler Darstellung angegeben

Nehmen wir dazu an, dass in diesem Fall die negative Flanke des Rechtecksignals die Zustandsänderung auslöst, und dass alle Ausgänge zu Beginn auf einer logischen Null liegen. Das sich so ergebende Zeitreihendiagramm der Schaltung ist in Abb. 5.20 dargestellt. Sobald nun die erste negative Flanke des Eingangs am ersten Flipflop anliegt, schaltet der Ausgang dieses Flipflops auf 1 und bleibt solange auf diesem Zustand bis die nächste fallende Flanke am Eingang anliegt. Das heisst, der Ausgang des ersten Flipflops bleibt eine komplette Periode des Eingangssignal auf einer logisches 1 und damit genau doppelt solange wie das Taktsignal am Eingang in der gleichen Zeit auf einer 1 liegt. Deshalb kann man auch sagen, dass der Ausgang des ersten Flipflops die Periodenlänge des Eingangs verdoppelt bzw. die Frequenz des Eingangs halbiert.[6]

Da nun am Eingang des zweiten Flipflops das Ausgangssignal des ersten Flipflops anliegt, passiert hier das gleiche nochmal, nur eben mit der halben Frequenz. Das heißt, wir brauchen insgesamt vier fallende Flanken am Eingang des Zählers, bevor wir eine komplette Periode am Ausgang des zweiten Flipflops sehen. Mit jedem weiteren Flipflop in der Reihe halbiert sich die Frequenz weiter und nach $n$ Flipflops hat man eine Frequenz von $\frac{1}{2^n}$ am Ausgang des $n$-ten Flipflops. In unserem Beispiel mit vier Flipflops entspricht das einer Frequenz von $\frac{1}{16}$ im Verhältnis zur Frequenz am Eingang.

Wenn man sich nun alle vier Ausgänge des Zählers, also die Ausgänge der vier Flipflops, gleichzeitig anschaut sieht man, dass erst nach $2^4 = 16$ Takten des Eingangssignals alle Ausgänge wieder auf 0 liegen und wir den Zustand zu Beginn unserer Betrachtung erreicht haben. Jeder weiterer Takt des Eingangssignal wiederholt nur, was schon gewesen ist. Wir können also mit dieser Schaltung genau $2^4 = 16$ verschiedene Zustände darstellen oder vereinfacht gesprochen von 0 bis 15 zählen. Dazu müssen wir nur die 4 Ausgänge des Zählers den Bits einer 4-Bit Dualzahl richtig zuordnen. Dazu interpretiert man den Ausgang des ersten Flipflops

---

[6]Darum wird diese Art von Schaltungen auch manchmal als Frequenzteiler bezeichnet.

**Tab. 5.12** Zustandstabelle des 4-Bit Zählers

| $Q_3$ | $Q_2$ | $Q_1$ | $Q_0$ | Dualdarstellung | Dezimaldarstellung |
|---|---|---|---|---|---|
| 0 | 0 | 0 | 0 | 0000 | 0 |
| 0 | 0 | 0 | 1 | 0001 | 1 |
| 0 | 0 | 1 | 0 | 0010 | 2 |
| 0 | 0 | 1 | 1 | 0011 | 3 |
| 0 | 1 | 0 | 0 | 0100 | 4 |
| 0 | 1 | 0 | 1 | 0101 | 5 |
| 0 | 1 | 1 | 0 | 0110 | 6 |
| 0 | 1 | 1 | 1 | 0111 | 7 |
| 1 | 0 | 0 | 0 | 1000 | 8 |
| 1 | 0 | 0 | 1 | 1001 | 9 |
| 1 | 0 | 1 | 0 | 1010 | 10 |
| 1 | 0 | 1 | 1 | 1011 | 11 |
| 1 | 1 | 0 | 0 | 1100 | 12 |
| 1 | 1 | 0 | 1 | 1101 | 13 |
| 1 | 1 | 1 | 0 | 1110 | 14 |
| 1 | 1 | 1 | 1 | 1111 | 15 |
| 0 | 0 | 0 | 0 | 0000 | 0 |

als *niederwertigstes Bit (LSB)*, den des zweiten Flipflops als Bit 2 usw. bis zum letzten Flipflop, das das *höchstwertige Bit (MSB)* darstellt. Das sieht man auch in der Darstellung der Zustände in der Tab. 5.12, die man direkt aus der Zeitreihendarstellung in Abb. 5.20 ablesen kann. Man sieht deutlich in der Abbildung und auch in der Tabelle, dass die Schaltung die 4-Bit Dualzahl bei jedem Takt um 1 hoch zählt und nach einem kompletten Durchlauf von 15 wieder auf 0 springt.

In diesem asynchronen Zähler werden die Zustände bzw. die Bits seriell vom einen zum anderen Flipflop weitergereicht. Deshalb dürfen wir die Laufzeit durch die Flipflops bei schnellen Anwendungen nicht vernachlässigen, da die verschiedenen Bits je nach ihrer Position mehr oder weniger Flipflops passieren müssen. Für das $n$-te Bit müssen $n$ Flipflops durchlaufen werden. Setzt man eine Gatterlaufzeit von $t_G$ an, dann ist das letzte Bit gegenüber dem ersten Bit um $n \cdot t_G$ verzögert. Da alle Bits der Dualzahl gleichzeitig parallel ausgelesen werden, kann dies bei schnellen Anwendungen, d. h. bei hohen Taktraten zu Leseproblemen des Zählers führen.

Für ein fehlerfreies Auslesen des Zählers schreibt man daher vor, dass der Zähler nach einer halben Taktperiode ausgelesen wird und dass der Zähler zu diesem Zeitpunkt mindestens schon eine Gatterlaufzeit $t_G$ lang stabil sein soll, d. h. alle Bits richtig gesetzt sein sollen. Daraus lässt sich dann leicht zeigen:

**Die maximale Eingangstaktrate eines asynchronen Dualzählers**

$$T_{max} = \frac{1}{2(n + 1)t_G} \tag{5.6}$$

Nimmt man typische Werte für zum Beispiel die TTL-Logik ($t_G = 10$ ns) oder CMOS-Logik ($t_G = 500$ ps) an, erhält man als maximal mögliche Taktrate für einen asynchronen 12-Bit Zähler 3,8 MHz bzw. 77 MHz.

### 5.5.2.2 Synchrone Dualzähler

Aufgrund dieser Einschränkungen sind die Einsatzmöglichkeiten asynchroner Zähler beschränkt. Man benötigt vielmehr *synchrone Zähler,* bei denen alle Bits gleichzeitig schalten. Der prinzipielle Aufbau als Hintereinanderschaltung von Flipflops bleibt gleich, aber alle Takteingänge müssen verbunden werden, damit ein gleichzeitiges, *synchrones* Schalten der Bits gewährleistet ist. Abb. 5.21 zeigt den Aufbau eines synchronen 4-Bit Dualzähler, der aus JK-Flipflops besteht.

Der Aufbau des synchronen 4-Bit Zählers ist analog zu dem asynchronen 4-Bit Zähler. Wieder stehen im Zentrum die 4 Flipflops, die für je ein Bit der 4-Bit Dualzahl stehen. Das niederwertigste Bit ist wieder ganz links, und danach kommen von links nach rechts die weiteren Bits bis zum höchstwertigsten, wobei wieder die Flipflop-Ausgänge $Q_0$ bis $Q_3$ die erzeugte Dualzahl repräsentieren. Das zu zählende Taktsignal ist aber hier parallel mit allen vier Clock-Eingängen der Flipflops verbunden, so dass jeder Flipflop bei jeder triggernden Flanke des Taktsignal schalten würde. Um dies zu verhindern und wieder die richtige, ansteigende Reihenfolge des Zählers aus Tab. 5.12 zu erhalten, machen wir uns eine Eigenschaft der JK-Flipflops zu nutze. JK-Flipflops schalten den Zustand am Ausgang bei einer triggernden Flanke

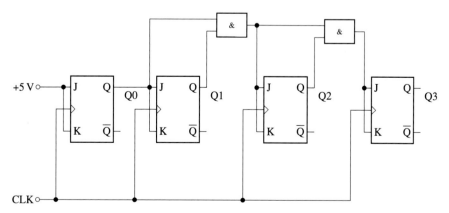

**Abb. 5.21** Synchroner 4-Bit Zähler für Dualzahlen, der aus JK-Flipflops aufgebaut ist. Der Eingang ist hier links unten (CLK), die Abgriffe der 4 Ausgänge Q0, Q1, Q2 und Q3 sind der Einfachheit halber nicht eingezeichnet

nur dann um, wenn beide Eingänge J = K = 1 sind. Sind hingegen beide Eingänge J
= K = 0, so ändert sich der Ausgang des Flipflops nicht, auch wenn eine triggernde
Flanke am Clock-Eingang anliegt.

Dieses Verhalten können wir benutzen, um nur solche Flipflops schalten zu lassen, die zur Darstellung der hochzählenden Dualzahl gebraucht werden. Wie man
der Tab. 5.12 entnehmen kann, darf sich ein Bit nur dann bei einem Trigger von 0
auf 1 ändern, wenn alle niederwertigeren Bits auf 1 liegen. Deshalb schalten wir die
Ausgänge der niederwertigeren Bits zusätzlich noch auf die JK-Eingänge des nächsten Flipflop. Die JK-Eingänge des erstes Flipflops, der ja bei jedem Takt schalten
muss, werden konstant auf 1 gelegt. Zwischen dem ersten und zweiten Bit kann der
Ausgang des ersten Flipflops direkt ohne weiteres Gatter auf die JK-Eingänge des
zweiten Flipflops geschaltet werden, wie in Abb. 5.21 links zu sehen ist. Wenn also
der Ausgang des ersten Flipflops auf 1 steht, dann ist auch der J- und K-Eingang
des zweiten Flipflops auf 1 und die nächste triggernde Flanke des Taktes lässt den
Ausgang des Flipflops von 0 auf 1 schalten. Solange aber der Ausgang des ersten
Flipflops auf 0 steht, schaltet der zweite auch dann nicht, wenn eine triggernde Flanke
kommt, weil die Eingänge J und K auf 0 liegen.

Für die weiteren Bits müssen wir aber alle niederwertigeren Bits zusammenfassen,
denn nur wenn alle niedrigeren Bits auf 1 stehen, darf das nächste Bit schalten. Das
erreicht man am einfachsten durch ein AND-Gatter. In der Abb. 5.21 ist zu erkennen,
dass die Ausgänge des 1. und des 2. Bits zusammen auf ein AND-Gatter geschaltet
sind und der Ausgang dieses Gatters auf die JK-Eingänge des 3. Flipflops geschaltet
ist. Damit erreichen wir das geforderte Verhalten, dass nur wenn beide niedrigeren
Bits auf 1 stehen, der nächste Flipflop beim nächsten Takt von 0 auf 1 geht. Auf die
gleiche Art können dann die weiteren Flipflops verschaltet werden. Alle Ausgänge
der niederwertigeren Bits werden über ein AND mit den JK-Eingängen des nächsten
Flipflops verbunden. Damit erreichen wir das gleiche hochzählende Verhalten wie
in der Zustandstabelle für den asynchronen Zähler. Aber hier schalten alle Flipflops
(Bits) gleichzeitig mit der triggernden Flanke des Taktes. Auch das Zurückschalten
am Ende des Zählbereichs funktioniert in gleicher Weise, denn bei diesem Zustand
sind alle Flipflop-Ausgänge auf 1 und demzufolge schalten beim nächsten Takt alle
Flipflops gleichzeitig zurück auf 0. Mit dem gleichen Prinzip können auch beliebig
größere synchrone Dualzähler mit $n$ Bits realisiert werden.

In der in Abb. 5.21 gezeigten Schaltung ist die AND-Verknüpfung zwischen
den Ausgängen der niederwertigeren Bits kaskadiert, das heißt das Ergebnis des
AND-Gatters zweier Flipflops wird über ein weiteres AND-Gatter mit dem Flipflop-
Ausgang des nächsten Bits verknüpft. Dies widerspricht dem Konzept des synchronen Zählers, denn bei dieser Anordnung müssen bei großen Zählern wieder je mehr
Gatter durchlaufen werden je höher das betrachtete Bit ist ($(n-1)$ AND-Gatter beim
n-ten Bit), und es kann analog zum asynchronen Zähler wieder zu einer Limitierung
der Taktrate durch das Aufsummieren der Gatterlaufzeiten kommen. Deshalb verwendet man AND-Gatter mit mehreren Eingängen, die nur eine Gatterlaufzeit für
eine AND-Verknüpfungen von mehreren Eingängen brauchen. Damit ist gewährleistet, dass auch bei großen Zählern das Schalten aller Bits immer synchron bleibt und
nachfolgende Schaltungen den Zählerwert auch bei hohen Taktraten im GHz Bereich

stets korrekt lesen können. Der größere Aufwand für diese Multi-Input AND-Gatter fällt dabei nicht weiter ins Gewicht, da er in der Digitalelektronik, insbesondere bei hochintegrierten CMOS-Schaltungen, relativ einfach realisiert werden kann.

### 5.5.2.3 Andere Zählerschaltungen

Wir haben bislang nur einfache Dualzähler betrachtet, aber es gibt noch sehr viel mehr Zählerschaltungen, die in vielen Anwendungen in der modernen Digitalelektronik zum Einsatz kommen. Rückwärts zählende Zähler können zum Beispiel realisiert werden, in dem man die invertierenden Flipflop-Ausgänge der hier beschriebenen Schaltungen zur Darstellung der Dualzahl verwendet. Zähler, die Dezimalzahlen ausgeben, werden üblicherweise dadurch erreicht, dass jede Ziffer der Dezimalzahl (0 bis 9) durch eine Dualzahl mit 4 Bit kodiert wird. Dann kann man wieder auf die hier beschriebenen Dualzähler zurückgreifen und überflüssige Bits bei der Kodierung und Verarbeitung einfach ignorieren oder überspringen. Auch benutzt man die grundlegende Eigenschaft der Frequenzhalbierung der hier beschriebenen Zählerschaltungen ganz allgemein für sogenannte *Frequenzteiler*. Dabei werden Teiler, die sich nicht als Potenz von 2 darstellen lassen, durch Kombinationen verschiedener Frequenzteiler erreicht. Frequenzteiler mit anderen Basen als 2 sind auch durch geeignete Rückkopplungen innerhalb der Reihe von Flipflops der Schaltung erreichbar.

# Übertragungsfunktionen

6

## 6.1 Einleitung

In diesem Kapitel widmen wir funs einem Konzept aus der Regelungstechnik, den *linearen zeitinvarianten Systemen* und deren *Übertragungsfunktionen*. Dieses Thema hilft beim tieferen Verständnis von realen Operationsverstärkerschaltungen. Es sollte jedoch als ein *Expertenkapitel* gesehen werden und ist für das Verständnis der weiteren Kapitel, nach den realen Operationsverstärkern, nicht notwendig.

Auch wenn eine grobe Einführung in viele Konzepte gegeben wird, so wird beispielsweise Wissen über die Fourier-Transformation als bereits vorhanden angenommen. Weil die Einführungen eher oberflächlich gehalten sind, muss für ein tieferes Verständnis weiterreichende Fachliteratur herangezogen werden.

Wir werden sehen, dass wir lineare zeitinvariante Systeme mittels ihres Verhaltens bei Anregung mittels eines kurzen Pulses beschreiben können: der *Impulsantwort* des Systems. Hilfreich bei der Untersuchung von solchen linearen zeitinvarianten Systemen wird eine Größe, welche das Ein- und Ausgangssignal in ein Verhältnis setzt: die Übertragungsfunktion. Eine graphische Darstellung dieser Übertragungsfunktionen sind die *Bode-Diagramme*.

Das Ziel dieses Kapitels ist es, Sie mit den Konzepten von Übertragungsfunktionen und Bode-Diagrammen vertraut zu machen.

## 6.2 Lineare Zeitinvariante Systeme

Bei linearen zeitinvarianten Systemen (auch LZI-Systeme oder LTI-Systeme aus dem Englischen für *linear time invariant systems*) handelt es sich um Systeme, die linear und unabhängig von zeitlichen Verschiebungen sind. Schaltungen aus Widerständen, Kondensatoren und Induktivitäten bilden solche Systeme, und entsprechend ist das

© Der/die Autor(en), exklusiv lizenziert an Springer-Verlag GmbH, DE, ein Teil von Springer Nature 2024
T. Bisanz et al., *Elektronik im Physikstudium*,
https://doi.org/10.1007/978-3-662-67926-5_6

Verständnis von linearen zeitinvarianten Systemen hilfreich bei dem Verständnis vieler elektronischen Zusammenhänge. Viele Verstärker- und Filterschaltungen sind auch in guter Näherung mittels solcher LZI-Systeme zu beschreiben.

Dieses Lehrbuch ist kein Buch über Regelungstechnik, wir werden jedoch einige Aspekte von LZI-Systeme untersuchen und anhand dieser die *Übertragungsfunktionen* kennenlernen. Übertragungsfunktionen werden uns dann in den weiteren Kapiteln helfen, elektronische Schaltungen, vor allem jene mit Rückkopplung, besser zu analysieren.

Wenn wir LZI-Systeme analysieren, werden wir uns oft zwei wichtige Fragen stellen: Wie sieht die Ausgangsamplitude und wie die Phasenverschiebung des Ausgangssignals für ein gegebenes Eingangssignal aus? In der Regel lassen sich diese Fragen mithilfe sogenannter Bode-Diagramme einfach beantworten. Wir werden diese Diagramme im Rahmen dieses Kapitels genauer kennenlernen.

Wir haben bereits in Abschn. 1.6 aus Widerständen, Kapazitäten und Induktivitäten Hoch- und Tiefpassfilter gebaut. Zum Beispiel werden bei einem Hochpassfilter niederfrequente Anteile aus dem Signal gefiltert. Man könnte auch sagen, dass die niederfrequenten Anteile eine starke (idealerweise eine unendlich starke) Dämpfung erfahren.

Wir haben auch gelernt, dass es bei einem Kondensator zu einer Phasenverschiebung des Ausgangssignals kommt. Die Analyse von Phasenverschiebungen ist besonders bei realen Operationsverstärkerschaltungen wichtig. Wie wir aus Abschn. 4.3 wissen, beruht die Funktion von OPV-Schaltungen im Wesentlichen darauf, dass ein Teil des Ausgangssignals zurück auf den Eingang gekoppelt wird. Es kann jedoch bei der falschen Konstellation der Elektronik zu einer Phasenverschiebung kommen, die das System in die falsche Richtung gegensteuert: Das Eingangssignal wird z. B. verstärkt anstatt abgeschwächt. Das führt dazu, dass die Schaltung instabil wird. Durch die Analyse des Systems und dessen Phasenverschiebung können solche Situationen vermieden werden.

## 6.3    Übertragungsfunktionen

Eine Übertragungsfunktion (im Englischen *transfer function*) gibt uns die Beziehung zwischen einem Eingangssignal und einer Ausgangsgröße eines LZI-Systems an. Im Allgemeinen können das beliebige Eingangs- und Ausgangssignale sein. Man denke zum Beispiel an eine Steuerung, wo eine Pedalstellung das Eingangssignal ist und die Ausgangsgröße eine Drehzahl eines Motors. In den folgenden Kapiteln werden wir es allerdings oft mit Spannungen und Strömen als Ein- und Ausgangssignale zu tun haben. Übertragungsfunktionen werden üblicherweise im Frequenzbereich definiert, entsprechend kommt uns die Laplace-Transformation hier zunutze. Das erlaubt uns auch, die Auswirkung von LZI-Systemen auf Amplitude und Phase des Ausgangssignals aus den Übertragungsfunktionen im Laplace-Bildbereich abzuleiten. Wir werden dafür die Laplace-Transformation im Rahmen dieses Kapitels einführen.

**Abb. 6.1** Die Leerlaufspannungsverstärkung und
Phasenverschiebung eines
realen Operationsverstärkers

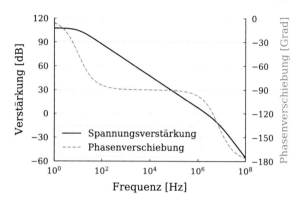

### 6.3.1   Bode-Diagramme

Bei idealen Operationsverstärkern sind wir von einer unendlich großen Spannungsverstärkung für beliebige Frequenzen ausgegangen. In Abb. 6.1 sind die sogenannten
Bode-Diagramme für einen realen Operationsverstärker gezeigt. Wir sehen, dass die
Leerlaufspannungsverstärkung bei niedrigen Frequenzen 110 dB beträgt. Bereits
bei 10 Hz beginnt diese jedoch mit steigender Frequenz abzufallen. Ebenfalls sehen
wir, dass für einen großen Frequenzbereich, alles zwischen wenigen Hertz und etwa
einem Megahertz, die Phasenverschiebung $-90°$ beträgt. Das Ausgangssignal des
Operationsverstärkers ist, analog zum Fall eines Kondensators, also phasenverscho-
ben. Wir sehen auch, dass die Leerlaufspannungsverstärkung und Phasenverschiebung frequenzabhängig sind.

Die Analyse von Übertragungsfunktionen erlaubt es, Bode-Diagramme abzuleiten. Mittels dieser Diagramme können wir reale Operationsverstärkerschaltungen einfacher analysieren und besser verstehen. Einfacher, weil wir im Laufe
dieses Kapitels Techniken kennenlernen werden, welche es uns erlauben, Bode-
Diagramme schnell zu skizzieren, ohne die tatsächlichen Übertragungsfunktionen
kennen zu müssen. Besser, weil die frequenzabhängige Leerlaufspannungsverstärkung und, noch wichtiger, die Phasenverschiebung, in unsere Beschreibungen von
OPV-Schaltungen einfließen.

## 6.4   Mathematische Definition von LZI-Systemen

Um zurück auf lineare zeitinvariante Systeme zu kommen: Wir stellen uns solche
Systeme als eine *Black Box* vor, in welche wir ein zeitabhängiges Eingangssignal $x(t)$
hineinschicken und ein Ausgangssignal $y(t)$ herausbekommen, gezeigt in Abb. 6.2.

**Abb. 6.2** Ein lineares
zeitinvariantes System (LZI)
als *Black Box* mit Eingangs-
und Ausgangssignal

**Abb. 6.3** Linearitätseigen-
schaften von LZI-Systemen,
dargestellt mit kurzen
Eingangspulsen $x_i(t)$

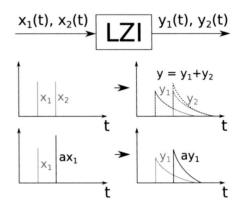

Um das Kriterium der Linearität zu erfüllen, muss eine lineare Skalierung des Eingangssignals $a \cdot x(t)$ zu einem um den gleichen Betrag skalierten Ausgangssignal $a \cdot y(t)$ führen. Ebenso lassen sich Eingangssignale superpositionieren: Führt $x_1(t)$ zu $y_1(t)$ und $x_2(t)$ zu $y_2(t)$ so führt $x_1(t) + x_2(t)$ zu $y_1(t) + y_2(t)$. Daraus ergibt sich:

$$ax_1(t) + bx_2(t) \rightarrow ay_1(t) + by_2(t) \qquad (6.1)$$

Dies lässt sich auch graphisch darstellen, siehe Abb. 6.3.

Wir haben hier einen unendlich kurzen Eingangspuls als Eingangssignal gewählt. Diesen Ansatz werden wir in Kürze weiterverfolgen, um LZI-Systeme zu charakterisieren. Skaliert man nun den Eingangspuls, so skaliert das Ausgangssignal um genau denselben Faktor.

Ebenso lässt sich die Zeitinvarianz graphisch darstellen:

Im oberen Teil der Abb. 6.4 ist zu erkennen, dass derselbe Eingangspuls zu jedem Zeitpunkt zu demselben Ausgangssignal führt. Ein solches System ist zeitinvariant. Im unteren Teil der Abbildung sieht man ein System, welches zeitvariant ist. Auf dasselbe Eingangssignal zu unterschiedlichen Zeitpunkten folgen unterschiedliche Ausgangssignale

Ein elektrischer Schaltkreis kann zum Beispiel von der externen Temperatur, welche sich zeitlich ändert, abhängen – berücksichtigt man dies, so wäre das System

**Abb. 6.4** Ein zeitinvariantes
System (oben) und ein
zeitvariantes System (unten)

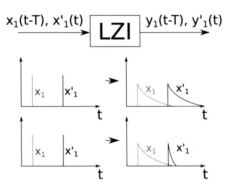

nicht zeitinvariant. Diese Effekte sind allerdings in der Regel sehr klein und können oft vernachlässigt werden – wir haben es daher meist mit quasi zeitinvarianten Systemen zu tun.

Mathematisch drücken wir diese Eigenschaft einfach als eine zeitliche Verschiebung $t \rightarrow t - T$ aus:

$$x(t) \rightarrow y(t) \tag{6.2}$$

$$x(t - T) \rightarrow y(t - T) \tag{6.3}$$

Wieso sind diese beiden Eigenschaften so wichtig? Wir haben bereits angefangen, kurze Eingangspulse in unseren Skizzen zu verwenden. LZI-Systeme lassen sich mittels ihrer sogenannten Impulsantwort charakterisieren. Da jedes Signal aufgrund des Superpositionsprinzips und der Zeitinvarianz aus einer Reihe von unendlich kurzen Pulsen zusammengesetzt werden kann, beschreibt die Impulsantwort das System vollständig.

Wir schreiben für die Impulsantwort $g(t)$. Für einen unendlich kurzen Eingangspuls als Eingangssignal $x(t) = \delta(t)$ ergibt sich für $y(t) = g(t)$. Für ein beliebiges Eingangssignal $x(t)$ folgt für das Ausgangssignal $y(t)$:

$$y(t) = g(t) * x(t) \tag{6.4}$$

wobei $g(t) * x(t)$ die Faltung von $g(t)$ mit $x(t)$ ist.

## 6.4.1 Laplace-Transformation

Wir verzichten auf eine mathematisch rigorose Einführung und Herleitung der Laplace-Transformation und versuchen stattdessen ein konzeptionelles Verständnis der wesentlichen Grundlagen zu entwickeln.

Für die Laplace-Transformierte von $f(t)$ schreiben wir: $\mathscr{L}\{f(t)\} = F(s)$. Die Laplace-Transformation transformiert Funktionen von der Zeitdomäne in die s-Domäne (auch s-Raum), den Bildbereich der Laplace-Transformation.

Die Laplace-Variable $s$ ist eine komplexe Zahl $s = \alpha + j\omega$. Die Transformation selbst ist durch

$$F(s) = \int_0^\infty f(t)e^{-st} dt \tag{6.5}$$

gegeben. Abgesehen davon, dass die Integrationsgrenzen nicht von $-\infty$ bis $\infty$ gehen und statt $-j\omega$ ein $-s$ im Exponenten steht, gleicht die Laplace-Transformation der Fourier-Transformation. Für den Fall, dass $\alpha = 0$ ist, ist sogar $s = j\omega$. Die Laplace-Transformation kann daher als eine Verallgemeinerung der Fourier-Transformation gesehen werden. Während die Fourier-Transformation eine Funktion nur nach sinusoidalen Komponenten abtastet, enthält die Laplace-Transformation auch Information über exponentielle Komponenten.

**Abb. 6.5** Der Realteil von $e^{-st}$ mit $s = \alpha + j\omega$ für unterschiedliche Werte von $\alpha$ und $\omega$. Ein größeres $\alpha$ führt zu einem schnelleren Abklingen der Funktion, während ein $\alpha = 0$ zu keinem Abklingen führt. Das $\omega$ bestimmt die Frequenz

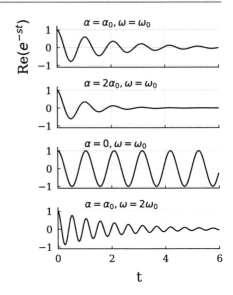

Um das zu verdeutlichen, schreiben wir:

$$e^{-st} = e^{-\alpha t}e^{-j\omega t} = \frac{e^{-j\omega t}}{e^{\alpha t}} \tag{6.6}$$

$$= \frac{\cos(\omega t)}{e^{\alpha t}} - j\frac{\sin(\omega t)}{e^{\alpha t}} \tag{6.7}$$

In Abb. 6.5 sind Beispiele der Realteile von Gl. 6.7 für unterschiedliche $s$ gezeigt.

Den Fall einer reinen Sinusschwingung, wie er für $\alpha = 0$ auftritt, entspricht, wie bereits erwähnt, Funktionen, wie sie in der Fourier-Transformation abgetastet werden.

Mehrere Fälle mit $\omega = 0$ sind in Abb. 6.6 gezeigt. Zusätzlich ist in zwei der Fälle $\alpha < 0$, was zu Funktionen führt, die exponentiell ansteigen.

Wir wollen einige Eigenschaften der Laplace-Transformation hier kurz erwähnen, da sie im Folgenden genutzt werden:

$$f(t) \rightarrow F(s) \tag{6.8}$$

$$g(t) \rightarrow G(s) \tag{6.9}$$

$$a_1 f(t) + a_2 g(t) \rightarrow a_1 F(s) + a_2 G(s) \tag{6.10}$$

$$f'(t) \rightarrow s F(s) - f(0-) \tag{6.11}$$

$$f''(t) \rightarrow s^2 F(s) - s f(0-) - f'(0-) \tag{6.12}$$

$$\int_0^t f(u)du \rightarrow \frac{1}{s}F(s) \tag{6.13}$$

$$f(t) * g(t) \rightarrow F(s)G(s) \tag{6.14}$$

Dabei sind $a_i \in \mathbb{C}$, und $f(0-)$ ist die Anfangsbedingung für $t \rightarrow 0$ von $-\infty$ kommend. Mittels der letzten Eigenschaft (dem sogenannten Faltungssatz, Gl. 6.14)

**Abb. 6.6** Weitere $e^{-st}$ für die Fälle $\omega = 0$ und $\alpha < 0$

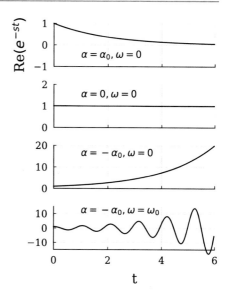

können wir sofort für Gl. 6.4 im Laplace-Bildbereich (also in der s-Domäne) schreiben:

$$Y(s) = G(s)X(s) \tag{6.15}$$

Das ist einer der Gründe, wieso die Laplace-Transformation für die Beschreibung von LZI-Systemen so nützlich ist: Anstatt Signale mittels der Faltung (Gl. 6.4) auszudrücken, vereinfachen sich diese in einfache Produkte (Gl. 6.15).

Eine weitere Stärke der Beschreibung von Schaltungen im Laplace-Bildbereich ist, dass statt Differentialgleichungen nur einfache arithmetische Ausdrücke gelöst werden müssen. Auch die Anfangsbedingungen, man denke an einen Kondensator, der zum Zeitpunkt $t = 0$ aufgeladen ist und sich dann entlädt, oder an eine zum Zeitpunkt $t = 0$ stromdurchflossene Spule, deren Stromfluss unterbrochen wird, sind sehr einfach zu handhaben. Im Laplace-Bildbereich lassen sich elektrische Schaltungen in vielen Fällen sehr leicht analysieren.

Wir haben bisher allerdings ein wichtiges Detail ausgeklammert: Möchte man die Strom- beziehungsweise Spannungsverläufe der Lösung wieder in der Zeitdomäne wissen, so muss man die Rücktransformation durchführen.

## 6.4.2 Elektronische Bauteile im Laplace-Bildbereich

Wir wollen die Strom-Spannungsverhältnisse für R, C und L im Laplace-Bildbereich ausdrücken:

- für einen Widerstand schreiben wir (mit Gl. 6.8):

$$i(t) = \frac{u(t)}{R} \tag{6.16}$$

$$\Rightarrow I(s) = \frac{U(s)}{R} \tag{6.17}$$

- für einen Kondensator (zusätzlich mit Gl. 6.11):

$$i(t) = C\frac{du(t)}{dt} \tag{6.18}$$

$$\Rightarrow I(s) = sCU(s) - Cu(0-) \tag{6.19}$$

- und eine Induktivität:

$$u(t) = L\frac{di(t)}{dt} \tag{6.20}$$

$$\Rightarrow U(s) = sLI(s) - Li(0-) \tag{6.21}$$

Wir wollen uns jedoch den Übertragungsfunktionen widmen. Diese können wir in der s-Domäne untersuchen und daraus Rückschlüsse ziehen, ohne die Rücktransformation machen zu müssen. Dafür setzen wir die Anfangsbedingungen, also $i(0-)$ und $u(0-)$, auf 0, um die Impedanzen der jeweiligen Bauteile im Laplace-Bildbereich auszudrücken:

$$Z(s) = \frac{U(s)}{I(s)}$$

$$Z_R(s) = R$$

$$Z_C(s) = \frac{1}{sC}$$

$$Z_L(s) = sL$$

Wirklich überraschen sollte uns das nicht, sehen diese Resultate doch den komplexen Impedanzen dieser Bauteile sehr ähnlich.

## 6.5     Regeln für Übertragungsfunktionen

Wir wollen die Übertragungsfunktionen an einem Beispiel verdeutlichen: In Abb. 6.7 sehen wir einen passiven Tiefpassfilter. Dieser hat eine Eingangsspannung $u_e(t)$ und eine Ausgangsspannung $u_a(t)$.

Das Verhältnis dieser Spannungen gibt uns die Übertragungsfunktion dieses Systems, dabei ist $U_i(s)$ die Laplace-Transformierten von $u_i(t)$:

$$G(s) = \frac{U_a(s)}{U_e(s)} \tag{6.22}$$

**Abb. 6.7** Ein passiver
Tiefpassfilter

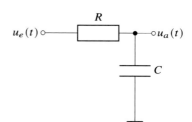

Wir werden in Abschn. 6.5.2 gleich die Übertragungsfunktion für den Tiefpass im Detail studieren. Davor wollen wir allerdings noch kurz ein paar allgemeine Eigenschaften von Übertragungsfunktionen kennenlernen.

Man kann Übertragungsfunktionen als Glieder in sogenannte Signalflusspläne einzeichnen (Abb. 6.8).

Würde man jetzt einen Hochpassfilter und einen Tiefpassfilter hintereinander schalten und wären die jeweiligen Übertragungsfunktionen $G_{HP}(s)$ und $G_{LP}(s)$ (*high-* beziehungsweise *low-pass*), so würde man das zeichnen wie in Abb. 6.9 gezeigt:

Die Übertragungsfunktion für das gesamte System ergibt sich zu:

$$G(s) = G_{HP}(s) \cdot G_{LP}(s) \tag{6.23}$$

Neben dem Aneinanderreihen sind die Verzweigung und das Summieren von Signalen ebenfalls wichtige Elemente, welche wir in unseren Signalflussplänen verwenden werden.

In Abb. 6.10 ist eine Summationsstelle gegeben. Das Ausgangssignal ergibt sich zu:

$$U = -U_1 + U_2 + U_3 \tag{6.24}$$

**Abb. 6.8** Ein einzelnes
Glied eines Signalflussplans
mit einer
Übertragungs-funktion $G(s)$

**Abb. 6.9** Signalflussplan
zweier Glieder in Reihe

**Abb. 6.10** Ein Summe in
einem Signalflussplan

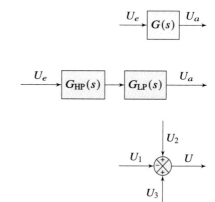

**Abb. 6.11** Eine
Verzweigung in einem
Signalflussplan

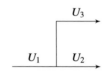

In Abb. 6.11 ist eine Verzweigung gezeigt. Hier gilt:

$$U_1 = U_2 = U_3 \tag{6.25}$$

## 6.5.1 Darstellung von Übertragungsfunktionen

Übertragungsfunktionen lassen sich in der Produktdarstellung auf folgende Weise
darstellen:

$$G(s) = k \frac{(s - s_{N,1})(s - s_{N,2}) \cdots (s - s_{N,n})}{(s - s_{P,1})(s - s_{P,2}) \cdots (s - s_{P,m})} \tag{6.26}$$

Dabei sind die Werte, bei denen $s = s_{N,i}$ ist, sogenannte Nullstellen: $G(s)$ wird
dort Null. Verschwinden die Terme im Nenner, wird also $s = s_{P,i}$, so strebt $G(s)$
gegen unendlich. Dies sind sogenannte Polstellen. Die in Gl. 6.26 gegebene Übertragungsfunktion hat also $n$ Nullstellen und $m$ Polstellen. Wir werden sehen, dass die
Analyse auf Null- und Polstellen uns wichtige Information über unsere Schaltung
liefert.

In Abb. 6.12 ist der Betrag $|G(s)|$ der folgenden Übertragungsfunktion $G(s)$
gezeigt:

$$G(s) = \frac{s + 0.5}{s^2 + 0.6s + 0.34} \tag{6.27}$$

$$= \frac{s + 0.5}{(s + 0.3 + j \cdot 0.5)(s + 0.3 - j \cdot 0.5)} \tag{6.28}$$

$G(s)$ hat eine Nullstelle bei $s_{N,1} = -0{,}5$ und ein komplexes Polpaar bei
$s_{P,i} = -0{,}3 \pm j \cdot 0{,}5$.

Oft sieht man auch Diagramme, bei welchen in der komplexen Ebene die Nullstellen mit einem **o** und Polstellen mit einem **x** gekennzeichnet sind. Ein solches
Diagramm ist für $G(s)$ in Abb. 6.13 gezeigt.

Wir hatten bereits besprochen, dass uns die Verstärkung und die Phasenverschiebung von Schaltungen interessiert. Um diese experimentell zu bestimmen, legen wir
an den Eingang ein Signal an und messen am Ausgang das Ausgangssignal. Daraus
bestimmen wir dann die Ausgangsamplitude im Vergleich zur Eingangsamplitude,
sowie die Phasenverschiebung. Als Eingangssignal wählen wir ein Signal mit genau
einer Frequenzkomponente, also eine Sinusspannung. Diese Messung wiederholen
wir für unterschiedliche Frequenzen, die Resultate lassen sich dann graphisch auf-
tragen. Diese graphische Auftragungen entsprechen den Bode-Diagrammen für das
System.

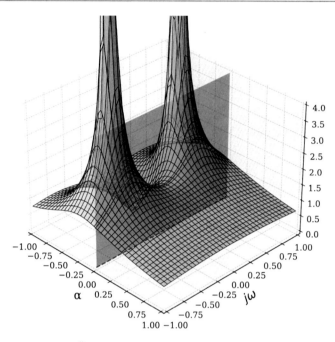

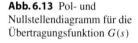

**Abb. 6.12** Der Betrag einer Übertragungsfunktion mit einem komplexen Polpaar bei $s = -0.3 \pm j \cdot 0.5$ und einer Nullstelle bei $s = -0.5$. Zusätzlich hervorgehoben ist der Wert entlang der imaginären Achse, dieser beschreibt die Frequenzabhängigkeit des Systems bei harmonischer Anregung

**Abb. 6.13** Pol- und
Nullstellendiagramm für die
Übertragungsfunktion $G(s)$

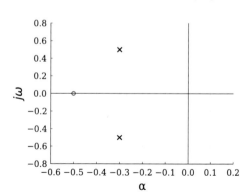

Wir wollen genau das jetzt mit den Übertragungsfunktionen machen. Das Anlegen einer Sinusspannung entspricht einem Eingangssignal, welches keine exponentiellen Komponenten enthält. Wir erinnern uns an die s-Domäne und die unterschiedlichen Signale, welche wir in Abb. 6.5 gezeigt haben. Für ein reines Sinussignal ist $\alpha = 0$. Um die Übertragungsfunktionen zu untersuchen, setzen wir also $s = j\omega$. Das ist das mathematische Äquivalent zum experimentellen Anlegen einer Sinusspannung.

Wir werten also $G(s)$ entlang der komplexen Achse aus. Das ist auch in Abb. 6.12 gezeigt, wo entlang dieser Achse eine halbtransparente Ebene eingezeichnet ist und der Schnittpunkt der Ebene mit $|G(s)|$ hervorgehoben ist. Die Übertragungsfunktion ist das Verhältnis des Ausgangs- und des Eingangssignals. Damit gibt uns der Betrag der Übertragungsfunktion den Verstärkungsfaktor.

Die mathematische Analyse von Übertragungsfunktionen wird es uns im Folgenden erlauben, aus dem Wissen, wo es zu Pol- beziehungsweise Nullstellen kommt, die Bode-Diagramme in guter Näherung zu skizzieren.

## 6.5.2  Reelle Polstellen: Tiefpass

Aus den Impedanzen in der s-Domäne lässt sich die Übertragungsfunktion für einen passiven RC-Tiefpassfilter (siehe Abb. 6.7) herleiten. Das Verhältnis von Ausgangs- zu Eingangsspannung schreibt sich als Spannungsteiler:

$$G_{\text{LP}}(s) = \frac{U_a(s)}{U_e(s)} \tag{6.29}$$

$$= \frac{Z_C(s)}{Z_C(s) + Z_R(s)} \tag{6.30}$$

$$= \frac{\frac{1}{sC}}{\frac{1}{sC} + R} \tag{6.31}$$

$$= \frac{1}{1 + sRC} \tag{6.32}$$

Um im Folgenden die Übertragungsfunktion zu analysieren, schreiben wir sie als:

$$G_{\text{LP}}(s) = \frac{1}{1 + \frac{s}{\omega_0}} \tag{6.33}$$

Mit $\omega_0 = \frac{1}{RC}$ entspricht das genau Gl. 6.32. Für $s = -\omega_0$ wird $G_{\text{LP}}(s) \to \infty$, das heißt wir haben eine Polstelle bei $-\omega_0$.

Zur Analyse des Frequenzverhaltens des Systems setzen wir, wie im vorigen Abschnitt besprochen, $s = j\omega$ und betrachten somit nur die imaginäre Achse im s-Raum.

$$G_{\text{LP}}(s = j\omega) = \frac{1}{1 + \frac{j\omega}{\omega_0}} \tag{6.34}$$

Obwohl der Pol eindeutig nicht auf der imaginären Achse liegt (sondern im negativen Bereich auf der realen), hat dieser Auswirkungen auf das Frequenzverhalten unseres Systems. Der Betrag $|G_{\text{LP}}|$ ist in Abb. 6.14 gezeigt, das dazugehörige Pol- und Nullstellendiagramm in Abb. 6.15.

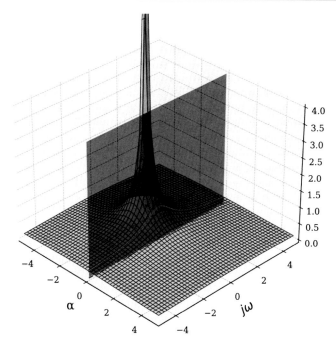

**Abb. 6.14** $|G_{\mathrm{LP}}|$ mit einem Pol bei $s = -\omega_0$

**Abb. 6.15** Pol- und
Nullstellendiagramm für die
Übertragungsfunktion eines
Tiefpassfilters. Der einzige
Pol liegt auf der reellen
Achse bei $-\omega_0$

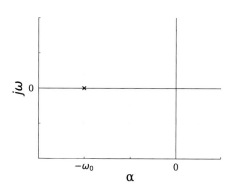

## 6.5.2.1  Analyse der Übertragungsfunktion

Um die Phasenverschiebung zwischen Eingangs- und Ausgangssignal und die Verstärkung zu bestimmen, benötigen wir $\varphi$ der komplexen Übertragungsfunktion und
deren Betrag:

$$\text{Verstärkung} = |G_{\mathrm{LP}}(j\omega)|$$

$$\text{Phasenverschiebung} = \varphi$$

$$= \text{arctan2}\left(\Re(G_{\mathrm{LP}}(j\omega)), \Im(G_{\mathrm{LP}}(j\omega))\right)$$

Der arctan2 ist dabei ein erweiterter Arkustangens, welcher aus zwei Argumenten den richtigen Polarwinkel in allen Quadranten bestimmt. Um aus der Verstärkung ein Verstärkungsmaß in Dezibel zu erhalten, verwenden wir:

$$L_U = 20 \log_{10}(|G(j\omega)|) \tag{6.35}$$

Für den Real- und Imaginärteil der Übertragungsfunktion aus Gl. 6.34 gilt:

$$\Re(G_{\text{LP}}(j\omega)) = \frac{1}{1 + \frac{\omega^2}{\omega_0^2}} \tag{6.36}$$

$$\Im(G_{\text{LP}}(j\omega)) = \frac{-\frac{\omega}{\omega_0}}{1 + \frac{\omega^2}{\omega_0^2}} \tag{6.37}$$

Umformen ergibt:

$$|G_{\text{LP}}(j\omega)| = \frac{1}{\sqrt{1 + \frac{\omega^2}{\omega_0^2}}}$$

$$\text{arctan2}\,(\Re(G_{\text{LP}}), \Im(G_{\text{LP}})) = \arctan\left(-\frac{\omega}{\omega_0}\right)$$

Wir betrachten die drei Fälle: $\omega \ll \omega_0$, $\omega = \omega_0$ und $\omega \gg \omega_0$:

- Im ersten Fall $\omega \ll \omega_0$ strebt $|G_{\text{LP}}(j\omega)|$ gegen 1. Für das Verstärkungsmaß und die Phasenverschiebung erhält man:

$$L_U = 20 \log_{10}(1) = 0\,\text{dB}$$
$$\varphi = \arctan(0) = 0°$$

- Für den Fall $\omega = \omega_0$ folgt $|G_{\text{LP}}(j\omega)| = \frac{1}{\sqrt{2}}$:

$$L_U = -20 \log_{10}\left(\sqrt{2}\right) = -3\,\text{dB}$$
$$\varphi = \arctan(-1) = -45°$$

Eine Dämpfung von 3 dB kommt uns bekannt vor. Wir hatten schon bei den passiven Filtern gesehen, dass an der Grenzfrequenz das Signal um 3 dB abgeschwächt wird.
- Betrachten wir den letzten Fall $\omega \gg \omega_0$:

$$L_U = -20 \log_{10}\left(\frac{\omega}{\omega_0}\right)$$
$$\varphi = \arctan(-\infty) = -90°$$

Der Term

$$- 20 \log_{10} \left( \frac{\omega}{\omega_0} \right) \qquad (6.38)$$

beschreibt in einer doppelt-logarithmischen Auftragung eine Gerade mit einer Steigung von -20 dB/Dekade, welche die x-Achse bei $\omega_0$ schneidet. Manchmal werden statt Dekaden (einem Verzehnfachen der Frequenz) auch Oktaven (einem Verdoppeln der Frequenz) verwendet. Die Umrechnung lautet in sehr guter Näherung:

$$-20 \text{ dB/Dekade} = -20 \frac{\log(2)}{\log(10)} \text{ dB/Oktave}$$

$$\approx -6 \text{ dB/Oktave}$$

### 6.5.2.2 Bode-Diagramme

Der Verlauf der Verstärkung und der Phasenverschiebung kann auch graphisch dargestellt werden. Die Abb. 6.16a und 6.16b zeigen die sogenannten Bode-Diagramme (im Englischen *Bode plots*) der Übertragungsfunktion eines Tiefpassfilters.

In Abb. 6.16a ist der Verlauf der Amplitudenverstärkung gezeigt. Dieser Verlauf wird auch *Amplitudengang* genannt. Man sieht, dass die Amplitudenverstärkung bis zur Grenzfrequenz, $\omega_0$, 0 dB beträgt, an der Grenzfrequenz genau -3 dB ist und schließlich mit 20 dB/Dekade abfällt.

Abb. 6.16b zeigt die Phasenverschiebung. Analog zum Amplitudengang heißt dieser Verlauf auch *Phasengang*. In ihm sieht man die ursprüngliche Phasenverschiebung von $0°$, den Phasensprung bei $\omega_0$ und dann die konstante Phasenverschiebung von $-90°$.

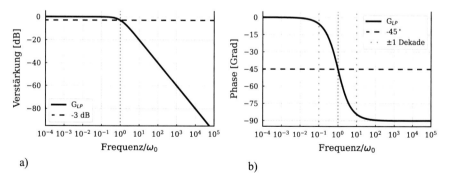

**Abb. 6.16** Bode-Diagramme des Tiefpasses. **a**) Amplitudengang/Verstärkung und **b**) Phasengang

### 6.5.3   Nullstellen am Ursprung: Hochpass

Analog zu dem vorigen Beispiel wollen wir die Übertragungsfunktion für einen Hochpassfilter analysieren:

$$G_{\mathrm{HP}}(s) = \frac{R}{\frac{1}{sC} + R} = \frac{sRC}{1 + sRC} \tag{6.39}$$

Wir werden die Eigenschaft des Logarithmus ausnutzen, dass der Logarithmus eines Produkts der Summe der Logarithmen der Faktoren entspricht. Dafür schreiben wir die Übertragungsfunktion als Produkt:

$$G_{\mathrm{HP}}(s) = G_0(s) \cdot G_{\mathrm{LP}}(s)$$

$$G_0(s) = \frac{s}{\omega_0} \text{ wieder mit } \omega_0 = \frac{1}{RC}$$

$$G_{\mathrm{LP}}(s) = \frac{1}{1 + \frac{s}{\omega_0}}$$

$G_{\mathrm{LP}}(s)$ entspricht genau dem Fall des Tiefpasses (Gl. 6.33). Diesen Fall hatten wir gerade besprochen. $G_0(s)$ geht bei $s = 0$ gegen 0. Wir haben hier den Fall einer Nullstelle am Ursprung. Um $G_0(s)$ zu untersuchen, setzen wir wieder $s = j\omega$ und erhalten:

$$G_0(j\omega) = \frac{j\omega}{\omega_0} \tag{6.40}$$

$$|G_0(s)| = \frac{\omega}{\omega_0} \tag{6.41}$$

Damit lassen sich nun wieder die Verläufe im Bode-Diagramm herleiten:

- Da $G_0(j\omega)$ für alle $\omega \in \mathbb{R}^+$ immer auf der positiven imaginären Achse liegt, folgt eine konstante Phasenverschiebung von $+90°$.
- Für die Amplitudenverstärkung erhalten wir mit $20\log_{10}(|G_0(s)|)$ eine Gerade mit einer Steigung von 20 dB/Dekade, welche die x-Achse bei $\omega_0$ durchkreuzt. Auf der x-Achse ist die Amplitudenverstärkung 0 dB.

Die resultierenden Bode-Diagramme für die Nullstelle am Ursprung ($G_0(s)$) sind in Abb. 6.17a und 6.17b gezeigt.

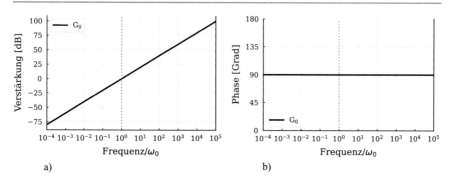

**Abb. 6.17** Nullstelle am Ursprung ($G_0$): **a**) Amplitudengang/Verstärkung und **b**) Phasengang

### 6.5.3.1 Produkte von Übertragungsfunktionen in Bode-Diagrammen

Für das Produkt beliebiger Übertragungsfunktionen gilt mit der Phase der komplexen Zahl $\phi$:

$$
\begin{aligned}
G(s = j\omega) = |G|e^{j\phi} &= G_1(j\omega)G_2(j\omega) \\
&= |G_1||G_2|e^{j\phi_1}e^{j\phi_2} \\
&= |G_1||G_2|e^{j(\phi_1+\phi_2)}
\end{aligned}
$$

Da $20\log_{10}(|G_1||G_2|) = 20\log_{10}(|G_1|) + 20\log_{10}(|G_2|)$ gilt, folgt, dass wir für die Amplitudenverstärkung die Beiträge der beiden Übertragungsfunktionen $G_1$ und $G_2$ im Bode-Diagramm einfach addieren können. Ebenfalls lassen sich die Phasen addieren, da $e^a e^b = e^{(a+b)}$.

Um diese additiven Eigenschaften in Bode-Diagrammen zu demonstrieren, zeigen Abb. 6.18a und 6.18b die Bode-Diagramme der eben besprochenen Übertragungsfunktionen. Die Übertragungsfunktion der Nullstelle am Ursprung ($G_0$) und jene des Tiefpassfilters ($G_{LP}$) ergeben im Bode-Diagramm durch Addition jene des Hochpassfilters ($G_{HP} = G_0 \cdot G_{LP}$).

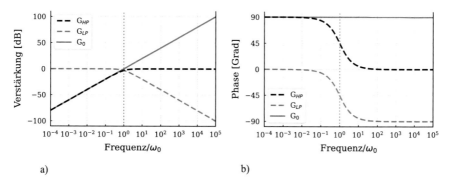

**Abb. 6.18** Bode-Diagramme des Hochpasses ($G_{HP}$): **a**) Amplitudengang/Verstärkung und **b**) Phasengang

**Abb. 6.19** Pol- und
Nullstellendiagramm für die
Übertragungsfunktion eines
Hochpassfilters. Zu dem
bereits bekannten Pol auf der
reellen Achse bei $-\omega_0$
kommt eine Nullstelle am
Ursprung

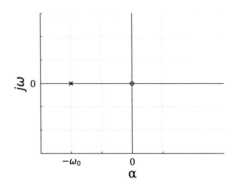

Es ist wichtig zu verstehen, dass das nicht heißt, dass man die Übertragungs-funktionen einfach addieren kann, anstatt sie zu multiplizieren. Man kann, um die Bode-Diagramme von Übertragungsfunktionen zu zeichnen, welche sich als Produkt schreiben lassen, die Bode-Diagramme der beiden Faktoren addieren.

Zusätzlich zu den Bode-Diagrammen, können wir auch wieder das Pol- und Null-stellendiagramm zeichnen, gezeigt in Abb. 6.19.

### 6.5.4 Konstante Übertragungsfunktionen

Die Eigenschaft, dass sich Produkte in Übertragungsfunktionen als Summen in den Bode-Diagrammen zeichnen lassen, ist auch in weiteren Fällen nützlich. Betrachten wir folgende Übertragungsfunktion:

$$G(s) = A \cdot G'(s) \text{ mit } A \in \mathbb{R} \tag{6.42}$$

Dieser Fall wird uns zum Beispiel bei Verstärkerschaltungen begegnen, wo $A$ die Verstärkung angibt und $G'(s)$ die weitere Übertragungsfunktion, abhängig von der Schaltung.

Damit stellt sich die Frage, wie sich die Übertragungsfunktion

$$G_{\text{const.}} = A \tag{6.43}$$

mit $A \in \mathbb{R}$ verhält.

Da $G_{\text{const.}}$ nicht von $s$ abhängt, gibt es keine Frequenzabhängigkeit.

- Die Amplitudenverstärkung ist für alle Frequenzen $20 \log_{10}(|A|)$.
  - Werte von $|A| > 1$ führen also zu einer Verstärkung von mehr als 0 dB.
  - Werte von $|A| < 1$ resultieren in Verstärkungen von weniger als 0 dB.
  - Für $|A| = 1$ ist die Amplitudenverstärkung genau 0 dB.
- Die Phasenverschiebung hängt ebenfalls nicht von der Frequenz ab und ist für alle positiven $A$ immer $0°$ und für negative $A$ immer $-180°$. Das folgt, da alle Werte für $G_{\text{const.}}$ immer auf der reellen Achse liegen.

Die Amplitudenverstärkung hängt nur vom Absolutbetrag von $A$ ab, das Vorzeichen bestimmt die Phasenverschiebung. So entspricht zum Beispiel die Übertragungsfunktion $G(s) = -1$ einer Spiegelung des Eingangssignals. Die Amplitudenverstärkung beträgt in diesem Fall 0 dB, die Phasenverschiebung $-180°$.

Um auf den Fall $G(s) = A \cdot G'(s)$ zurückzukommen: Der Amplitudengang von $G'(s)$ wird hier also nur um den Wert von $20 \log_{10}(|A|)$ verschoben. Der Phasengang bleibt entweder unverändert, für $A > 0$, oder wird um $-180°$ verschoben, wenn $A < 0$ ist.

Ein einfacher Spannungsteiler hat beispielsweise eine konstante Übertragungsfunktion, das Verhältnis von Ein- und Ausgangsspannung entspricht dem Verhältnis des einen Widerstands und des Gesamtwiderstands des Teilers. Mit einem Spannungsteiler lassen sich alle $A$ zwischen 0 und 1 realisieren.

Idealisierte Verstärker, zum Beispiel invertierende und nichtinvertierende Operationsverstärkerschaltungen, besitzen ebenfalls konstante Übertragungsfunktionen. Im Fall der invertiernden Schaltung kommt es zusätzlich auch zu einer Phasenverschiebung von $-180°$.

### 6.5.5 Polstellen am Ursprung

Nutzen wir wieder die Logarithmuseigenschaften: diesmal, dass sich Divisionen in Logarithmen als Differenzen von Logarithmus des Dividenden und Logarithmus des Divisors schreiben lassen. So können wir aus der Nullstelle am Ursprung $G_0(s)$ auch eine Polstelle am Ursprung bilden:

$$G_\infty(s) = \frac{\omega_0}{s} = \frac{1}{G_0(s)} \tag{6.44}$$

Wir haben also eine Konstante durch $G_0(s)$. Den Fall für $G_{\mathrm{const}} = 1$ kennen wir bereits, hier ist sowohl die Amplitudenverstärkung wie auch die Phase überall Null.

Wegen der Division müssen wir nun allerdings, statt die Beiträge in den Bode-Diagrammen aufzusummieren, die Differenz der Beiträge bilden.

Da $G_{\mathrm{const}} = 1$ überall Null ist, entspricht die Differenzbildung einer Spiegelung von $G_0(s)$ an der x-Achse. Eine Polstelle am Ursprung hat entsprechend in der Amplitudenverstärkung eine Gerade mit einer Steigung von $-20$ dB/Dekade und eine konstante Phasenverschiebung von $-90°$. Die resultierenden Bode-Diagramme sind in Abb. 6.20a und 6.20b gezeigt. Zusätzlich ist auch der Fall der Nullstelle eingezeichnet.

### 6.5.6 Komplexe Polstellen: RLC-Schwingkreis

Als letztes Beispiel wollen wir einen RLC-Schwingkreis analysieren. Bei einem RLC-Schwingkreis sind eine Induktivität, eine Kapazität und ein Widerstand in Serie geschaltet. Wir nehmen als Ausgangssignal die Spannung über den Kondensator, gezeigt in Abb. 6.21.

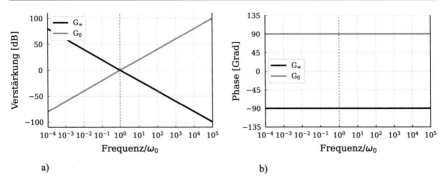

**Abb. 6.20** Polstelle am Ursprung ($G_\infty$): **a**) Amplitudengang/Verstärkung und **b**) Phasengang

**Abb. 6.21** Der Schaltplan
eines RLC-Schwingkreises

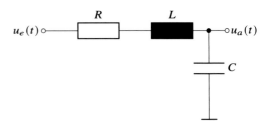

Für $u_a(t)$ schreibt sich:

$$\frac{u_a(t)}{u_e(t)} = \frac{Z_C}{Z_L + Z_C + Z_R} \tag{6.45}$$

$$\Rightarrow \frac{U_a(s)}{U_e(s)} = \frac{\frac{1}{sC}}{sL + \frac{1}{sC} + R} \tag{6.46}$$

$$= \frac{\frac{1}{LC}}{s^2 + \frac{R}{L}s + \frac{1}{LC}} \tag{6.47}$$

Wir wollen für ein allgemeines System zweiter Ordnung folgenden Ausdruck schreiben:

$$G_{\mathrm{RLC}}(s) = \frac{\omega_0^2}{s^2 + 2\zeta\omega_0 s + \omega_0^2} \tag{6.48}$$

Ein Koeffizientenvergleich zwischen Gl. 6.47 und 6.48 liefert:

$$\omega_0 = \frac{1}{\sqrt{LC}} \tag{6.49}$$

$$\zeta = \frac{R}{2}\sqrt{\frac{C}{L}} \tag{6.50}$$

$\omega_0$ ist die Eigenfrequenz und $\zeta$ der Dämpfungsgrad des Systems. Dies ist analog zu einem gedämpften harmonischen Oszillator. Man denke zum Beispiel an eine

**Abb. 6.22** Das komplexe
Paar an Polstellen im
s-Raum. Strebt $\zeta \to 0$,
wandert das Polpaar direkt
auf die imaginäre Achse bei
$\pm j\omega_0$

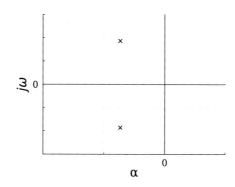

Masse an einer Feder, welche Reibung erfährt. Statt dass die Energie aber zwischen kinetischer und potentieller pendelt, oszilliert sie im RLC-Schwingkreis zwischen Induktivität und Kapazität. Jene Energie, welche im mechanischen System als Reibung dem System entnommen wird, wird im RLC-Schwingkreis im Widerstand in Wärme umgewandelt.

Untersucht man den Nenner in Gl. 6.48, findet sich für die Polstelle beziehungsweise die Polstellen:

$$s_{\text{Pol}} = -\zeta\omega_0 \pm \sqrt{\zeta^2\omega_0^2 - \omega_0^2} \tag{6.51}$$

Im Fall $\zeta < 1$ ergeben sich also zwei komplex konjugierte Polstellen. Der Dämpfungsgrad $\zeta$ (oft auch mit dem Formelzeichen $D$) gibt das Verhältnis zwischen der Dämpfungskonstante und der kritischen Dämpfungskonstante des Systems an. Wir erinnern uns an den gedämpften Oszillator, wo zwischen schwacher Dämpfung, starker Dämpfung (Kriechfall) und aperiodischem Grenzfall unterschieden wurde. Beim schwach gedämpften System ist $\zeta$ kleiner 1, beim aperiodischen Grenzfall genau 1 und beim stark gedämpften System größer 1.

Im Weiteren wollen wir von dem Fall ausgehen, dass das System nur schwach gedämpft ist und nehmen an, dass $\zeta < 1$ ist. Damit kommt es zu einem komplexen Polpaar, welches in Abb. 6.22 eingezeichnet ist.

Wir wollen das System wieder auf harmonische Anregung untersuchen, setzen also $s = j\omega$ und erhalten für Real- und Imaginärteil:

$$\Re(G_{\text{RLC}}) = \frac{1 - \left(\frac{\omega}{\omega_0}\right)^2}{\left[1 - \left(\frac{\omega}{\omega_0}\right)^2\right]^2 + \left[2\zeta\left(\frac{\omega}{\omega_0}\right)\right]^2} \tag{6.52}$$

$$\Im(G_{\text{RLC}}) = \frac{-2\zeta\left(\frac{\omega}{\omega_0}\right)}{\left[1 - \left(\frac{\omega}{\omega_0}\right)^2\right]^2 + \left[2\zeta\left(\frac{\omega}{\omega_0}\right)\right]^2} \tag{6.53}$$

### 6.5.6.1 Analyse von Systemen zweiter Ordnung

- Für den Fall $\omega \ll \omega_0$:

  Für den Realteil geht sowohl der Zähler wie auch der Nenner gegen 1. Der Imaginärteil wird im Zähler sehr klein. Der Nenner gleicht jenem im Realteil, strebt also gegen 1. Der Betrag $|G_{\mathrm{RLC}}(j\omega)|$ geht entsprechend gegen 1, was einer Amplitudenverstärkung von 0 dB entspricht. Der reale Anteil liegt im positiven Bereich, der imaginäre Anteil verschwindet. Daraus folgt eine Phasenverschiebung von $0°$.

$$L_U = 20 \log_{10}(1) = 0 \text{ dB}$$
$$\varphi = 0°$$

- Für den Fall $\omega \gg \omega_0$:

  Die 1 im Zähler wie auch im Nenner wird vernachlässigbar klein. Im Nenner bleibt der Term:

$$\left[\left(\frac{\omega}{\omega_0}\right)^2\right]^2 + \left[2\zeta\left(\frac{\omega}{\omega_0}\right)\right]^2 \tag{6.54}$$

Da der zweite Term nur quadratisch anwächst, der erste jedoch mit der vierten Potenz von $\omega$, kann man den zweiten Terms vernachlässigen. Damit erhält man:

$$\Re(G_{\mathrm{RLC}}) = -\left(\frac{\omega}{\omega_0}\right)^{-2} \qquad \Im(G_{\mathrm{RLC}}) = -2\zeta\left(\frac{\omega}{\omega_0}\right)^{-3} \tag{6.55}$$

Als Verstärkung ergibt sich also:

$$|G_{\mathrm{RLC}}(j\omega)| = \sqrt{\left[-\left(\frac{\omega}{\omega_0}\right)^{-2}\right]^2 + \left[-2\zeta\left(\frac{\omega}{\omega_0}\right)^{-3}\right]^2} \tag{6.56}$$

Der Term zur $-6$-ten Potenz kann wieder vernachlässigt werden. Wir erhalten für die Amplitudenverstärkung:

$$L_U = 20 \log_{10}\left(\left[\frac{\omega}{\omega_0}\right]^{-2}\right) = -40 \log_{10}\left(\frac{\omega}{\omega_0}\right) \tag{6.57}$$

Die Form kommt uns von den reellen Polen und Nullstellen schon bekannt vor, nur haben wir hier eine Gerade mit einer Steigung von -40 dB/Dekade.

Um die Phasenverschiebung zu bestimmen, müssen wir den Imaginär- und Realteil unserer komplexen Übertragungsfunktion auswerten. Mit Gl. 6.55 sehen wir, dass wir uns mit $\omega \in \mathbb{R}^+$ im negativen reellen sowie negativen imaginären Bereich bewegen. Weil aber der imaginäre Anteil mit der dritten Potenz abfällt,

strebt er schneller gegen Null, und wir befinden uns auf der negativen reellen
Achse. Die Phase beträgt dort $-180°$.

$$L_U = -40 \log_{10}\left(\frac{\omega}{\omega_0}\right)$$

$$\varphi = -180°$$

- Für den letzten Fall $\omega = \omega_0$ folgt, dass der Zähler und somit der gesamte Realteil
  0 wird. Der Imaginärteil wird:

$$\Im(G_{\text{RLC}}) = \frac{-1}{2\zeta} \tag{6.58}$$

Für die Verstärkung folgt also:

$$|G_{\text{RLC}}(j\omega)| = \frac{1}{2\zeta} \tag{6.59}$$

$$20 \log_{10}(|G_{\text{RLC}}(j\omega)|) = -20 \log_{10}(2\zeta) \tag{6.60}$$

Abhängig von $\zeta$ ist unsere Verstärkung also 0 dB bei $\zeta = 0.5$, größer als 0 dB
für $\zeta < 0.5$ und kleiner als 0 dB für $\zeta > 0.5$.

Die Phase ist $-90°$, da wir nur einen nichtverschwindenden, negativen Imaginärteil haben.

$$L_U = -20 \log_{10}(2\zeta)$$

$$\varphi = -90°$$

Wenn man die Bode-Diagramme für ein solches System darstellt, erhält man
Abb. 6.23a und 6.23b. In den Abbildungen sind verschiedene Werte für $\zeta$ gezeigt.
In der Amplitudenverstärkung ist die Spitze bei $\zeta < 0.5$ deutlich zu erkennen. Im
Phasendiagramm sehen wir den Übergang von $0°$ zu $-180°$. Dabei fällt auf, dass für
höhere Werte von $\zeta$ der Übergang immer flacher verläuft.

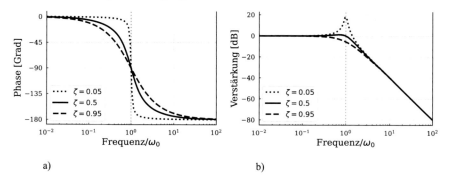

Abb. 6.23 Bode-Diagramme eines Tiefpasses 2. Ordnung. a) Amplitudengang/Verstärkung und
b) Phasengang

## 6.6    Zusammenfassung

In Abb. 6.24 sind die unterschiedlichen Bode-Diagramme für alle besprochenen Fälle nochmal übersichtlich dargestellt:

**Konstante Terme**

- Konstante Faktoren $G = A$ führen zu konstanten Werten in der Amplitudenverstärkung von $20 \log(|A|)$. Damit führt ein $|A| = 1$ genau zu einer Amplitudenverstärkung von 0 dB, Werte über 1 zu positiven und Werte unter 1 zu einer negativen Amplitudenverstärkung.
- Konstante Faktoren führen zu einer Phasenverschiebung von entweder $0°$, wenn $A$ ein positiver Wert ist oder zu einer Phasenverschiebung von $180°$, wenn $A$ ein negativer Wert ist.

**Nullstellen beziehungsweise Polstelle am Ursprung**

- Eine Nullstelle am Ursprung, also eine Übertragungsfunktion $G = s/\omega_0$, führt zu einer Geraden mit einer positiven Steigung von 20 dB/Dekade in der Amplitudenverstärkung und zu einer konstanten Phasenverschiebung von $90°$.
- Ähnlich ist es für einen Pol am Ursprung, also $G = (s/\omega_0)^{-1}$. Hier ist die Steigung in der Amplitudenverstärkung allerdings -20 dB/Dekade und die Phasenverschiebung konstant bei $-90°$.

**Nullstellen und Polstellen erster Ordnung**

- Bei einer Nullstelle erster Ordnung ($G = s/\omega_0 + 1$) ist die Amplitudenverstärkung bis zur Grenzfrequenz $\omega_0$ zuerst eine Gerade bei 0 dB, danach steigt sie mit 20 dB/Dekade. Streng genommen ist die Amplitudenverstärkung bei $\omega_0$ bereits auf +3 dB angestiegen.
- Die Phasenverschiebung macht um $\omega_0$ einen Sprung. Von $0°$ kommend ist sie genau $45°$ bei $\omega_0$ und steigt dann auf $90°$.
- Um die Phasensprünge zu approximieren, kann man als Richtlinie die Phasenverschiebung bis eine Dekade vor $\omega_0$ konstant bei $0°$ zeichnen, und dann linear zwischen einer Dekade vor $\omega_0$ bis einer Dekade nach $\omega_0$ bis $90°$ ansteigen lassen. Danach läuft sie konstant mit $90°$ weiter.
- Ähnlich wie die Polstelle verhält sich auch die Nullstelle erster Ordnung: $G = (s/\omega_0 + 1)^{-1}$
- Bis $\omega_0$ verläuft die Amplitudenverstärkung bei 0 dB. Ab $\omega_0$ sinkt sie mit $-20$ dB/Dekade. Streng genommen ist sie bei $\omega_0$ bereits auf $-3$ dB abgesunken.
- Ebenso macht die Phasenverschiebung einen Sprung von $0°$ zu $-90°$. Die Approximation erfolgt analog zum vorherigen Fall.

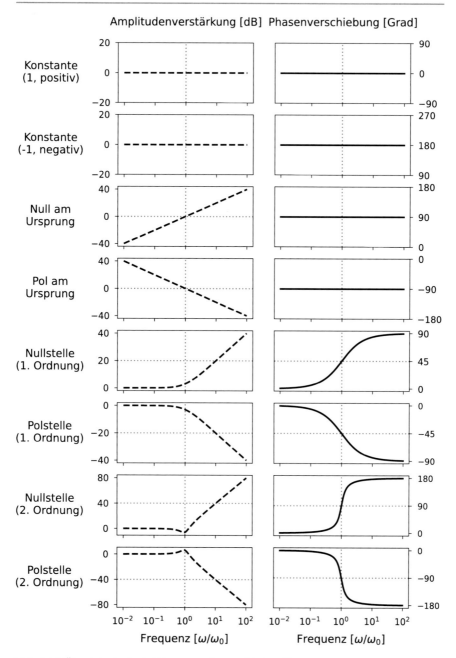

**Abb. 6.24** Übersicht der Bode-Diagramme für verschiedene Übertragungsfunktionen

**Abb. 6.25** Ein
Signalflussplan für ein
System mit Gegenkopplung

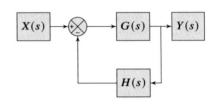

### Nullstellen und Polstellen zweiter Ordnung

- Für eine Nullstelle zweiter Ordnung, also $G = s^2/\omega_0^2 + 2\zeta/\omega_0 + 1$, ist der Verlauf der Amplitudenverstärkung ähnlich jener der Nullstelle erster Ordnung. Allerdings kommt es zu einem Anstieg von 40 dB/Dekade.
- Außerdem kommt es, je nach Wert von $\zeta$, zu einem negativen Peak bei $\omega_0$. Die Amplitudenverstärkung ist bei $\omega_0$ genau $20 \log_{10}(2\zeta)$.
- Die Phasenverschiebung springt bei $\omega_0$ von $0°$ zu $180°$. Je nach dem Wert von $\zeta$ erfolgt dies unterschiedlich schnell. Bei $\omega_0$ ist die Phasenverschiebung genau $90°$.
- Als Approximation kann man als Intervall, in welchem die Phasenverschiebung linear ansteigt, den Bereich $\omega_0/5^\zeta$ bis $5^\zeta \omega_0$ wählen.
- Analog zu unserer Übertragung der Nullstelle erster Ordnung auf die Polstelle erster Ordnung gilt auch im Fall der Polstelle zweiten Ordnung: $T = (s^2/\omega_0^2 + 2\zeta/\omega_0 + 1)^{-1}$.
- Die Amplitudenverstärkung fällt ab $\omega_0$ mit $-40$ dB/Dekade. Bei $\omega_0$ ist sie genau $-20 \log_{10}(2\zeta)$.
- Die Phasenverschiebung springt von $0°$ zu $-180°$ bei $\omega_0$. Zur Approximation lässt sich dasselbe Intervall wie im vorherigen Fall benutzen.

## 6.7   Rückkopplung

Im nächsten Kapitel über reale Operationsverstärkerschaltungen werden wir in den meisten Schaltungen einen Teil des Signals an den Eingang zurückführen.

Wenn wir dies schematisch darstellen, ergibt sich ein Signalflussplan wie in Abb. 6.25 gezeigt: Ein Eingangssignal $X(s)$ wird zusammen mit dem rückgekoppelten Anteil ($H(s)Y(s)$) dem System ($G(s)$) zugeführt. Dabei sehen wir, dass in dem Summenknoten der rückgekoppelte Anteil negativ ist. Es handelt sich also um ein System mit negativer Rückkopplung.

Wenn wir das Signal nach dem Summenknoten mit $E(s)$ bezeichnen (oft wird dieses Signal auch als *error signal* bezeichnet), finden wir:

$$E(s) = X(s) - H(s)Y(s) \tag{6.61}$$

$$Y(s) = E(s)G(s) \tag{6.62}$$

Damit folgt für die Übertragungsfunktion $Y(s)/X(s)$:

$$\frac{Y(s)}{X(s)} = \frac{G(s)}{1 + G(s)H(s)} \tag{6.63}$$

Dieser Ausdruck ist die *Closed-Loop* Übertragungsfunktion für den Fall negativer Rückkopplung. An diesem Ausdruck können wir sehen, dass sich für den Fall eines sehr großen $G(s)$ die Übertragungsfunktion schreiben lässt als:

$$\frac{Y(s)}{X(s)} \approx \frac{1}{H(s)} \tag{6.64}$$

Wir haben mit den Operationsverstärkern ein Bauteil kennengelernt, welches eine sehr, sehr große Verstärkung besitzt. Was auf den ersten Blick verwunderlich erscheinen mag ist, dass die meisten Operationsverstärkerschaltungen daher unabhängig vom Operationsverstärker selbst und nur von der externen Beschaltung abhängig sind. Diese Eigenschaft ist mit der Näherung in Gl. 6.64 einfach zu verstehen. Durch die große Verstärkung des Operationsverstärker, kommt es im Betrieb mit negativer Rückkopplung genau zu dem besprochenen Fall.

Auch Gl. 6.63 gibt uns schon einige wichtige Hinweise. Für den Fall, dass $G(s)H(s)$ genau $-1$ wird, sehen wir, dass die Übertragungsfunktion gegen unendlich strebt. Ein solcher Fall wäre zum Beispiel gegeben, wenn wir für $G(s) = 1$ und $H(s) = -1$ wählen, also dem System das invertierte Signal gegenkoppeln. Es ist leicht ersichtlich, dass eine solche Schaltung instabil wäre. Neben der Amplitudenverstärkung ist jedoch auch die Phasenverschiebung zu betrachten. In diesen Fällen ist die Instabilität nicht auf den ersten Blick ersichtlich. Im späteren Teil des nächsten Kapitels werden wir auf diese Fälle zurückkommen.

# Reale Operationsverstärker

# 7

Dieses Zusatzkapitel geht etwas mehr auf die Eigenschaften von nicht idealen Operationsverstärkern ein, in erster Linie auf ihr frequenzabhängiges Verhalten. Wie bereits in den Einführungskapiteln erwähnt, kann eine ungewollte Phasenverschiebung zu Instabilitäten führen. Wir werden nicht jedes Detail besprechen, hoffen allerdings der Leserin und dem Leser die notwendigen Werkzeuge in die Hand zu geben, die als Ausgangspunkt für weiterführende Literatur dienen. Angemerkt sei, dass Hersteller von Operationsverstärkern meist das Ziel haben, ein in sich stabiles Bauteil zu entwickeln. Damit kann man vorwiegend Operationsverstärker einfach in die Schaltungen, welche in Kap. 4 eingeführt wurden, einsetzen. Unter extremen Bedingungen, zum Beispiel das Treiben einer hohen kapazitiven Last oder hohe Frequenzen, kann es jedoch trotzdem zu Problemen kommen.

## 7.1  Leerlaufspannungsverstärkung

Wir wissen aus Kap. 4, dass für den idealen Operationsverstärker die Leerlaufspannungsverstärkung sehr hoch ist. Für reale Operationsverstärker ist das tatsächlich der Fall, typischerweise liegt sie zwischen 100 dB bis 120 dB (also $10^5$ V/V bis $10^6$ V/V). Der Open-Loop Gain ist allerdings nicht für alle Frequenzen so hoch. Für große Frequenzen fällt er ab einem gewissen Wert.

Wir haben im Kap. 6 gelernt, dass RC-Glieder zu Polstellen in den Übertragungsfunktionen führen und es dabei zu einem Abfallen der Amplitudenverstärkung von $-20$ dB/Dekade kommt, sowie einem Phasensprung von $-90°$. Solche Pole kommen in den internen Schaltungen von Operationsverstärkern vor. Sehr viele Operationsverstärker sind so entworfen, dass sie einen dominanten Pol bei sehr niedrigen Frequenzen besitzen. Dieser Pol liegt üblicherweise unter 1 Hz bis wenigen 10 Hz. Bei Frequenzen über diesem Pol fällt der Open-Loop Gain mit den bekannten

T. Bisanz et al., *Elektronik im Physikstudium*,
https://doi.org/10.1007/978-3-662-67926-5_7

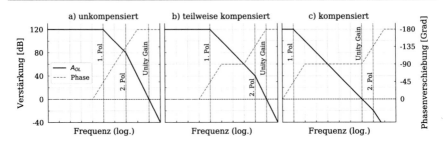

**Abb. 7.1** Unterschiedliche Maße an Kompensation bei Operationsverstärkern

−20 dB/Dekade. Einen solchen Operationsverstärker nennt man *frequenzkompensiert* oder einfach nur *kompensiert*.

Operationsverstärker haben zusätzlich auch noch Pole bei höheren Frequenzen. Durch die Kompensation wird der erste Pol allerdings zu niedrigeren Frequenzen verschoben[1]. Relevant ist, ob der zweite Pol bei einer Frequenz liegt, bei welcher der Operationsverstärker eine Amplitudenverstärkung ($A_{OL}$) größer als 0 dB hat. Bei 0 dB beträgt die Amplitudenverstärkung genau 1 V/V, daher nennt man diesen Punkt auch *Unity Gain*.

Wir sehen diese Fälle in Abb. 7.1, wo von links nach rechts erst der unkompensierte, dann der teilkompensierte Fall und letztendlich der kompensierte Fall gezeigt werden. Im unkompensierten und teilkompensierten Fall sieht man, dass die Phasenverschiebung bei Unity Gain bereits auf 180° angestiegen ist.

In Abb. 7.2 ist der Verlauf für den Open-Loop Gain ($A_{OL}$) eines typischen kompensierten Operationsverstärkers im Detail gezeigt. Jene Frequenz, bei welcher $A_{OL}$ die 0 dB Linie kreuzt, wird *Gain-Bandwidth Product* genannt (GBWP). Dies ist ein Maß für die Bandbreite des verwendeten Operationsverstärkers. Mit dem GBWP kann man die maximal erreichbare Verstärkung bei beliebiger Frequenz berechnen. Das Produkt aus maximaler Verstärkung und Grenzfrequenz ist dabei gleich dem GBWP. Dieser Zusammenhang gilt natürlich nur bis zur Frequenz des dominanten Pols, darunter ist die maximale Verstärkung konstant, wie in der Abbildung ersichtlich.

Um das zu verdeutlichen, wählen wir einen Operationsverstärker mit einem GBWP von 1 MHz. Eine Verstärkung von 20 dB entspricht 10 V/V. Wollen wir eine Sinusspannung mit einer Frequenz von 100 Hz verstärken, ergibt das Produkt 1 kHz, was unter dem GBWP liegt. Auch eine Frequenz von 10 kHz ergibt mit einer Verstärkung von 10 V/V nur 100 kHz. Betrachten wir hingegen eine Verstärkung von 60 dB ($10^3$ V/V), so sind Eingangssignale von 100 Hz weiterhin unproblematisch: 100 Hz × $10^3$ V/V = 100 kHz. 100 kHz hingegen würden ein GBWP von mindestens 100 kHz × $10^3$ V/V = 10 MHz benötigen.

Die besprochenen Fälle sind in Abb. 7.3 gezeigt, wo neben $A_{OL}$ auch der Closed-Loop Gain ($A_{CL}$) für eine Verstärkerschaltung mit 20 dB und 60 dB eingezeichnet ist. $A_{CL}$ ist dabei konstant 20 dB beziehungsweise 60 dB bis zur Frequenz, wo die Gerade

---

[1]Und meist auch der nächste Pol zu noch höheren Frequenzen.

**Abb. 7.2** Open-Loop Gain
für einen kompensierten
Operationsverstärker. Der
dominante Pol liegt bei
10 Hz, das GBWP bei 1 MHz

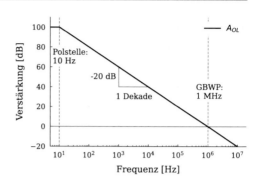

**Abb. 7.3** $A_{OL}$ für einen
kompensierten
Operationsverstärker mit
externer Beschaltung für
einen Verstärker mit 20 dB
und 60 dB
Amplitudenverstärkung

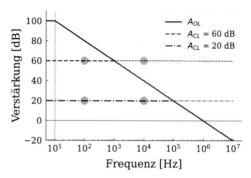

auf $A_{OL}$ trifft. Ab diesem Punkt folgt $A_{CL}$ dem $A_{OL}$ des Operationsverstärkers.
Genau genommen fällt $A_{CL}$ bereits kurz davor ab und ist bereits um $-3$ dB niedriger
als $A_{OL}$ bei dem skizzierten Knick. Ein 1 V Sinus bei $10^5$ Hz mit einer Verstärkung
von 10 V/V würde in dem gezeigten Beispiel also nur ein etwa 7 V Ausgangssignal
liefern, statt 20 dB ist die Verstärkung in dem Punkt bereits auf 17 dB abgefallen.

---

**Aufgabe**

Typischerweise werden Sie für Operationsverstärker weder genauen Werte für die
Frequenz des dominanten Pols noch für $A_{OL}$ finden. Für $A_{OL}$ bei Gleichspannung
gibt es üblicherweise minimale und typische Werte im Datenblatt. Die genauen
Werte sind in den meisten Fällen nicht wirklich wichtig, die Größenordnungen
werden es Ihnen erlauben, die Schaltungen passend zu dimensionieren.
Entsprechend ist die folgende Aufgabe teilweise eher als Fingerübung gedacht,
um sich mit dem Rechnen mit dB und dem Verlauf von $A_{OL}$ vertraut zu machen:
Gegeben ist ein kompensierter Operationsverstärker mit einem GBWP von
5 MHz. $A_{OL}$ bei Gleichspannung beträgt 110 dB.

- Welche Maximalfrequenz hat eine Verstärkerschaltung mit 40 dB mit diesem
  Operationsverstärker?
- Welche Ausgangsspannungsamplitude erwarten Sie bei einem Eingangssignal
  von 25 mV bei dieser Frequenz?

- Welche Amplitude erwarten Sie für ein solches Signal mit einer Frequenz von 1 kHz?
- Bei welcher Frequenz liegt der dominante Pol?
- Skizzieren Sie $A_{OL}$.

### 7.1.1  Stabilität

Der Pol in $A_{OL}$ bei niedrigen Frequenzen ist dabei explizit gewollt. Der Grund hierfür ist, dass jeder Pol auch zu einer Phasenverschiebung von $-90°$ führt. Ohne diese Kompensation ist es so, dass es zu mehreren Polen bei höheren Frequenzen kommt, welche über der 0 dB Linie liegen. Diese Pole verhindert man dadurch nicht, sie werden aber unter die 0 dB Linie verschoben. Wenn man an der 0 dB Linie eine Phasenverschiebung von $-180°$ oder mehr hat, wäre die Schaltung instabil.

Wir erinnern uns: In einem einfachen Regelkreislauf mit negativer Rückkopplung war der Closed-Loop Gain (Gl. 6.63):

$$T(s) = \frac{G(s)}{1 + G(s)H(s)} \tag{7.1}$$

Im konkreten Fall von Operationsverstärkerschaltungen, entspricht $G(s)$ der Übertragungsfunktion des Open-Loop Operationsverstärkers $(A_{OL})$ und der Feedback-Anteil $H(s)$ wird mit $\beta(s)$ abgekürzt:

$$A_{CL} = \frac{A_{OL}}{1 + A_{OL} \cdot \beta} \tag{7.2}$$

Wenn der Nenner gegen $A_{OL} \cdot \beta = -1$ strebt, wird also der Closed-Loop Gain unendlich. Dieser Fall tritt ein, wenn $|A_{OL} \cdot \beta| = 1$ und die Phase $-180°$ beträgt.

Verwenden wir wieder die Darstellung von Verstärkungsmaßen in Bode-Diagrammen, können wir für $A_{OL} \cdot \beta$ Folgendes schreiben:

$$20 \log_{10} (A_{OL}\beta) = 20 \log_{10} (A_{OL}) - 20 \log_{10} \left(\frac{1}{\beta}\right) \tag{7.3}$$

Daraus folgt: Wenn wir den Punkt, bei welchem der Closed-Loop Gain 0 dB beträgt, bestimmen wollen, wir nur den Schnittpunkt zwischen den Bode-Diagrammen des Open-Loop Gains des Operationsverstärkers (aus dem Datenblatt) und $1/\beta$ (abhängig von der Beschaltung) bestimmen müssen. Um die Stabilität zu untersuchen, müssen wir dort die Phasenverschiebung ermitteln.

Oft bedient man sich auch hier einem Maß aus der Regeltechnik, der sogenannten *Phase Margin* (PM), welche sich aus der Phasenverschiebung $\phi$ ergibt:

$$PM = \phi - (-180°) \tag{7.4}$$

Die Phase Margin gibt also an, wie nahe man an den kritischen $-180°$ Phasenverschiebungen ist. Als Richtwert sollten Schaltungen eine PM von $45°$ oder größer aufweisen.

In der Regel lässt sich die Stabilität aus der sogenannten *Rate of Closure* (ROC) ableiten. Dabei ist die ROC ein Maß für den Winkel zwischen $|1/\beta|$ und $|A_{OL}|$, um genau zu sein:

$$\text{ROC} = \text{Steigung von } \left| \frac{1}{\beta} \right| - \text{Steigung von } |A_{OL}| \qquad (7.5)$$

Wir wissen aus Abschn 6.5.2.1, dass jeder Pol zu einer Phasenverschiebung von $-90°$ führt und es zu einem Knick in der Amplitudenverstärkung von $-20$ dB/Dekade kommt. Entsprechend können wir aus der ROC die PM bestimmen:

$$\text{PM} = 180° - 4.5° \times \text{ROC [dB/Dekade]} \qquad (7.6)$$

Die ROC ist ein graphisches Hilfsmittel, um direkt aus den Bode-Diagrammen der Amplitudenverstärkung auf die Phasenverschiebung und damit die Stabilität zu schließen.

Um das zu verdeutlichen, können wir dieses Hilfsmittel in Abb. 7.3 und 7.4 anwenden. In der ersten Abbildung ist ein kompensierter Operationsverstärker mit einem einzelnen Pol gegeben. Für Frequenzen über diesem Pol fällt $A_{OL}$ mit $-20$ dB/Dekade. Für externe Beschaltungen mit konstanter Verstärkung ist $1/\beta$ eine waagrechte Gerade: die Fortführung von $A_{CL}$, wie in der Abbildung angedeutet. Der Schnittpunkt zwischen dieser Geraden und $A_{OL}$ gibt die ROC an. Die $1/\beta$ Funktion und $A_{OL}$ schneiden sich also mit einer ROC von $0 - (-20)$ db/Dekade, da $1/\beta$ keine Steigung aufweist und $A_{OL}$ mit $-20$ dB/Dekade abfällt. Eine ROC von 20 dB/Dekade ist stabil, die PM beträgt in diesem Fall: $180° - 4.5° \times 20 = 90°$.

In Abb. 7.4 kommt es zu einem sekundären Pol bereits bevor Unity Gain erreicht wird: bei 40 dB und $10^4$ Hz. Eine Verstärkerschaltung mit einer Verstärkung von 60 dB wäre weiterhin stabil, wie in der Abbildung mit $1/\beta_{60\text{dB}}$ ersichtlich. Verwendet man diesen Operationsverstärker hingegen mit einer geringeren Verstärkung, zum Beispiel mit 20 dB, würden sich die beiden Kurven an einem Punkt schneiden, wo

**Abb. 7.4** $A_{OL}$ für einen unkompensierten Operationsverstärker mit externer Beschaltung für einen Verstärker mit 60 dB sowie einen für 20 dB Amplitudenverstärkung

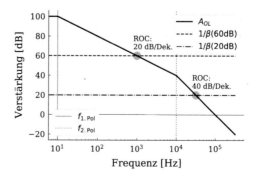

die ROC 40 dB/Dekade wäre (siehe den Fall mit $1/\beta_{20\text{dB}}$). Das würde zu einer PM von 0° führen, die Schaltung wäre instabil.

In dem Fall, dass die $1/\beta$ Kurve jene von $A_{OL}$ genau in jenem Punkt trifft, wo der Knick von $-20$ zu $-40$ dB/Dekade liegt, also genau beim sekundären Pol, kann man für die Berechnung der PM einfach 30 dB/Dekade einsetzen und erhält eine PM von genau 45°. Wir erinnern uns, dass die Phasenverschiebung an der kritischen Frequenz genau $-45°$ ist.

Aus Abb. 7.4 ist auch ersichtlich, dass eine Operationsverstärkerschaltung mit einer Signalverstärkung von 1 (also 0 dB) mit einem Operationsverstärker mit einem solchen Verlauf von $A_{OL}$ instabil wäre. Operationsverstärker, bei welchen der Open-Loop Gain mehr als einen Pol aufweist, bevor der Unity Gain erreicht wird, sind also in der Anwendung als Impedanzwandler instabil.

Eine instabile Operationsverstärkerschaltung zeigt sich zum Beispiel durch ein Überschwingen, wie in Abb. 7.5 gezeigt. In dem Beispiel treibt ein Spannungsfolger eine kapazitive Last. Die Instabilität zeigt sich darin, dass ein Eingangsrechteckpuls sich bei den Sprüngen immer erst einschwingen muss. Es ist wichtig zu verstehen, dass dieses Überschwingen nicht aufgrund einer Bandbreitenbegrenzung, sondern aufgrund einer Instabilität in der Schaltung auftritt. Wir werden dieses Beispiel genauer in Abschn. 7.1.3 besprechen, wo auch eine Kompensationsmethode vorgestellt wird.

## 7.1.2   Noise Gain $1/\beta$

Der Term $1/\beta$ ist so wichtig, dass er oft einen eigenen Namen bekommt: *Noise Gain*. Es lässt sich zeigen, dass eine differentielle Eingangsspannung in sowohl der invertierenden wie auch der nichtinvertierenden Konfiguration zu einer Ausgangsspannung führt, welche eine Verstärkung von $1/\beta$ erfährt. Mittels einer solchen Eingangsspannung kann man Rauschen in Operationsverstärkern modellieren. Dieses Rauschen ist nicht zu verwechseln mit einem verrauschten Eingangssignal, sondern das intrinsische Rauschen des Operationsverstärkers.

Der Feedback-Faktor ($\beta$) beschreibt jenen Teil des Signals, welcher in der negativen Rückkopplung direkt zum invertierenden Eingang zurückgeführt wird.

**Abb. 7.5** Überschwingen einer Spannungsfolger-Operationsverstärkerschaltung aufgrund von Instabilitäten

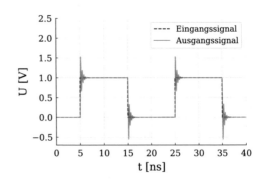

**Abb. 7.6** Schaltplan für
einen invertierenden
Verstärker mit allgemeinen
Bauteilen mit Impedanzen
$Z_i$

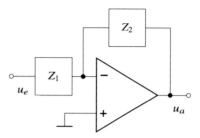

Um das zu verdeutlichen, betrachten wir die beiden Fälle der invertierenden und nichtinvertierenden Operationsverstärkerbeschaltung:

Wir sehen in Abb. 7.6 den Schaltplan des invertierenden Verstärkers und in Abb. 7.7 den zugehörigen Signalflussplan. Im Allgemeinen können die Bauteile $Z_i$ beliebige Impedanzen sein (und auch Parallel- und Reihenschaltungen solcher). Die Übertragungsfunktion $P(s)$ gibt an, wie sich $u_e$ zu $u_-$ transformiert. In der Beschaltung als invertierender Verstärker ist dies durch den Spannungsteiler von $Z_1$ und $Z_2$ gegeben. Wir bestimmen $P(s)$ indem wir den Ausgang ($u_a$) auf Masse legen und $u_e/u_-$ bilden. Es folgt:

$$P(s) = \frac{Z_2}{Z_1 + Z_2} \tag{7.7}$$

Die Übertragungsfunktion $H(s) = \beta(s)$ gibt an, wie sich $u_a$ zu $u_-$ transformiert. Auch hier ist das Ergebnis, wenig überraschend, durch den Spannungsteiler gegeben. Wir legen den Eingang ($u_e$) auf Masse und bilden $u_A/u_-$:

$$H(s) = \beta = \frac{Z_1}{Z_1 + Z_2} \tag{7.8}$$

Der nichtinvertierende Eingang wird auf das Referenzpotential gelegt, entsprechend ist der Beitrag davon 0. Der rechte Summenknoten (blau) entspricht den beiden Eingängen des Operationsverstärkers, da dieser die Differenz der beiden Eingangssignale verstärkt. Der linke Summenknoten (rot) summiert den Anteil von $u_e$ mit dem rückgekoppelten Anteil $\beta u_A$.

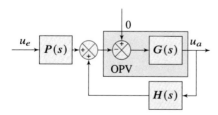

**Abb. 7.7** Signalflussplan für den invertierenden Verstärker. Der Operationsverstärker ist blau hervergehoben, mit dem zweite Summenknoten entsprechend dem Eingang des Operationsverstärkers. Der nichtinvertierenden Eingang liegt auf Referenzpotential

Der Block $G(s)$ zusammen mit dem zweiten Summenknoten bildet den Operationsverstärker ab. Die Differenz der beidem Eingänge wird um den Faktor $G(s) = A_{OL}(s)$ verstärkt. Wir können also schreiben:

$$- \left( u_e P(s) + u_a H(s) \right) G(s) = u_a \tag{7.9}$$

$$- \left( u_e P + u_a \beta \right) A_{OL} = u_a \tag{7.10}$$

$$\Rightarrow \frac{u_a}{u_e} = -P \frac{A_{OL}}{1 + A_{OL}\beta} \tag{7.11}$$

Für den idealen Operationsverstärker ist $A_{OL} \to \infty$ und wir erhalten die bekannte Verstärkung

$$\frac{u_a}{u_e} = -\frac{P}{\beta} \tag{7.12}$$

$$= -\frac{Z_2}{Z_1} \tag{7.13}$$

Im Fall der nichtinvertierenden Beschaltung ergibt sich der Fall, welcher in Abb. 7.8 und 7.9 gezeigt ist. $u_E$ liegt direkt am nichtinvertierenden Eingang an. Der vom Ausgang rückgekoppelte Anteil wird wieder mittels des Spannungsteilers bestimmt:

$$H(s) = \beta$$

$$= \frac{Z_1}{Z_1 + Z_2} \tag{7.14}$$

**Abb. 7.8** Schaltplan für eine nichtinvertierendende Operationsverstärkerbeschaltung

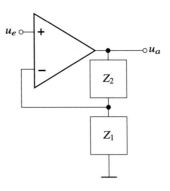

**Abb. 7.9** Signalflussplan für die invertierende Beschaltung. Der Summenknoten hier entspricht den Eingängen des Operationsverstärkers

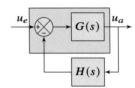

Wir können für den Fall des nichtinvertierenden Verstärkers schreiben:

$$(u_E - \beta u_A) A_{OL} = u_A \tag{7.15}$$

$$\frac{u_A}{u_E} = \frac{A_{OL}}{1 + \beta A_{OL}} \tag{7.16}$$

$$= \frac{1}{\beta} \tag{7.17}$$

Wobei im letzten Schritt wieder $A_{OL} \to \infty$ angenommen wurde. $\beta$ entspricht dem Anteil des rückgekoppelten Signals, den wir aus Gl. 7.14 kennen:

$$H(s) = \beta = \frac{Z_1}{Z_1 + Z_2} \tag{7.18}$$

Wir können für den nichtinvertierenden Fall und den invertierenden Fall zusammenfassend schreiben:

$$\frac{u_a}{u_e}\bigg|_{\text{inv}} = -\frac{Z_2}{Z_1} \tag{7.19}$$

$$\frac{u_a}{u_e}\bigg|_{\text{nichtinv}} = 1 + \frac{Z_2}{Z_1} \tag{7.20}$$

Setzen wir hier für die allgemein gehaltenen Impedanzen Widerstände ein, erhalten wir die uns bekannten Gleichungen für die invertierende und nichtinvertierende Operationsverstärkerschaltung. Für den Noise Gain erhalten wir für die beiden Fälle:

$$\frac{1}{\beta}\bigg|_{\text{inv}} = 1 + \frac{Z_2}{Z_1} \tag{7.21}$$

$$\frac{1}{\beta}\bigg|_{\text{nichtinv}} = 1 + \frac{Z_2}{Z_1} \tag{7.22}$$

Einiges an Verwirrung stammt daher, dass der Noise Gain in dem Fall der nichtinvertierenden Beschaltung der Signalverstärkung entspricht. Im Falle der invertierenden Beschaltung ist dies allerdings nicht der Fall. Man kann sich dies mithilfe Abb. 7.7 und 7.9 verdeutlichen. Für die Stabilität des Regelkreises ist der Kreis mit dem Operationsverstärker (also $G(s)$ und $H(s)$) ausschlaggebend. Betrachtet man hingegen die Signalverstärkung, so spielt im invertierenden Fall auch $P(s)$ eine Rolle.

Ebenso ist es wichtig, sich klarzumachen, dass die Abb. 7.7 und 7.9 Übertragungsfunktionen zeigen. Die Blöcke entsprechen in der Regel nicht direkt expliziten Bauteilen oder Bauteilgruppen aus den Abb. 7.6 und 7.8. Wir hatten das im Fall des invertierenden Verstärkers gesehen, wo sowohl $P(s)$ als auch $H(s) = \beta(s)$ von den beiden Bauteilen $Z_1$ und $Z_2$ abhängen.

### 7.1.3  Impedanzwandler mit kapazitiver Last

Ein Problem für Operationsverstärkerschaltung stellen kapazitive Lasten am Ausgang dar. Diese Lasten sind meist nicht in die Schaltung explizit platzierte Kondensatoren, sondern können zum Beispiel durch angeschlossene Koaxialleitungen parasitär in die Schaltung eingebracht werden. Wir sehen einen solchen Fall in Abb. 7.10, wo neben der kapazitiven Last ($C_L$), auch der Ausgangswiderstand ($r_0$) der Endstufe des Operationsverstärkers, eingezeichnet ist.

Wir hatten gesagt, dass für den idealen Operationsverstärker die Ausgangsimpedanz unendlich klein ist. Reale Operationsverstärker besitzen allerdings kleine, aber nicht immer vernachlässigbare Ausgangsimpedanzen. Das RC-Glied, welches durch $r_0$ und $C_L$ gebildet wird, führt zu weiteren Polen, welche unsere Schaltung instabil werden lassen können.

Der Impedanzwandler entspricht dem Fall des nichtinvertierenden Verstärkers, wobei $Z_1$ unendlich ist und $Z_2$ ein Kurzschluss. Die Signalverstärkung, wie auch der Noise Gain, sind also im idealen Fall 1. Berücksichtigt man allerdings auch $r_0$ und $C_L$, so erhält man für $\beta$:

$$\beta(s) = \frac{Z_C}{r_0 + Z_C} \tag{7.23}$$

$$= \frac{1/sC_L}{r_0 + 1/sCL} \tag{7.24}$$

$$= \frac{1}{1 + sr_0C_L} \tag{7.25}$$

Damit hat $1/\beta$ eine Nullstelle bei:

$$f_0 = \frac{1}{2\pi r_0 C_L} \tag{7.26}$$

Skizzieren wir das Bode-Diagramm für diesen Fall, so kommt es für $1/\beta$ zu einem Anstieg von 20 dB/Dekade. Das ist in Abb. 7.13 gezeigt. Ist diese Nullstelle bei einer niedrigeren Frequenz als das GBWP, so kommt es zu einer ROC von 40 dB/Dekade zwischen $A_{OL}$ und $1/\beta$, und entsprechend ist die Schaltung in der Regel instabil. Das ist der Fall in der gezeigten Abbildung.

**Abb. 7.10** Impedanzwandler
mit Ausgangswiderstand und
kapazitiver Last

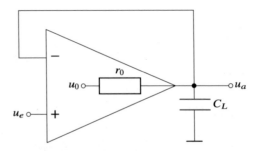

Die Frequenz der Nullstelle wird niedriger mit steigender kapazitiver Last. Da der kritische Punkt durch das GBWP bestimmt wird, folgt, dass bei gleicher Ausgangsimpedanz Operationsverstärker mit einem niedrigeren GBWP eine bessere Stabilität aufweisen, unabhängig von der Frequenz des Eingangssignals.

Bei der Wahl eines Operationsverstärkers ist daher der Ansatz *Hauptsache schnell* aus Sicht der Stabilität nicht zielführend.

Man kann das Problem der Instabilität auf mehrere Arten lösen. Eine Möglichkeit ist ein Isolationswiderstand, der außerhalb des Rückkopplungsnetzwerks eingebracht wird, siehe Abb. 7.11. Dieser wirkt sich auf den Impedanzwandler selbst nicht aus, aber er trennt *(isoliert)* die parasitäre Kapazität. Um zu verstehen, wie dies Abhilfe schafft, analysieren wir den Spannungsteiler, gezeigt in Abb. 7.12, welcher für die Rückkopplung verantwortlich ist, und schreiben wieder $\beta(s)$:

$$\beta(s) = \frac{R_{iso} + Z_C}{r_0 + R_{iso} + Z_C} \tag{7.27}$$

$$= \frac{1 + s R_{iso} C_L}{1 + s \left(R_{iso} + r_0\right) C_L} \tag{7.28}$$

**Abb. 7.11** Kapazitive Last treibender Impedanzwandler mit Isolationswiderstand. Der Ausgangswiderstand $r_0$ ist hier nicht explizit eingezeichnet

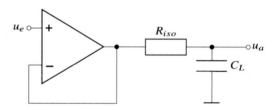

**Abb. 7.12** Rückkopplungsnetzwerk

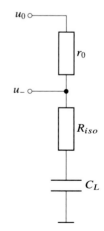

Es folgt also, dass im Noise Gain (also $1/\beta$) die Nullstelle zu einer tieferen Frequenz $f_0'$ verschoben wird. Gleichzeitig kommt es aber auch zu einer zusätzlichen Polstelle bei $f_\infty'$. Diese Polstelle liegt bei einer höheren Frequenz als die Nullstelle.

$$f_0' = \frac{1}{2\pi\,(R_{iso} + r_0)\,C_L} \tag{7.29}$$

$$f_\infty' = \frac{1}{2\pi\,R_{iso}C_L} \tag{7.30}$$

Damit flacht $1/\beta$ wieder ab, da die zusätzliche Polstelle die Nullstelle kompensiert. Dieses Verhalten ist ebenfalls in Abb. 7.13 gezeigt.

Um dieses Verhalten noch besser zu verdeutlichen, sind in Abb. 7.14 die $1/\beta$ Bode-Diagramme für die beiden Fälle, mit und ohne $R_{iso}$, gezeigt. Als Werte wurden für die Ausgangsimpedanz des Operationsverstärkers ein $r_0$ von 150 Ω angenommen, ein $C_L$ von 2 nF und ein $R_{iso}$ mit 100 Ω. Es findet sich:

$$f_0 = \frac{1}{2\pi\,r_0C_L} = 530.5\ \text{kHz} \tag{7.31}$$

$$f_0' = \frac{1}{2\pi\,(R_{iso} + r_0)\,C_L} = 318.3\ \text{kHz} \tag{7.32}$$

$$f_\infty' = \frac{1}{2\pi\,R_{iso}C_L} = 795.8\ \text{kHz} \tag{7.33}$$

Wir sehen, dass es ohne $R_{iso}$ zu einer Nullstelle bei $f_0$ kommt, mit einer entsprechenden Phasenverschiebung von 90°. Wenn $1/\beta$ einen Sprung von 0° zu 90° macht, folgt, dass $\beta$ einen Sprung von 0° zu −90° macht. Damit wird das Produkt $A_{OL}\beta$ an diesem Punkt −180°: jeweils −90° von $\beta$ und $A_{OL}$. Damit kommt man in den Bereich der Instabilität, wie in Abschn. 7.1.1 besprochen.

Mit einem $R_{iso}$ wird die Nullstelle von etwas über 500 kHz zu ungefähr 300 kHz verschoben, allerdings kommt es zu einer zusätzlichen Polstelle bei knapp 800 kHz, was die Phasenverschiebung wieder einfängt.

**Abb. 7.13** Gezeigt ist der Noise Gain mit einer Nullstelle bei $f_0$, welche durch $r_0$ und $C_L$ gebildet wird. Mit einem Isolationswiderstand wird diese Nullstelle zu leicht niedrigeren Frequenzen verschoben, zugleich kommt es zu einem zusätzlichen Pol, welcher $1/\beta_{iso}$ abflachen lässt

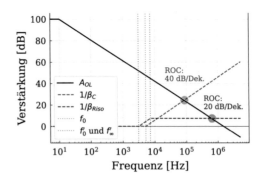

**Abb. 7.14** Bode-
Diagramme für $1/\beta$ für einen
Impedanzwandler mit einer
nicht vernachlässigbaren
Ausgangsimpedanz, welcher
eine kapazitive Last treibt

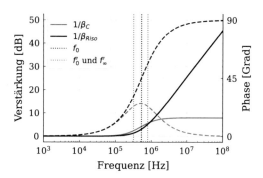

Neben dieser *Out-Of-The-Loop* Kompensation gibt es auch noch andere Möglichkeiten, wie das Problem gelöst werden kann. Alle zielen darauf ab, den Noise Gain
so zu modifizieren, dass die kritische Nullstelle in irgendeiner Form kompensiert
wird. Dies wird hier aber nicht weiter im Detail besprochen.

### 7.1.4  Nichtinvertierender Verstärker mit kapazitiver Last

Betrachten wir die Schaltung des nichtinvertierenden Verstärkers (siehe Abb. 7.8)
und berücksichtigen dabei $r_0$ und $C_L$, welche wieder der Innenwiderstand des Operationsverstärkers und eine Kapazität direkt hinter diesem am Ausgang sind, so folgt:

$$\beta(s) = \left(\frac{R_1}{R_1 + R_2}\right)\left(\frac{1}{\frac{r_0}{R_1+R_2} + 1 + sr_0C_L}\right) \tag{7.34}$$

$$\approx \left(\frac{R_1}{R_1 + R_2}\right)\left(\frac{1}{1 + sr_0C_L}\right) \tag{7.35}$$

Damit gilt, dass $1/\beta$ um genau die Signalverstärkung $(1+R_2/R_1)$ im Bode-Diagramm
nach oben verschoben wird (Multiplikationen der Übertragungsfunktionen entsprechen Additionen in Bode-Diagrammen), wie in Abb. 7.15 dargestellt. Da sich damit
$1/\beta$ und $A_{OL}$ bei höheren Amplitudenverstärkungen schneiden, folgt, dass mit steigender Verstärkung die Schaltung stabiler beim Treiben kapazitiver Lasten wird.
    Die Kompensationsmethoden gleichen denen, welche auch für den Impedan-
zwandler verwendet werden können.

### 7.1.5  Kapazität am invertierenden Eingang

Nicht nur am Ausgang können Kapazitäten zu Problemen führen. Ebenso können zu
große (parasitäre) Kapazitäten am Eingang von Verstärkerschaltungen zu Problemen
führen. Für den nichtinvertierenden Verstärker ist dieser Fall in Abb. 7.16 gezeigt.

**Abb. 7.15** Eine
Verstärkerschaltung mit
einer Verstärkung von 70 dB
und eine mit einer
Verstärkung von 5 dB. Weil
die Frequenz der Nullstelle
nur von $C_L$ und $r_0$ abhängt,
liegt die Nullstelle im Fall
der höheren Verstärkung in
einem unkritischen Bereich

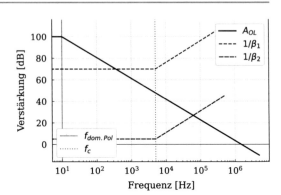

**Abb. 7.16** Die Schaltung
eines nichtinvertierenden
Verstärkers mit zusätzlicher
kapazitiver Last am
invertierenden Eingang

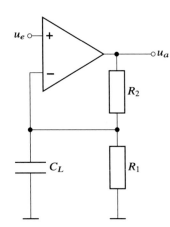

**Abb. 7.17** Kompensation
durch das Einbringen einer
zusätzlichen Kapazität im
Feedback-Netzwerk

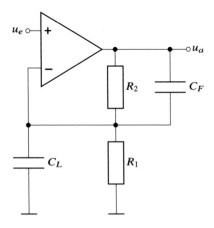

Wir hatten den allgemeinen Fall der nichtinvertierenden Konfiguration bereits besprochen, aus Gl. 7.18 folgt für den Noise Gain:

$$\frac{1}{\beta} = \frac{(R_1 \| Z_{CL}) + R_2}{(R_1 \| Z_{CL})} \tag{7.36}$$

$$= 1 + \frac{R_2}{R_1} + \frac{R_2}{Z_{CL}} \tag{7.37}$$

$$= 1 + \frac{R_2}{R_1} + s R_2 C_L \tag{7.38}$$

$$= \left(1 + \frac{R_2}{R_1}\right)\left(1 + s\frac{R_1 R_2}{R_1 + R_2} C_L\right) \tag{7.39}$$

Wir hatten ebenso gesehen, dass im nichtinvertierenden Fall der Noise Gain und die Signalverstärkung gleich sind. Entsprechend überrascht uns der erste Term in Gl. 7.39 nicht, entspricht er doch der uns bekannten Signalverstärkung des nichtinvertierenden Verstärkers. Für $C_L \to 0$ strebt der Noise Gain auch genau gegen diesen Term.

Um diese Nullstelle zu kompensieren, lässt sich ein zusätzlicher Kondensator $C_F$ parallel zu $R_2$ einbringen (Abb. 7.17). Damit wird:

$$\frac{1}{\beta} = \frac{(R_1 \| Z_{CL}) + (R_2 \| Z_{CF})}{(R_1 \| Z_{CL})} \tag{7.40}$$

**Aufgabe**

Zeigen Sie, dass es in Gl. 7.40 weiterhin zu einer Nullstelle im Noise Gain kommt. Zusätzlich allerdings auch zu einem Pol, welcher die Schaltung in einen Zustand mit ausreichendem Phase Margin zurückbringen kann.

### 7.1.6 Reale Differenziererschaltungen

Wir hatten für die ideale Differenziererschaltung (siehe in Abschn. 4.3.5 Abb. 4.13) einen Operationsverstärker mit einer invertierenden Rückkopplungsbeschaltung. Anstatt eines Widerstands für $R_1$ haben wir jedoch jetzt eine Kapazität $C$.

Mit Gl. 7.21 folgt für $1/\beta$:

$$\frac{1}{\beta} = \frac{Z_C + R_2}{Z_C} \tag{7.41}$$

$$= \frac{\frac{1}{sC} + R_2}{\frac{1}{sC}} \tag{7.42}$$

$$= 1 + s R_2 C \tag{7.43}$$

**Abb. 7.18** Der Noise Gain
für eine ideale
Differenziererschaltung
besitzt eine ROC von
40 dB/Dekade. Damit ist die
Differenziererschaltung
instabil

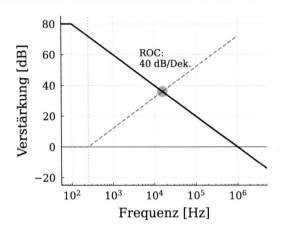

Der Noise Gain besitzt also wieder eine Nullstelle bei:

$$f = \frac{1}{2\pi R_2 C} \tag{7.44}$$

Die Amplitudenverstärkung für diesen Fall ist in Abb. 7.18 gezeigt. Die ROC beträgt in diesem Fall 40 db/Dekade, und entsprechend ist die PM 0°.

Abhilfe schafft ein in Reihe zu der Kapazität geschalteter Widerstand $R_1$, wie in Abb. 7.19 gezeigt:

Damit führt man einen zusätzlichen Pol ein, welcher die Nullstelle kompensiert. Durch den Pol kommt es zu einer ROC von 20 dB/Dekade und die Schaltung wird wieder stabil. Das ist in Abb. 7.20 gezeigt.

$$\frac{1}{\beta} = \frac{Z_C + R_1 + R_2}{Z_C + R_1} \tag{7.45}$$

$$= \frac{\frac{1}{sC} + R_1 + R_2}{\frac{1}{sC} + R_1} \tag{7.46}$$

$$= \frac{1 + s(R_1 + R_2)C}{1 + sR_1 C} \tag{7.47}$$

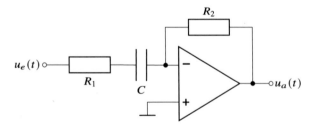

**Abb. 7.19** Der Schaltplan eines verbesserten Differenzierers. Der zusätzliche Widerstand $R_1$ führt dazu, dass die Schaltung stabil wird

**Abb. 7.20** Das
Bode-Diagramm für die
Amplitudenverstärkung der
modifizierten
Differenziererschaltung

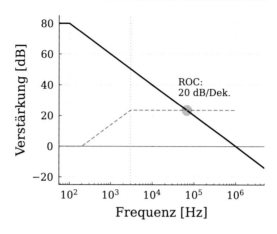

**Aufgabe**

Zeigen Sie, dass sich der instabile Differenzierer auch mit einer zusätzlichen
Kapazität parallel zum Widerstand im Feedback-Netzwerk stabilisieren lässt.
Werten Sie dafür den Noise Gain aus. Was passiert, wenn man beide Verbesse-
rungen zusammen nutzt? Wie sieht $1/\beta$ in diesem Fall aus? Was für ein Verhalten
zeigt diese Schaltung für niedrige Frequenzen? Welches Verhalten zeigt sie für
hohe Frequenzen?

## 7.2   Gleichtaktunterdrückung

Bei idealen Operationsverstärkern hatten wir gesagt, dass nur die Differenz der beiden Eingänge verstärkt wird. Das heißt, wenn man an beide Eingänge ein gleich
großes Signal anlegt, das in Phase ist, sollte das Ausgangssignal Null bleiben.

Diese Eigenschaft wird *Gleichtaktunterdrückung* genannt, im Englischen *Common Mode Rejection (CMR)*. Eine große Gleichtaktunterdrückung ist wünschens-
wert, wenn zum Beispiel ein *differentielles Signal* übertragen und verstärkt werden
soll.

Ein differentielles Signal wird dabei über zwei Leitungen übertragen, welche
dieselben Impedanzen aufweisen. Oft wird auf einer Leitung das invertierte Signal im
Vergleich zu der anderen Leitung übertragen. Störsignale, welche in die Leitungen
einkoppeln, wirken sich dabei auf beide Leitungen gleich aus. Verstärkt man nun
die Differenz der beiden Signale, so heben sich die Störsignale auf und nur das
ursprüngliche, ungestörte Signal wird verstärkt.

Wir hatten gesagt, dass ein Operationsverstärker nur die Differenz des Eingangssignals verstärkt:

$$u_a = A_{OL}\,(u_+ - u_-) \tag{7.48}$$

Man spricht hier auch von einer *Gegentaktverstärkung,* da die Differenz der beiden
Eingänge verstärkt wird. Gleichzeitig kommt es allerdings auch zu einer *Gleichtakt-*

*verstärkung,* also einer Verstärkung der Eingänge in Bezug zu einem Referenzpotential. Für diesen allgemeineren Fall schreiben wir also:

$$u_a = A_{OL}\,(u_+ - u_-) + A_{CM}\,\frac{u_+ + u_-}{2} \qquad (7.49)$$

Dabei ist $A_{CM}$ die Gleichtaktverstärkung *(Common Mode Gain)*.

Die Gleichtaktverstärkung wird üblicherweise nicht direkt angegeben, stattdessen wird das Verhältnis

$$CMRR = \frac{A_{OL}}{A_{CM}} \qquad (7.50)$$

als *Gleichtaktunterdrückung* oder *Common Mode Rejection Ratio (CMRR)* angegeben, oft auch logarithmisch in Dezibel, als *Gleichtaktunterdrückungsmaß*. Im Englischen besteht die Tendenz, CMR für die logarithmische Größe und ansonsten CMRR verwenden. Im Großen und Ganzen besteht allerdings wenig Einigkeit, wie genau diese Begriffe verwendet werden.

Für typische Gleichtaktverstärkungen gilt $A_{CM} \ll 1$, damit wird das CMRR sehr groß. Im Idealfall würde das CMRR gegen unendlich streben. Im Allgemeinen ist das CMRR ebenfalls frequenzabhängig.

---

### Aufgabe

Berechnen Sie für einen Operationsverstärker, welcher eine Signalverstärkung von 50 V/mV und ein CMR von 95 dB hat, den Fehler aufgrund des CMR in einer invertierenden Konfiguration mit einer Verstärkung von 100. Gehen Sie von einem Eingangssignal von 100 mV aus. Vergleichen Sie den Fehler mit jenem, welcher durch die Verwendung von Widerständen mit 1 % Toleranz zustande kommt.

Im Unterkapitel 4.3.7 über Stromquellen mit Operationsverstärkern, bei der *Howland-Strompumpe* (Abb. 4.18), wurde erwähnt, dass eine hohe Gleichtaktunterdrückung notwendig ist. Der Grund ist, dass an den Eingängen eine vergleichsweise hohe Spannung anliegt. Ausgehend von Gl. 4.24 schreiben wir:

$$u_{aus} = \left(\frac{R_4}{R_3} + 1\right) u_L \qquad (7.51)$$

Durch eine nicht unendlich hohe Gleichtaktunterdrückung kommt es zu einer Abweichung hiervon:

$$u_{aus} = \left(\frac{R_4}{R_3} + 1\right) u_L \left(1 + \frac{1}{CMR}\right) \qquad (7.52)$$

Setzt man dieses Resultat wieder in Gl. 4.23 ein, und ersetzt $R_4/R_3$ mit $R_2/R_1$ (wir setzen also einen idealen Abgleich voraus), so erhält man:

$$i_L = \frac{u_S}{R_1} + CMR\,(R_1 \| R_2) \tag{7.53}$$

Verwenden wir $R_1 = R_2 = 10\,\mathrm{k\Omega}$ und ein CMRR von 60 dB, folgt eine Ausgangsimpedanz von nur noch $5\,\mathrm{M\Omega}$.

## 7.3    Anstiegs- und Abfallgeschwindigkeit

In Datenblättern zu Operationsverstärkern finden sich Angaben zur maximalen Anstiegs- beziehungsweise Abfallgeschwindigkeit der Ausgangsspannung des Operationsverstärkers, im Englischen als *Slew Rate* bezeichnet. Die Slew Rate gibt die maximale Steilheit des Ausgangssignals an, meist in $\mathrm{V/\mu s}$. Diese endliche Anstiegszeit des Ausgangssignals ist nicht mit der Bandbreitenbegrenzung zu verwechseln.

In Abb. 7.21 ist das Ein- und Ausgangssignal eines Spannungsfolgers gezeigt, welcher durch die maximale Slew Rate eine Verzerrung des Ausgangssignals erfährt. Die sehr steilen Flanken des Eingangssignals können nicht unverändert ausgegeben werden, sondern steigen mit der maximalen Slew Rate des verwendeten Operationsverstärkers. Ein ähnlicher Fall ist in Abb. 7.22 gezeigt. Hier ist das Eingangssignal jedoch eine Sinusspannung, das Ausgangssignal wird dabei eher in eine Dreiecksspannung umgewandelt. Es ist in der Abbildung allerdings bereits erkennbar, dass je nachdem wie groß das Eingangssignal ist und wie stark man von der maximalen Slew Rate eingeschränkt wird, die Verzerrung für eine Sinusspannung auf den ersten Blick nicht sofort auffällt.

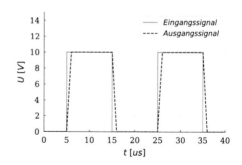

**Abb. 7.21** Verzerrung einer Rechteckspannung aufgrund begrenzter maximaler Flankensteilheit

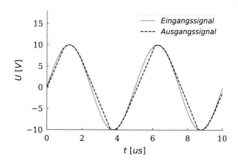

**Abb. 7.22** Eine Sinusspannung wird so verzerrt, dass sie eher einer Dreiecksspannung gleicht

Um die notwendige Slew Rate ($SR$) mit der maximalen Frequenz ($f_{max}$) bei der das Ausgangssignal unverzerrt ist, in Verbindung zu setzen, verwendet man:

$$SR = 2\pi f_{max} V \qquad\qquad (7.54)$$

Wobei $V$ die Amplitude des Ausgangssignals ist. In den Abb. 7.21 und 7.22 ist ein Operationsverstärker mit einer Slew Rate von 10 V/µs gezeigt. Die Sinusschwingung hat eine Frequenz von 200 kHz und eine Amplitude von 10 V. Damit ergibt sich eine notwendige Slew Rate von etwa 12.6 V/µs, um das Signal unverzerrt wiederzugeben.

Oft finden sich in Datenblättern Abbildungen ähnlich der Abb. 7.23. Meist werden diese mit *maximum output voltage vs frequency* oder ähnlich gekennzeichnet. Diese stellen das Verhältnis zwischen Slew Rate und Frequenz (Gl. 7.54) für verschiedene Betriebsparameter (zum Beispiel Versorgungsspannung) graphisch dar.

Des Weiteren finden sich in Datenblättern Abbildungen, welche die Stufenantwort auf kleine beziehungsweise große Eingangssignale (meist bei unity gain) zeigen. Üblicherweise sind diese mit *small-* und *large-signal step response* gekennzeichnet. Im Fall von großen Signalen sieht man, dass das Ausgangssignal maximal mit der Slew Rate ansteigt und abfällt. Solche Stufenantworten sind in Abb. 7.24 für kleine Signale und in Abb. 7.25 für kleine und große Signale gezeigt. In allen Fällen dient ein Rechteckpuls als Eingangssignal in eine nichtinvertierende Operationsverstärkerschaltung. Die angegebenen Spannungen sind dabei die Amplitude des Rechteckpulses. Der Rechteckpuls steigt dabei bei $t = 0$ in wenigen Picosekunden an.

Für kleine Signale lässt sich vermuten, dass die Anstiegszeit, unabhängig von der Eingangsspannung, konstant ist. Hier ist die Bandbreitenbegrenzung ausschlaggebend für das Anstiegsverhalten. Betrachtet man die eingezeichneten Signale über 100 mV (Abb. 7.25) so sieht man, dass der Anstieg fast überall linear verläuft, zumindest im Bereich zwischen 10 und 90 % der Amplitude. In diesem Bereich entspricht die Steigung der Slew Rate. In dem gezeigten Fall liegt sie bei etwa 1 V/100 ns, also 10 V/µs. Im Fall der kleinen Signale liegen die Anstiegszeiten deutlich unter diesen Werten, ein Zeichen, dass in diesem Fall die Bandbreitenbegrenzung und nicht die Slew Rate der begrenzende Faktor ist.

**Abb. 7.23** Maximale Ausgangsamplitude für verschiedene Frequenzen bei unterschiedlichen Versorgungsspannungen

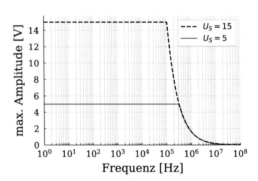

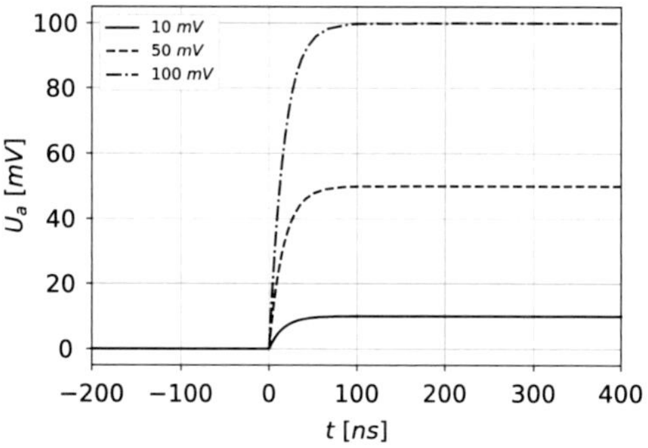

**Abb. 7.24** Stufenantwort
auf kleine Signale für Stufen
mit einer Amplitude von
10 mV, 50 mV und 100 mV

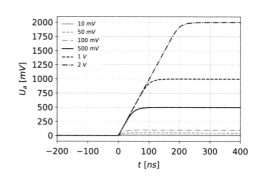

**Abb. 7.25** Die
Stufenantwort für die
zusätzlichen Stufen mit
Amplitude 500 mV, 1 V und
2 V

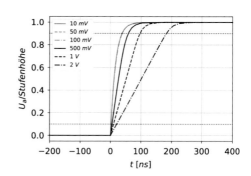

Normiert man die Signale auf eine Amplitude von 1 V/V, indem man durch die Stufenamplitude dividiert, ergibt sich für alle sechs gezeigten Stufen die Abb. 7.26. Für kleine Signale (100 mV und darunter), welche in grau eingezeichnet sind und in der Abbildung übereinander liegen, zeigt sich, dass der Anstieg unabhängig von der Maximalamplitude immer gleich schnell erfolgt. Für die größeren Signale wird die Zeit, die das Signal zum Erreichen der Amplitude braucht, von der maximalen Anstiegsgeschwindigkeit bestimmt.

Um die Begrenzung der Flankensteilheit zu verstehen, muss man sich den groben Aufbau der meisten Operationsverstärker anschauen. Ein solcher ist in Abb. 7.27 gezeigt.

Die erste Stufe ist ein Differenzverstärker, welcher aus der Differenz der Eingangsspannungen einen Ausgangsstrom bildet (Transkonduktanz). Solche Stufen

**Abb. 7.26** Normierte
Anstiegszeit für die Fälle aus
Abb. 7.25. Die Anstiegszeit
ist jene Zeit, welche das
Signal für den Anstieg von
10 % auf 90 % der
Maximalamplitude benötigt

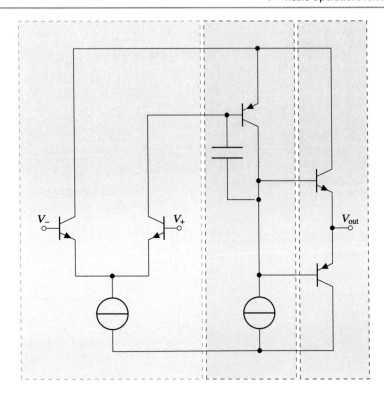

**Abb. 7.27** Schemenhafte Skizze eines Operationsverstärkers

können mittels eines Differenzverstärker sowie einer Konstantstromquelle realisiert werden. Damit wird der sehr hohe Eingangswiderstand sichergestellt. In der Abbildung ist diese Stufe ganz links gezeigt und grün hinterlegt.

Der Ausgangsstrom aus der Eingangsstufe wird dann der Verstärkerstufe zugeführt. Die Verstärkerstufe, welche zum Beispiel mittels einer Darlington-Schaltung realisiert werden kann, führt zu einer sehr hohen Leerlaufspannungsverstärkung. Der Kondensator für die Frequenzkompensation findet sich ebenfalls in dieser Stufe. Dieser Teil ist in der Abbildung in der Mitte gezeigt und rot hervorgehoben.

Letztendlich sorgt die Ausgangsstufe dafür, dass ein Operationsverstärker einen hohen Strom treiben kann. Diese Stufe selbst besitzt meist keine Verstärkung. In der Abbildung sehen wir diesen Teil ganz rechts und blau hinterlegt.

Um die Slew Rate zu verstehen, merken wir uns, dass die Eingangsstufe eine Transkonduktanzcharakteristik aufweist: Sie macht aus den Eingangsspannungen einen Ausgangsstrom. Dieser Ausgangsstrom wird dann den nächsten Stufen zugeführt, welche durch die Frequenzkompensation und den damit eingebrachten Kondensator die Eigenschaften eines Integrators besitzt.

Bei großen Signalen treibt man die Eingangsstufe in Sättigung. Dieses Verhalten kann man sich herleiten, indem man ein *long-tailed-pair* betrachtet. Ein solches ist in Abb. 7.28 gezeigt. Man kann zeigen, dass die Ströme $i_{C1}$ und $i_{C2}$ sich schreiben lassen als:

**Abb. 7.28** Ein long-tailed-pair aus Differenzverstärker und Konstantstromquelle

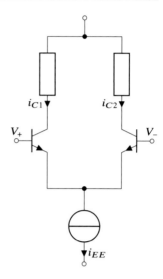

$$i_{C1} = \frac{\alpha I_{EE}}{1 + \exp\left(\frac{-\Delta V}{V_T}\right)} \tag{7.55}$$

$$i_{C2} = \frac{\alpha I_{EE}}{1 + \exp\left(\frac{\Delta V}{V_T}\right)} \tag{7.56}$$

Dabei ist $\Delta V = V_+ - V_-$ die Spannungsdifferenz zwischen den beiden Eingängen. Das gilt nur, wenn die beiden Transistoren ein gleiches $\alpha$ und $I_S$ aufweisen. Wir sehen, dass bereits bei kleinen Differenzspannungen einer der beiden Pfade fast den gesamten Strom leitet. Das liegt daran, dass $V_T \approx 25$ mV bei Raumtemperatur ist. Die Ströme sind in Abb. 7.29 gezeigt.

**Abb. 7.29** Die Ströme entlang der beiden Pfade aus dem Schaltkreis in Abb. 7.28 in Abhängigkeit der Differenzspannung $\Delta V$

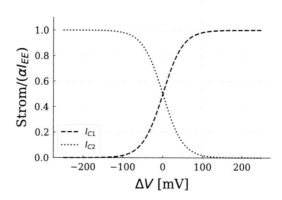

Wie besprochen, verhält sich die nächste Stufe in diesem Fall (im Tiefpassbereich) wie ein Integrator und integriert den konstanten Strom. Damit kommt es zu einem linearen Ansteigen der Ausgangsspannung. Die maximale Flankensteilheit ist also proportional zu $I_E$ und invers proportional zur verwendeten Kapazität zur Frequenzkompensation. Dies ist insofern wichtig, als es Operationsverstärker gibt, bei welchen die Kapazität zur Kompensation extern eingebracht werden kann. Höhere Kapazitäten wirken sich nachteilig auf die Flankensteilheit aus. Daher besitzen Operationsverstärker, bei welchen $I_E$ sehr hoch ist, meist eine höhere Flankensteilheit. Obwohl $I_E$ nicht direkt angegeben ist, findet sich der Ruhestrom *(quiescent current)* in den Datenblättern. Ein Operationsverstärker, welcher einen sehr geringen Stromverbrauch besitzt (zum Beispiel für den Batteriebetrieb), wird nicht die beste Flankensteilheit aufweisen.

Wir hatten gesagt, dass kleine Signale durch die Bandbreite begrenzt werden und große durch die Slew Rate. Große Signale treiben die Eingangsstufe in Sättigung und werden dann durch diese begrenzt. Sobald die Eingangsstufe jedoch wieder aus dem Zustand der Sättigung hinaus ist, sind die großen Signale natürlich auch durch die Bandbreite begrenzt. Wir sehen das sehr schön in Abb. 7.25, wo bei großen Signalen das Signal zuerst linear ansteigt, dann gegen Ende allerdings ein exponentielles Abflachen erfährt. Es macht daher auch Sinn, dass die Flankensteilheit im Bereich zwischen 10 % und 90 % der Amplitude gemessen wird.

Typische Flankensteilheiten liegen bei $10\,\mathrm{V}/\mu\mathrm{s}$, können aber von unter $1\,\mathrm{V}/\mu\mathrm{s}$ bis mehrere $100\,\mathrm{V}/\mu\mathrm{s}$ reichen. Sind sehr hohe Werte notwendig, bieten sich auch dekompensierte Operationsverstärker (also Operationsverstärker, welche nicht kompensiert sind) an. In diesen Fällen muss allerdings extra auf die Stabilität geachtet werden.

## 7.4    Aktive Filterschaltungen

Mithilfe von Operationsverstärkern lassen sich aktive Filter bilden, welche nicht nur die unerwünschten Frequenzbereiche dämpfen, sondern auch die erwünschten aktiv verstärken. Als einfachste Schaltung lässt sich ein passiver Tiefpass- oder Hochpassfilter vor einen nichtinvertierenden Operationsverstärker schalten.

Der Fall für einen aktiven Hochpassfilter ist in Abb. 7.30 gezeigt. Der erste Teil der Schaltung, gebildet durch $C_1$ und $R_3$, bildet den uns bekannten passiven Hochpass. Der zweite Teil, der Operationsverstärker mit $R_1$ und $R_2$, bildet die aktive Verstärkung. Ersetzt man $R_2$ durch einen Kurzschluss und entfernt $R_1$ aus der Schaltung, erhält man einen aktiven Filter mit einer Verstärkung von 0 dB. Da Operationsverstärker eine Bandbreitenbegrenzung aufweisen, werden aktive Filter nicht bis zu beliebig hohen Frequenzen funktionieren.

Selbstverständlich kann man statt des Hochpassfilters auf dieselbe Art und Weise einen aktiven Tiefpassfilter konstruieren. Neben der aktiven Verstärkung weist diese Schaltung unterhalb der Grenzfrequenz weiterhin ein Abfallen von $-20\,\mathrm{dB/Dekade}$ auf, genau wie bei den passiven Filtern auch.

**Abb. 7.30** Aktiver
Hochpassfilter erster
Ordnung mit Verstärkung.
Die Grenzfrequenz wird
durch $C_1$ und $R_3$ bestimmt.
Die Verstärkung durch $R_1$
und $R_2$

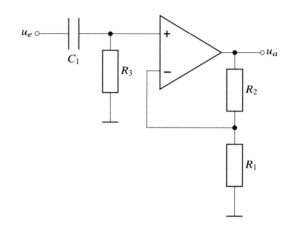

### 7.4.1  Sallen-Key Topologie

Um Filter mit steileren Flanken als $-20$ dB/Dekade zu bauen, brauchen wir eine
Schaltung, welche in ihrer Übertragungsfunktion einen Pol höherer Ordnung besitzt.
Dafür betrachten wir einen Filter in *Sallen-Key Topologie,* wie in Abb. 7.31 darge-
stellt.

Analysiert man die Schaltung, indem man ausnutzt, dass $u_a = u_+ = u_-$ und
keine Ströme in die Eingänge des Operationsverstärkers fließen (Goldene Regeln),
folgt für die Übertragungsfunktion:

$$\frac{u_a}{u_e} = \frac{Z_3 Z_4}{Z_1 Z_2 + Z_3 Z_4 + (Z_1 + Z_2) Z_3} \tag{7.57}$$

Mit unterschiedlichen Bauteilen für $Z_i$ lassen sich auch hiermit Hoch- und Tiefpassfilter bauen.

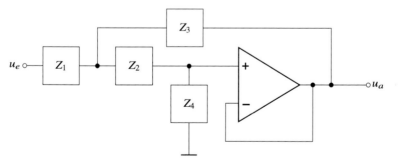

**Abb. 7.31** Die Sallen-Key Topologie. Die unterschiedlichen Impedanzen $Z_i$ sind je nach Filtertyp
entweder Widerstände oder Kondensatoren

### 7.4.1.1 Hochpassfilter

Setzt man für $Z_1$ und $Z_2$ die Kondensatoren $C_1$ und $C_2$, sowie für $Z_3$ und $Z_4$ die Widerstände $R_1$ und $R_2$ ein, so erhält man folgende Übertragungsfunktion in der s-Domäne:

$$\frac{u_a}{u_e} = \frac{s^2}{s^2 + \frac{C_1+C_2}{C_1 C_2 R_2}s + \frac{1}{R_1 R_2 C_1 C_2}} \qquad (7.58)$$

Durch das $s^2$ in Zähler kommt es zuerst zu einem Anstieg von $+40$ dB/Dekade bis zur kritischen Frequenz, bei welcher es wegen des $s^2$ in Nenner zu einem Stoppen des Anstieges kommt. Von dort an verläuft das Amplitudenverstärkungsmaß gerade, die Amplitudenverstärkung ist konstant. Bei der Grenzfrequenz kommt es zu einem Phasensprung von $-180°$.

Für einen allgemeinen Hochpassfilter können wir die Übertragungsfunktion schreiben als:

$$T(s) = \frac{Hs^2}{s^2 + \frac{\omega_0}{Q}s + \omega_0^2} \qquad (7.59)$$

$H$ entspricht dabei der Verstärkung, in unserer Beispieltopologie fungiert der Operationsverstärker nur als Spannungsfolger. Allgemein kann mit zwei Widerständen der Operationsverstärker auch als nichtinvertierender Verstärker betrieben werden, $H$ entspricht dann der Verstärkung.

### 7.4.1.2 Tiefpassfilter und Bandpassfilter

Tauscht man die Widerstände und Kondensatoren, so wird aus dem Hochpassfilter ein Tiefpassfilter. Ebenso lässt sich mit $Z_1 = R_1$, $Z_2 = C_1$, $Z_3 = R_2$ und $Z_4 = C_2 \| R_3$ ein Bandpassfilter konstruieren.

## 7.4.2  Filterantwort

Der $Q$-Faktor ist die Güte des Filters und ein Maß der Dämpfung. Wir hatten in Kap. 6.5.6 gesehen, wie sich der Faktor (dort als $\zeta$) auf die Übertragungsfunktion auswirkt. Je nach Wahl von $Q$ unterscheidet sich das Verhalten des Filters. Am weitesten verbreitet sind die drei Filtertypen *Butterworth*, *Chebyshev* und *Bessel*.

Die Filter unterscheiden sich in der Restwelligkeit im Durchlassbereich *(pass band)* und im Sperrband *(stop band)* und ebenso in ihrem Verhalten, wie schnell sie sich im Übergangsbereich den jeweiligen Bändern nähern.

Die Verläufe der Amplitudenverstärkung für die drei Typen von Tiefpassfiltern, mit Unity Gain und in jeweils der 4-ter Ordnung, sind in Abb. 7.32 gezeigt. Die Grenzfrequenz für diese und die folgenden Abbildungen liegt bei $f_c = 1$ kHz. Während eine Chebyshev-Filterantwort den steilsten Abfall der Verstärkung zeigt, hat

**Abb. 7.32** Amplitudenverstärkung für einen Bessel-, Butterworth- und Chebyshevfilter, Tiefpass jeweils 4-ter Ordnung

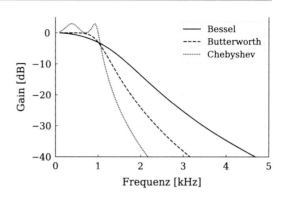

**Abb. 7.33** Gruppenlaufzeiten für die unterschiedlichen Filterantworten

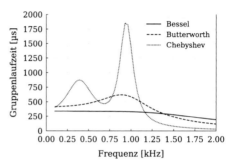

diese Filterantwort auch die größte Restwelligkeit im Durchlassbereich. Eine Bessel-Filterantwort hingegen erreicht das Sperrband nur sehr langsam im Vergleich dazu, hat aber keine Restwelligkeit im Durchlassbereich. Die Butterworth-Filterantwort liegt jeweils dazwischen.

Eine andere Eigenschaft der verschiedenen Filterantworten ist die *Gruppenlaufzeit*. Die Gruppenlaufzeit gibt an, welche Verzögerung die unterschiedlichen Frequenzkomponenten durchlaufen. Ist die Gruppenlaufzeit nicht konstant für verschiedene Frequenzen, kommt es zu einer Verzerrung von Signalen, welche mehrere Frequenzkomponenten enthalten, vergleichbar mit dem Effekt der Dispersion. Die Gruppenlaufzeiten für die verschiedenen Filterantworten sind in Abb. 7.33 gezeigt.

Die Bessel-Filterantwort zeigt eine konstante Gruppenlaufzeit, während die Chebyshev-Filterantwort eine sehr inhomogene Gruppenlaufzeit aufweist. Als Konsequenz zeigt die *Stufenantwort,* also wie der Filter auf eine Stufenfunktion bei $t = 0$ s mit einer Amplitude von 1 V reagiert, für die Chebyshev-Filterantwort ein deutliches Überschwingen. Dieses Überschwingen ist nicht auf eine Instabilität zurückzuführen, sondern auf die unterschiedlichen Gruppenlaufzeiten. Die hochfrequenten Komponenten kurz vor der Grenzfrequenz (wie sie in der Stufenantwort vorkommen) werden verzögert und führen damit zu einem Überschwingen, wie in Abb. 7.34 gezeigt.

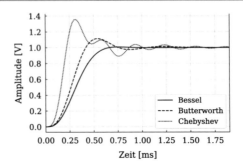

**Abb. 7.34** Stufenantwort der drei Filtertypen

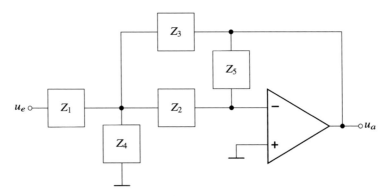

**Abb. 7.35** Die Multiple-Feedback-Topologie. Wie auch bei Abb. 7.31 können für die Impedanzen $Z_i$ Widerstände oder Kondensatoren eingesetzt werden

### 7.4.3  Multiple-Feedback-Topologie

Neben der Sallen-Key Topologie gehört die *Multiple-Feedback-Topologie (MFB)* zu den am häufigsten verwendeten Filtertopologien. Wie die Sallen-Key Topologie kommen MFB-Filter nur mit Widerständen, Kondensatoren und einem Operationsverstärker aus, um einen aktiven Filter zweiter Ordnung zu konstruieren. Die allgemeine Topologie ist in Abb. 7.35 gezeigt.

# Anwendungen

8

## 8.1 Einleitung

Eine der wichtigsten Anwendungen der Elektronik ist die Erfassung und Weiterverarbeitung momentaner Werte bestimmter Größen. Das Anwendungsfeld reicht dabei von der reinen Darstellung des Wertes, wie bei digitalen Thermometern, bis zur Regelung einer Einstellgröße in Abhängigkeit der Messgröße, zum Beispiel das Einschalten des Kompressors, wenn die Temperatur im Kühlschrank zu hoch ist.

Abb. 8.1 zeigt schematisch den Aufbau einer sogenannten *Datenverarbeitungskette*. Der erste Schritt dabei ist die Messwerterfassung, also die Messung des Wertes der Größe mit Hilfe von *Sensoren*. Die Messung erzeugt eine Zeitreihe der Messwerte, welche immer in irgendeiner Form von *Rauschen* betroffen sind. Deshalb werden solche Messwerte in vielen Fällen durch die Anwendung von analogen oder digitalen *Filtern* geglättet, wobei darauf zu achten ist, dass keine Information verloren geht. Die Messwerte werden heutzutage anschließend so gut wie immer digitalisiert, so dass sie am PC oder in automatischen Systemen weiter verarbeitet und gespeichert werden können. Zur Digitalisierung benutzt man *Analog-Digital-Wandler,* auch ADC genannt, welche mit verschiedenen Verfahren dem analogen Messwert eine digitale Zahl zuordnen. Im Folgenden werden wir einige Punkte einer solchen Datenverarbeitungskette beleuchten.

## 8.2 Messwerterfassung

Wie bereits weiter oben bemerkt, ist der erste Schritt die Messwerterfassung, also die Messung des Wertes der Größe mit Hilfe eines Sensors. Dieser wandelt eine physikalische Größe mit Hilfe eines physikalischen Effektes in ein elektrisches Signal um (zumindest bei den Messungen die wir hier im Sinn haben). Das elektrische

T. Bisanz et al., *Elektronik im Physikstudium*,
https://doi.org/10.1007/978-3-662-67926-5_8

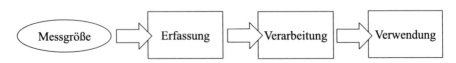

**Abb. 8.1** Eine Datenverarbeitungskette

Signal eines Sensors kann sowohl ein elektrischer Widerstand, ein Strom oder eine Spannung sein, die außen am Sensor abgegriffen werden.

Von den Sensoren aus kann dieses Signal dann in Form eines Stromsignals (z. B. Signal einer Photodiode) oder Spannungssignals (Signal der Elektrode bei der Aufnahme eines EKGs) übertragen werden. Jedes Signal ist natürlich zunächst analog. Dieses Analogsignal kann entweder bis zum Ausgang der Datenverarbeitungskette analog bleiben und erst auf dem Weg zum Ausgang digitalisiert werden oder direkt an der Quelle des Signals digitalisiert werden. Eine analoge Messwerterfassung hat die Vorteile, dass auch sehr kleine Veränderungen der Messgröße überwacht werden können. So kann man feststellen ob die Messgröße mit der Zeit schwankt, und Spannungszustände können überwacht werden. Analoge Systeme sind aber durchaus sehr empfindlich gegenüber Rauschen (siehe unten).

## 8.2.1  Strom- und Spannungssignal

Nehmen wir als Beispiele eine Photodiode, die ein Lichtsignal in ein elektrisches Signal umwandelt, oder ein EKG-Signal, das jeder aus der Medizintechnik kennt. In sehr vielen Systemen wird das Stromsignal gegenüber dem Spannungssignal bevorzugt. Der Grund ist, dass in diesem Fall ein Spannungsabfall auf dem Übertragungsweg den eigentlichen Messwert nicht verfälscht.

Zunächst die Photodiode mit dem Stromsignal:

Eine Halbleiter-Photodiode ist ein pn-Übergang (siehe Kap. 2) aus Silizium oder Germanium, dessen Wirkungsweise auf dem internen Photoeffekt beruht: Photonen mit Energien oberhalb der Schwellenenergie erzeugen Elektronen und Löcher in der Verarmungsschicht, welche dem lokalen elektrischen Feld innerhalb dieser Schicht unterliegen. Die Elektronen und Löcher driften in entgegengesetzte Richtungen. Dieser Transportprozess induziert einen elektrischen Strom im äußeren Stromkreis. Das ist das Stromsignal, das wir suchen. Wie eine Standarddiode hat die Photodiode drei verschiedene Betriebsarten, je nachdem, wie die äußere Spannung angelegt wird: Wenn sie in Vorwärtsrichtung betrieben wird, man also eine positive Spannung an die Diode anlegt, arbeitet diese mit der Stromflussrichtung. Bei Lichteinfall wird dann Strom erzeugt bei insgesamt recht geringer Spannung (typischerweise 0,7 V). Eine Solarzelle wird in dieser Betriebsweise genutzt. Entsprechend nennt man sie auch Fotospannungsbetrieb.

Wird eine Spannung von 0 V angelegt, was auch gerne Quasi-Kurzschluss genannt wird, können mit der Photodiode schnelle Lichtsignale gemessen werden. Aufgrund der ausgeglichenen Spannungsverhältnisse (kein Umladen des Feldes am pn-

Übergang) können sehr schnelle Messungen durchgeführt werden. Diese Betriebsart wird für Lichtsensoren genutzt.

Bei Anlegen einer negativen Spannung entsteht bei Lichteinfall ein Sperrstrom, der linear mit der Lichtintensität steigt. Entsprechend kann man diese Betriebsart nutzen, um Lichtintensitäten zu messen.

EKG-Elektrode mit Spannungssignal:

Als Beispiel für ein Spannungssignal schauen wir auf das wahrscheinlich allen bekannte Elektrokardiogramm- oder EKG-Signal. Hierbei wird die elektrische Erregung des Herzmuskels und damit das Herz selbst untersucht. Gemessen und dargestellt wird der Spannungsunterschied zwischen zwei der Elektroden, z. B. am linken und am rechten Arm. Bei klassischen EKG-Systemen sind die Elektroden typischerweise aus Silber-Silberchlorid (Ag/AgCl), die in einem Gummipad eingefasst sind, um auf den Körper geklebt zu werden. Mit diesen Elektroden wird die Spannung an den jeweiligen Punkten abgegriffen.

Typischerweise hat das Signal eine Offset-Spannung von wenigen 100 mV, während das tatsächlich gewünschte Signal des Herzrythmus nur $\pm 0{,}5$ mV groß ist. Zudem erfasst das System das 50-Hz-Brummen der Netzleitung als Gleichtaktsignal, das aufgrund seiner hohen möglichen Amplitude gefiltert werden muss. Wie schon oben erwähnt, ist man hier sehr anfällig gegen Änderungen in den Spannungen (Störpegel) und Rauschen. Diese müssen gut verstanden werden, um das EKG-Gerät effektiv zu betreiben.

## 8.2.2 Rauschen

In allen elektronischen Schaltungen verursachen statistische Fluktuationen Spannungs- bzw. Stromschwankungen. Solche Effekte nennen wir meist elektronisches Rauschen (Noise). Ist das Rauschsignal zu groß, kann es dazu führen, dass das eigentliche Signal nicht mehr ordentlich bzw. gar nicht mehr gemessen werden kann. Die Behandlung von elektronischem Rauschen sprengt den Rahmen dieses Buches, daher wollen wir auf die einschlägige Literatur verweisen und hier nur das grobe Konzept des Rauschens besprechen:

Die drei hauptsächlichen Rauscharten sind thermisches Rauschen, 1/f-Rauschen und Schottky-Rauschen:

*Thermisches Rauschen* (auch als Johnson- oder Nyquist-Rauschen bezeichnet) entsteht durch zufällige thermische Bewegung der Ladungsträger (normalerweise Elektronen) und ist entsprechend unvermeidlich. Das thermische Rauschen ist unabhängig von der angelegten Spannung und auch der Frequenz. Es ist jedoch proportional zur Umgebungstemperatur. Es ist in allen elektrischen Schaltkreisen vorhanden und kann sogar in empfindlichen elektronischen Geräten kleine Signale übertönen. Oft wird besonders empfindliche Elektronik gekühlt, um den Effekt des thermischen Rauschens zu unterdrücken.

*Schottky-Rauschen* (oder auch Schrotrauschen, engl. shot noise) entsteht zusätzlich zum thermischen Rauschen, wenn Ladungsträger voneinander unabhängig Potenzialbarrieren überwinden müssen. Der Strom setzt sich aus der Bewegung der einzelnen Ladungsträger (Elektronen und Löcher) zusammen. Jeder Ladungsträger überwindet die Barriere aber unabhängig von den anderen in einem stochastischen Prozess. Dadurch sind im Gesamtstromfluss Schwankungen zu beobachten. Dieses Rauschen tritt besonders bei pn-Übergängen in Halbleiterbauteilen auf. Ein schöner Vergleich zur Natur ist das Rauschen von Regen, da auch dort jeder Regentropfen unabhängig von den anderen Tropfen fällt.

Thermisches und Schottky-Rauschen zählen zum sogenannten weißen Rauschen, bei dem die Rauschamplitude unabhängig von der Frequenz immer gleich ist.

Beim *1/f-Rauschen* hingegen nimmt die Amplitude des Rauschens mit steigender Frequenz ab und ist bei tiefen Frequenzen bis 10 kHz besonders störend. Die physikalischen Ursachen sind vielfältig: Es sind Oberflächeneffekte, Temperaturfluktuationen im Material oder Störstellen im Halbleitergitter, die durch theoretische Modelle nur ansatzweise beschreibbar sind. Das 1/f-Rauschen ist bei allen Leitungsphänomenen vorhanden. Bei Leitern und Widerständen ist es vernachlässigbar. Bei Bipolartransistoren ist ein schwaches Rauschen vorhanden und bei MOS-Transistoren ist das 1/f-Rauschen recht stark ausgeprägt.

## 8.2.3  Signal-zu-Rausch Verhältnis

Bei der Betrachtung von Signalen ist auch das *Signal-zu-Rausch Verhältnis, SNR* wichtig. Wie der Name schon suggeriert, ist es ein Maß für die Qualität eines Signals (z. B. dem Fotostrom bei der Photodiode), das in der Regel durch ein Rauschsignal gestört wird. Das Signal sollte sich deutlich von dem Rauschen abheben, um eine gute Signalübertragung zu garantieren. SNR ist eine oft angegebene Kenngröße von Messwerterfassungssystemen.

Es ist definiert als das Verhältnis der mittleren Leistung des Signals zur mittleren Rauschleistung des Störsignals.

$$\text{SNR} = \frac{\text{Nutzsignalleistung}}{\text{Rauschleistung}} = \frac{\overline{P_{\text{Signal}}}}{\overline{P_{\text{Rauschen}}}} \tag{8.1}$$

Bei vielen Anwendungen ist das Signal um mehrere Größenordnungen größer als das Rauschen, so dass es sinnvoller ist das SNR logarithmisch mit der Pseudoeinheit Dezibel (dB) darzustellen:

$$\text{SNR} = 10 \log_{10} \left( \frac{\overline{P_{\text{Signal}}}}{\overline{P_{\text{Rauschen}}}} \right) \text{dB} \tag{8.2}$$

Je nach Anwendung wird SNR unterschiedlich definiert. Es ist immer sinnvoll, sich die Definition anzuschauen. Zum Beispiel wird in der medizinischen Bildgebung das SNR als Verhältnis zwischen der mittleren Signalamplitude und der Standardabweichung des Rauschens definiert.

Aber was macht man, wenn das SNR zu klein ist und es Probleme gibt, das Signal z. B. korrekt zu digitalisieren? Zum einen kann es bedeuten, dass das Signal zu klein ist. Hier gibt es je nach Sensor Möglichkeiten, das zu verbessern, indem z. B. durch Änderung der Betriebsspannungen das Signal vergrößert wird. Ein Blick auf das entsprechende Datenblatt kann bei kommerziellen Produkten weiterhelfen. Rauschen zu unterdrücken, kann ein Vollzeitjob werden und zum guten Schluss hat man immer noch das Gefühl, dass man mit Schwenken eines Gummihuhns über dem Bauteil genauso viel erreichen könnte. Nichtsdestotrotz sollte von Beginn der Entwicklung darauf geachtet werden, dass das Rauschen nicht zum Problem wird. Filterkondensatoren oder RC-Netzwerke zur Reduktion der Bandbreite des Signals (analoge Filter) reduzieren den Einfluss von externen Rauschquellen auf der Spannungsversorgung. Eine Stabilisierung der Temperatur bzw. aktive Kühlung reduziert das thermische Rauschen.

## 8.3 Datenverarbeitung

Im nächsten Teil der Datenverarbeitungskette werden die oben dargestellten analogen Signale in digitale Größen umgewandelt, um ihre Verarbeitung und Übertragung einfacher und sicherer gegenüber Störungen zu machen. Betrachten wir einige der gängigen Schaltungen, die dazu verwendet werden.

### 8.3.1 Analog-Digital Wandler

Wie wir gesehen haben, können die Messwerte in Strom- oder Spannungssignale umgewandelt werden. Zur Vereinfachung der Sprache im Folgenden gehen wir hier davon aus, dass ein Spannungssignal verarbeitet werden soll.

Um die Digitalisierung durchzuführen, wird die unbekannte Spannung $U_x$ immer in irgendeiner Weise mit einer wohlbekannten und sehr stabilen *Referenzspannung* verglichen, was auf verschiedene Arten geschehen kann.

#### 8.3.1.1 Integrierender ADC

Beim integrierenden ADC, der auch unter der Bezeichnung *Zweiflanken-ADC* bekannt ist, wird die unbekannte Spannung $U_x$ benutzt, um für eine genau festgelegte *Ladezeit* $t_{lade}$ den Rückkoppelkondensator einer Integratorschaltung (siehe auch Abschn. 4.3.5) aufzuladen. Um die Quelle der zu messenden Spannung nicht stark zu belasten, was zu einer Änderung der Spannung führen könnte, wird diese typischerweise von einem Vorverstärker mit einer konstanten Verstärkung von 1 und sehr großem Eingangswiderstand verstärkt.

Die auf dem Kondensator gespeicherte Ladung (und damit die Ausgangsspannung des Integrators) ist dann proportional zum Mittelwert der unbekannten Spannung über die feste Integrationszeit $t_{lade}$.

Nachdem die Ladezeit vorbei ist, trennt ein Schalter den Eingang des Integrators von der zu messenden Spannung und verbindet ihn stattdessen mit der festen Referenzspannung, deren Vorzeichen dem der zu messenden Spannung entgegengesetzt ist. So wird der Rückkoppelkondensator nun entladen, bis seine Ausgangsspannung 0 V wird. Die Zeit, die dafür nötig ist wird als *Entladezeit* $t_{\text{entlade}}$ bezeichnet und ist aufgrund der konstanten Referenzspannung proportional zur Ladungsmenge, die der Kondensator während der Ladezeit aufgenommen hat. Da die Ladezeit ebenfalls konstant ist, ist die Entladezeit also proportional zur unbekannten Spannung $U_x$. Während der Entladung läuft ein Zähler mit konstanter Frequenz, so dass die Entladezeit am Ende als digitaler Zahlenwert vorliegt, der beliebig weiter verarbeitet werden kann.

Wie man sich leicht vorstellen kann, ist etwas Steuerlogik notwendig, damit der ADC funktioniert:

Die Ausgangsspannung des Integrators wird mit einem Komparator gemessen. Damit ist es möglich, die Entladezeit zu messen: vom Start der Entladung bis die Ausgangsspannung wieder 0 V wird. Außerdem erlaubt der Komparator, das Vorzeichen der Ausgangsspannung des Integrators (und damit das der Eingangsspannung) zu messen. So kann der Integrator nach dem Ende der Ladezeit wahlweise mit einer positiven oder negativen Referenzspannung verbunden werden, so dass der ADC positive und negative unbekannte Spannungen messen kann.

Des Weiteren werden die konstante Ladezeit sowie die variable Entladezeit jeweils mit Zählern mit konstanter Taktfrequenz gemessen. Viele ADCs führen vor Beginn der Ladezeit eine Nullpunktkorrektur durch. Dabei wird der Integrator vom Eingang des ADCs getrennt und seine Ausgangsspannung für eine gewissen Zeit gemessen. Ist die Ausgangsspannung nicht gleich 0 V, kann dieser konstante Wert später vom Messergebnis der unbekannten Spannung $U_x$ abgezogen werden. All diese Schritte werden ebenfalls von der Steuerlogik eingeleitet bzw. überwacht.

Zweiflanken-ADCs können sehr gut als hochintegrierte CMOS-Schaltungen in ASICs implementiert werden, was sie sehr preiswert macht. Obwohl sie mit Wandlungszeiten im Bereich von 10 ms bis 1 s relativ langsam sind, machen sie ihre Vorteile – kleiner Stromverbrauch und hohe Messwertauflösung im Bereich von 12–20 Bit – zu Standardlösungen für nicht zu schnelle Anwendungen. So sind sie beispielsweise sehr beliebt in Hand- und Tischmultimetern zur Messung von Gleichspannungen und -strömen.

### 8.3.1.2 Sukzessiver Approximationsregister ADC

Dieser abgekürzt als *SAR-ADC* bezeichnete Analog-Digital-Wandler war der erste, der sich für viele Anwendungen durchsetzte, die eine schnellere Wandlung benötigen, als der Zweiflanken-ADC liefern kann.

Der SAR-ADC macht einen „Schnappschuss" der Eingangsspannung, für den gerne eine sogenannte *sample-und-hold Schaltung* benutzt wird.

### Die sample-und-hold Schaltung

Die in Abb. 8.2 gezeigte Schaltung tastet die Eingangsspannung $U_e$ ab, so lange der Schalter $S$ geschlossen ist. Das bedeutet, dass die Spannung über den Kondensator $C$ im Rückkoppelzweig des zweiten Operationsverstärkers, und damit die Ausgangsspannung $U_a$, gleich der Eingangsspannung ist. Die Spannungsquelle wird so gut wie

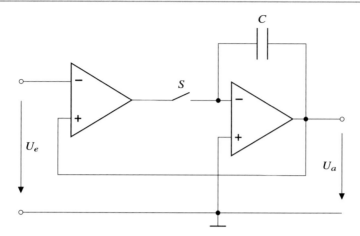

**Abb. 8.2** Eine sample-und-hold Schaltung

nicht belastet, da der Eingangswiderstand des ersten Operationsverstärkers nahezu unendlich ist.

Wird der Schalter $S$ geöffnet, ändert sich die Ausgangsspannung nicht mehr, wenn sich die Eingangsspannung ändert. Der Wert der Eingangsspannung zum Zeitpunkt der Öffnung des Schalters ist somit analog gespeichert.

### SAR-ADC

Beim SAR-ADC wird die gespeicherte Eingangsspannung schrittweise mit unterschiedlichen Referenzspannungen verglichen, welche wiederum von einem *Digital-Analog-Wandler* (DAC) erzeugt werden, wie beispielhaft in Abb. 8.3 dargestellt. Ein DAC mit einer Auflösung von $n$ Bit, kann $2^n$ verschiedene Ausgangsspannungen innerhalb eines vorgegebenen Spannungsbereichs erzeugen. Die Ausgangsspannung wird dabei in einer digitalen Zahl mit $n$ Bits kodiert.

Der SAR-ADC vergleicht nun die Ausgangsspannung des DAC, $U_{DAC}$, mit der unbekannten Eingangsspannung. Wenn $U_{DAC}$ kleiner ist als die Eingangsspannung, wird sie erhöht und vice versa. Dabei wird zunächst das höchstwertige Bit der DAC-Einstellung verändert, was die größte Änderung von $U_{DAC}$ hervorruft. Die nächsten Änderungsschritte sind entsprechend kleiner, so dass sich $U_{DAC}$ immer mehr der unbekannten Eingangsspannung annähert. Liegt die Eingangsspannung im dynamischen Bereich von $U_{DAC}$ und ist die Auflösung des DAC groß genug, stimmen diese nach spätestens $n$ Schritten überein. Der Ausgabewert des SAR-ADC entspricht dann der digitalen Zahl, die an diesem Punkt $U_{DAC}$ kodiert.

### 8.3.1.3 Flash-ADC

Der Flash-ADC ist der schnellst mögliche Analog-Digital-Wandler. Die Umwandlung der unbekannten Eingangsspannung $U_x$ in eine digitale Zahl geschieht hier innerhalb eines Taktes des Taktsignals, die *Wandlungszeit* liegt damit im Bereich

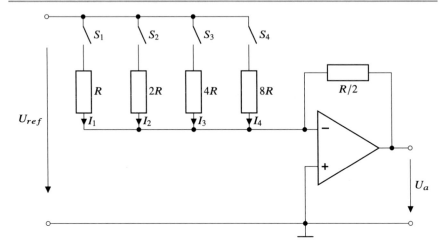

**Abb. 8.3** Schaltplan eines einfach 4-Bit Digital-Analog-Wandlers

von 1 ns bis 20 ns. Dadurch ist der Flash-ADC sehr beliebt für die Wandlung hochfrequenter Signale.

Die Geschwindigkeit des Flash-ADC beruht darauf, dass ein $n$ Bit-ADC aus $2^n$ Komparatoren besteht, die die Eingangsspannung mit $2^n$ festen Referenzspannungen vergleichen. Die Referenzspannungen können beispielsweise aus eine Reihenschaltung von Widerständen des gleichen Wertes $R$ erzeugt werden, über die jeweils die gleiche, konstante Spannung abfällt. Da die Anzahl der Komparatoren schnell sehr groß wird (ein 6-Bit-ADC besteht aus 64 Komparatoren), was Preis und Leistungsaufnahme in die Höhe treibt, bleibt die Auflösung von Flash-ADCs typischerweise eher niedrig (6–10 Bit).

### 8.3.1.4 Pipeline-ADC

Soll die unbekannte Spannung sehr schnell mit einer Auflösung von beispielsweise 12 Bit abgetastet werden, wird statt eines Flash-ADC (mit 4096 Komparatoren) ein Pipeline-ADC benutzt, welcher prinzipiell aus drei einzelnen 4-Bit Flash-ADCs besteht. Die Eingangsspannung wird dann aus den drei Einzelergebnissen zusammengesetzt, die als *High Byte*, *Middle Byte* und *Low Byte* bezeichnet werden (auch wenn ein Byte eigentlich aus 8 Bit besteht).

Dazu wird die Spannung zunächst mittels einer sample-und-hold Schaltung gespeichert, um vom ersten Flash-ADC abgetastet zu werden. Dessen Ausgabe wird als High Byte gespeichert und gleichzeitig von einem Digital-Analog-Wandler wieder in eine analoge Spannung umgewandelt. Diese ist, aufgrund der kleinen Auflösung des ADC, nicht genau gleich der Eingangsspannung. Daher wird in einem Differenzverstärker die Differenz der beiden Spannungen gebildet und um einen festen Faktor verstärkt, bevor sie an den zweiten ADC angelegt wird. Dessen Ausgabe wird als Middle Byte gespeichert und erneut außerdem in eine analoge Spannung gewandelt. Wiederum wird die Differenz zur Eingangsspannung verstärkt und an den letzten ADC angelegt, dessen Ausgabe schlussendlich als Low Byte gespeichert wird.

Da jeder der drei Schritte in jeweils einem Takt abgeschlossen ist, liegt der vollständige digitale Wert also nach drei Takten vor. Allerdings können die Arbeitsschritte parallelisiert werden, so dass zwar immer noch jede vollständige Wandlung drei Takte braucht, aber nach dem 3. Takt zu jedem neuen Takt eine komplette Wandlung des Eingangssignals abgeschlossen ist. So können Pipeline-ADCs zu kleineren Preisen und bei kleinerer Leistungsaufnahme als Flash-ADCs sehr hochfrequente Signale digitalisieren. Sie erreichen typische Raten von 50 Mio. bis 3 Mrd. Abtastungen pro Sekunde (50 MS/s bis 3 GS/s) und werden oft in Oszilloskopen mit Bandbreiten im GHz-Bereich eingesetzt.

## 8.3.2  Das Abtasttheorem

Wie oft muss denn eine Wellenform, zum Beispiel ein Audiosignal, eigentlich abgetastet werden, damit aus den digitalen Werten sein zeitlicher Verlauf genau reproduziert werden kann?

Das bekannte *Nyquist-Theorem*, entdeckt und formuliert von W. Kotelnikow 1933, H. P. Raabe 1939 und C. E. Shannon 1948, welches heute oft als *WKS-Abtasttheorem* bezeichnet wird, sagt dazu:

Beträgt die maximale Frequenz in einem bandbreitenbegrenzten Signal $f_{max}$, d. h. alle Fourierkomponenten oberhalb von $f_{max}$ verschwinden, so kann es exakt rekonstruiert werden aus einer Folge von äquidistanten Abtastwerten, wenn die Abtastfrequenz $f_{tast} > 2 \cdot f_{max}$ ist.

Ist die Abtastfrequenz kleiner, gibt das digitalisierte Signal nicht die Form des ursprünglichen Signals wieder. Die so entstehende Verzerrung ist unter dem Namen *Aliasing* bekannt. Die Verzerrung sich schnell bewegender Objekte in Film- und Fotoaufnahmen ist eines von vielen Beispielen für Aliasing.

Bei der Digitalisierung von Signalen ist es also äußerst wichtig, die maximale Frequenz des Signals im Voraus zu kennen und die Abtastung daran anzupassen.

## 8.3.3  Digitale Filterschaltungen

### 8.3.3.1 Definition digitaler Filter
In der modernen Elektronik, insbesondere in der Signalverarbeitung kommen meistens digitale Filterschaltungen zum Einsatz. Diese Schaltungen ersetzen zunehmend die analogen Filterschaltungen aus Abschn. 7.4. Dazu wird zunächst das analoge Ausgangssignal digitalisiert, d. h. in eine Abfolge diskreter Werte umgewandelt. Danach wird der digitale Filter angewandt, bevor das Ergebnis weiter verarbeitet wird, es zum Beispiel wieder in ein analoges Ausgangssignal zurückverwandelt wird. Der eigentliche digitale Filter wird dabei häufig in spezieller Hardware implementiert ($\mu$-Prozessor, DSP, FPGA oder ASIC) oder mittels Software auf einem PC. Dies hat unter anderem den Vorteil, dass der Filter programmierbar ist, das heißt relativ einfach verändert werden kann. Insofern sind digitale Filter häufig einfacher auf das

jeweilige Problem anzupassen als analoge Filterschaltungen und damit universeller einsetzbar.

Die Grundlagen der digitalen Filter sind im wesentlichen dieselben wie für die analogen Filter, und der theoretische Background ist ebenfalls durch die zeitinvarianten Systeme wie in Kap. 6 beschrieben. Wie bei analogen Filtern werden auch die digitalen Filter vollständig durch ihre Impulsantwort charakterisiert, also durch ihre Antwort auf einen einzelnen, unendlich hohen und kurzen Puls. Mathematisch entspricht das der Übertragungsfunktion des Systems. Allerdings müssen wir einige Anpassungen machen, da wir es in der digitalen Welt immer mit einer Abfolge von diskreten Werten und nicht mit stetigen Signalen (Funktionen) zu tun haben. Das führt zum Beispiel dazu, dass wir die Fourier- oder Laplace-Transformierte, die wir bei der Betrachtung der analogen Filter eingeführt haben, durch eine Fourierreihe ersetzen können.

Wir werden jetzt ganz allgemein den Filterprozess definieren. Dazu betrachten wir das Ausgangssignal des ADC aus dem vorigen Abschn. 8.3.1. Dieses liegt als Abfolge von $n$ Werten vor, die durch die getaktete Ausgabe des ADC zeitlich äquidistant voneinander getrennt sind: $t_n = t_0 + n \cdot \Delta t$. Die Abtastrate bestimmt dabei die endliche, zeitliche Auflösung des betrachteten Signals. Deshalb lässt sich das zeitdiskrete Signal als n-Tupel $x_n = x(t_n)$ darstellen, wobei die Werte vereinfacht als reelle Zahlen angenommen werden, so dass etwaige Quantisierungsfehler nicht berücksichtigt werden. Insgesamt entsteht so eine zeitliche Abfolge einzelner Pulse, die als Signalverlauf über die Zeit interpretiert werden kann. Üblicherweise ist dieser Signalverlauf periodisch, so dass nur eine endliche Anzahl an Abtastwerten benötigt wird, um ein periodisches Signal komplett zu charakterisieren. Ein Rechtecksignal besteht zum Beispiel aus einer Reihe von gleich hohen Werten einer gewissen Länge, bevor eine gleich lange Reihe mit Werten 0 folgt.

Die Filteroperation als solche ordnet nun den Eingangswerten $x_n$ ihre jeweiligen Ausgangswerte $y_n$ zu. Aus der großen Anzahl an möglichen Funktionen für diese Zuordnung beschränken wir uns auf solche, die linear und unabhängig gegenüber zeitlichen Verschiebungen sind. Damit haben wir die gleichen Voraussetzungen eines zeitlich invarianten Systems (LZI) wie in Kap. 6. Betrachten wir nun die Werte des diskreten und endlichen Eingangssignals im Frequenzraum, so stellen die transformierten $x_n$ nun eine Koeffizientenfolge einer Fourierreihenentwicklung dar, auf die der Filter wirkt. Wegen der Linearität kann der Filter nur die Amplituden der einzelnen Frequenzen sowie die Phase gegenüber dem Eingangssignal ändern. Dies entspricht exakt dem Verhalten, das wir in der Diskussion der analogen Filterschaltungen gesehen haben.

Deshalb können wir die Filteroperation mathematisch wiederum als Faltungsoperator ausdrücken, der per Faltung über eine Folge $f$ von Koeffizienten auf das diskrete Signal $x$ wirkt.

$$x \rightarrow y = f * x \tag{8.3}$$

$$y_n = \sum_{k=-\infty}^{\infty} f_k \cdot x_{n-k} \tag{8.4}$$

Damit ist dann auch klar, dass wie in der analogen Filtertechnik der digitale Filter durch die Impulsantwort $f$ komplett charakterisiert ist, denn wegen der Zeitinvarianz und Linearität kann jedes beliebige Eingangssignal als eine Folge von $\delta$-Impulsen dargestellt werden. Der einzige Unterschied besteht darin, das der digitale Filter auf zeitdiskrete Werte wirkt und deshalb die Faltung mit der Impulsantwort $f$ im allgemeinen eine unendliche Reihe ist.

Daran anschließend kann man nun die zwei grundlegenden Typen digitaler Filter unterscheiden:

Wenn die Impulsantwort $f$ nur eine endliche Menge an Folgengliedern hat, spricht man von einem *FIR-System*. FIR steht für das englische *Finite Impulse Response,* also eine endliche oder beschränkte Impulsantwort. Dieser Fall kann häufig approximativ erreicht werden. Für viele Filterfunktionen (zum Beispiel ein Tiefpass, Hochpass oder Bandpass) kann eine brauchbare Näherung, das heißt also eine endliche Impulsantwort erzielt werden, in dem man die hohen Frequenzanteile in der (unendlichen) Fourierreihe vernachlässigt. Damit erfüllte ein FIR-Filter automatische ein wichtiges Kriterium digitaler Filter, die sogenannte *Stabilität*. Eine Filterschaltung ist stabil, wenn zu jedem Zeitpunkt eine eindeutige Filterantwort generiert wird. Dies ist in der Regel durch die beschränkte Anzahl an berücksichtigten Folgengliedern eines FIR-Filters erfüllt, und deshalb sind FIR-Filter praktisch immer stabil.

Das zweite wichtige Kriterium digitaler Filter ist die sogenannte *Kausalität*. Als kausal bezeichnet man einen Filter, der für die Generation des Ausgangssignal zu jedem Zeitpunkt nur auf Eingangssignalanteile zurückgreift, die auch zum jeweiligen Zeitpunkt zeitlich verfügbar sind. Insbesondere dürfen dabei keine Anteile der Impulsantwort verwendet werden, die zeitlich vor dem Beginn des Eingangssignals liegen. Dies kann zum Beispiel bei einem Tiefpass passieren, denn die zugehörige Impulsantwort hat Fourierglieder, die in beiden Zeitrichtungen bis ins Unendliche gehen. Deshalb schneidet man diese *nicht-kausalen* Anteile der Fourierreihe genauso wie die hohen Frequenzanteile einfach ab. Das sind in unserem Beispiel die nicht verschwindenden Anteile der Fourier-Transformation des digitalen Filters für $n < 0$ bzw. $t < t_0$. Das Verfahren nennt man daher *Fensterung* oder gebräuchlicher auf englisch *Windowing*. Somit ist klar, dass für FIR nur eine endliche Anzahl von Schaltungsgliedern benötigt wird, um die Ausgangswerte $y_n$ zu erzeugen. Insbesondere sind solche Filter rückkopplungsfrei oder nichtrekursiv. In der Regel sind FIRs daher relativ einfach implementierbar.

Demgegenüber gibt es die *IIR-Systeme (Infinite Impulse Response),* die eine unendliche Impulsantwort besitzen, also eine unendliche Anzahl von Folgengliedern für die Faltung erfordern. Diese Filter sind in der Regel nicht stabil und daher auch nicht direkt implementierbar. Es sei denn man kann die unendliche Impulsantwort durch eine Rückkopplung, also rekursiv erreichen. Dabei werden ein oder

**Abb. 8.4** Ein FIR-Filter 3. Ordnung

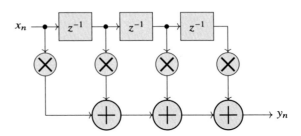

mehrere Glieder der Filterantwort $y_{n-1}, y_{n-2}, ..., y_{n-k}$ selbst für die Berechnung des nächsten Ausgangswert $y_n$ herangezogen:

$$y_n = g(x_n, x_{n-1}, x_{n-2}, ..., y_{n-1}, y_{n-2}, ...). \qquad (8.5)$$

Mathematisch gesehen entspricht dies einer Darstellung als Quotient zweier endlicher Folgen $a$ und $b$. Mit anderen Worten muss es zwei Folgen $a$ und $b$ geben, für die das Faltungsprodukt $a * f = b$ ist.

Wie wir bereits bei den FIR-Filtern gesehen haben, müssen wir auch hier die Schaltung hinsichtlich ihrer *Stabilität* und *Kausalität* prüfen. Dies ist aber durch den rekursiven Aufbau nicht immer einfach und soll hier nicht weiter diskutiert werden. Generell sind nur kausale und stabile rekursive IIR-Filtern überhaupt in der Praxis brauchbar.

### 8.3.3.2 Implementation von digitalen Filtern

Aufgrund der Linearität und Endlichkeit der Faltungsreihe in Gl. 8.4 sind für die Realisierung eines FIR-Filters nur drei verschiedene digitale Schaltungselemente nötig, nämlich ein Verzögerungsglied, ein Multiplizierer und ein Addierer. In Abb. 8.4 ist das Beispiel eines FIR-Filters 3. Ordnung dargestellt. Der Kasten mit den $z^{-1}$ steht für das Verzögerungsglied, der Kreis mit x ist ein Multiplizierer der einen Faktor $f_n$ mit dem Signal multipliziert und der Kreis mit dem Pluszeichen steht für den Addierer.

Das zeitlich diskrete Eingangssignal $x_n$ wird durch die Verzögerungsglieder praktisch in seine Komponenten zerlegt, so dass zu jedem Zeitpunkt $n$ die Einzelkomponenten $x_0$, $x_1$ und $x_2$ mit den zugehörigen Faktoren $f_n$ des Filters multipliziert werden und anschließend wieder zur Filterantwort $y_n$ zusammenaddiert werden. Die Faktoren $f_n$ erhält man wie oben dargestellt durch die Fourier-Transformation der gewünschten Filteroperation aus dem Frequenzraum in den Zeitbereich.

Die Verzögerungsglieder sorgen einerseits für die gleichbleibende Taktung und müssen andererseits gewährleisten, dass es durch die anschließende Multiplikation und Addition nicht zu Laufzeitfehlern kommt.

Die Anzahl an Multiplikationsglieder, die zum Ausgangssignal aufaddiert werden, nennt man Ordnung des Filters. Sie stellt im wesentlich die berücksichtigte Länge der Fourierreihe der Impulsantwort des Filters dar. Die hier dargestellte Ordnung 3 ist üblicherweise viel zu niedrig, um eine brauchbare Filterantwort zu generieren. Um eine gut geglättete Filterantwort eines digitalen Tiefpasses zu erzeugen

**Abb. 8.5** Ein IIR-Filter 1.
Ordnung

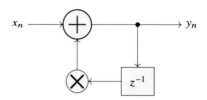

und Überschwinger zu vermeiden, sind typischerweise Ordnungen von einigen 10 bis zu einigen 100 notwendig.

Da der hier dargestellte Filter erst dann ein von Null verschiedenes Ausgangssignal erzeugt, wenn auch ein von Null verschiedenes Eingangssignal anliegt, ist er (zeitlich) kausal und durch die endliche Anzahl an Multiplikationsgliedern auch stabil.

Im Gegensatz zum FIR-Filter hat eine sinnvolle Implementierung eines IIR-Filter zwingend eine Rückkopplung des Ausgangswertes auf den Eingangswert, wie zum Beispiel in Abb. 8.5 zu sehen.

Diese Rückkopplung zeigt die Rekursivität des Filters, und da wir hier nur ein Rückkopplungselement haben, ist dies ein IIR-Filter 1. Ordnung. IIR-Filter höherer Ordnungen zeichnen sich durch mehrere Rückkopplungen aus, die mitunter auch ineinander verschachtelt sind. Die Anzahl an Rückkopplungen bestimmt die Ordnung.

Wie in diesem Beispiel zu sehen ist, braucht auch ein IIR-Filter Verzögerungselemente, um das rückgekoppelte Signal wieder zeit- oder taktrichtig auf das Eingangssignal zu addieren. Dabei wird auch wieder ein Faktor $f_n$ auf das rückgekoppelte Signal multipliziert bevor diese Addition stattfindet.

In unserem Beispiel wird das Eingangssignal direkt auf den Ausgang ausgegeben und im Verzögerungsglied gespeichert. Im nächsten Takt wird dann dieser Wert um den Faktor skaliert und zum Eingangssignal addiert ausgegeben und wieder im Verzögerungsglied gespeichert. Dann wiederholt sich diese Prozedur mit jedem Takt und liefert daher unendliche viele Folgeglieder am Ausgang.

Ein solcher Filter ist also kausal weil er keine von Null verschiedene Ausgabe hat, wenn am Eingang (noch) kein Signal angekommen ist. Aber die Stabilität ist im allgemeinen nicht gegeben, weil zum Beispiel für einen Skalierungsfaktor von 2 im Rückkopplungspfad die Ausgabe unendlich lange mit sogar steigenden Ausgangswerten $y_n$ pro Takt $n$ weitergehen würde. Die Fourierreihe am Ausgang wächst somit ins Unendliche, d. h. sie divergiert, und das ist sicher nicht stabil.

Betrachten wir aber einen Skalierungsfaktor von $\frac{1}{2}$, sieht die Sache anders aus: Für die Impulsantwort, dass heißt für nur einen Puls der Höhe 1 zur Zeit $t_0$ liefert dieser Filter nach einem Takt eine $\frac{1}{2}$ am Ausgang, nach dem zweiten Takt eine $\frac{1}{4}$, nach dem dritten $\frac{1}{8}$ usw. Diese geometrische Reihe konvergiert gegen 2 und damit ist auch gewährleistet, dass der Filter stabil ist, denn durch die Bedingungen für die zeitlich invarianten Systeme ist gewährleistet, dass auch für jegliche lineare Kombinationen an Signalen am Eingang die Ausgangsreihe konvergiert.

Allgemeiner gesprochen liefern nur konvergierende Reihen in der Impulsantwort eines IIR-Filters stabile Systeme. In der Praxis wird natürlich wieder die Reihe nach

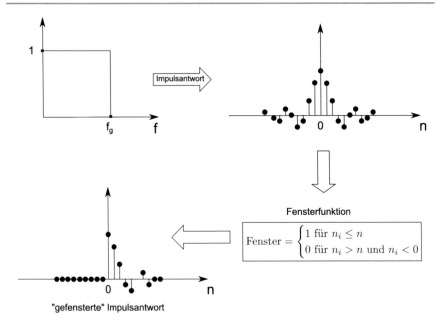

**Abb. 8.6**  Schritte eines Entwurfs eines idealen Tiefpasses als FIR-Filter mit der sogenannten „Fenstermethode"

einem n-ten Folgeglied abgeschnitten, indem die rekursive Addition der Rückkopplung unterbrochen wird.

Man sieht an diesem einfachen Beispiel, dass IIR-Filter mit erheblich weniger Bauteilen auskommen. Allerdings ist dafür der Entwurf einer stabilen Schaltung viel aufwendiger als beim FIR-Filter.

Betrachten wir nun zum Schluss an einem einfachen Beispiel, wie digitale Filter entworfen werden. Dazu betrachten wir einen einfachen, idealen Tiefpass, der als FIR implementiert werden soll.

Grob kann man den Entwurf eines digitalen FIR-Filters in vier Schritte unterteilen: Die Definition der Filtercharakteristik, die Bestimmung der Impulsantwort des Filters mittels der Fourier-Transformation, die Anpassung der Impulsanwort an die realistischen Verhältnisse (Kausalisierung) und die Realisierung des Filters in Hardware. Exemplarisch sind diese vier Schritte in Abb. 8.6 für den Entwurf eines idealen Tiefpasses vereinfacht dargestellt.

Für unser Beispiel betrachten wir also als erstes den idealen Tiefpass und bestimmen damit die Filtercharakteristik. Der ideale Tiefpass lässt im Frequenzraum bis zu einer Grenzfrequenz $f_g$ alle Frequenzen gleichermaßen durch und sperrt alle anderen Frequenzen komplett, siehe Abb. 8.6 oben links.

Als nächstes führen wir die Fourier-Transformation dieser Filterfunktion durch und stellen das Ergebnis wie in Abb. 8.6 oben rechts als zeitdiskrete Fourierreihe im Ortsraum dar.

Da diese Impulsantwort aber nicht realisierbar ist, müssen wir die Impulsantwort noch weiter anpassen. Die nichtkausalen Werte der Impulsantwort vor $n = 0$ müssen wir entfernen, und die bis ins Unendliche gehenden Folgenglieder müssen wir an einer Stelle abschneiden. Im einfachsten Fall können wir diese Anpassung durch eine Fensterfunktion im zeitdiskreten Ortsraum realisieren. Diese ist in Abb. 8.6 unten rechts dargestellt und weist n Werte auf, die gleich 1 sind. Sie startet bei $n = 0$ und nach n Werten geht sie auf 0 zurück, um die unendliche Reihe endlich zu machen.

In Abb. 8.6 unten links ist dann die durch Multiplikation aus Impulsantwort und Fensterfunktion sog. „gefensterte" Impulsantwort dargestellt. Hier kann man die für die Realisierung des Filters in Hardware nötigen Koeffizienten (Multiplikatoren) der einzelnen Stufen des FIR-Filters ablesen.

Dieses einfache Beispiel illustriert das allgemeine Vorgehen beim Entwurf der digitalen Filter. Dabei ist wichtig zu bemerken, dass beliebige und auch sehr komplizierte und aufwendige Filterfunktionen im Prinzip in der gleichen Weise realisiert werden können. Dies zeigt den großen Vorteil digitaler Filter oder allgemeiner gesprochen der digitalen Signalverarbeitung, denn anders als bei analogen Filtern kann man hier quasi nach Rezept direkt aus der gewünschten Filterfunktion eine passende Schaltung generieren, ohne sich um spezifische Eigenschaften oder Einschränkungen der verfügbaren (analogen) Bauelemente Gedanken machen zu müssen.

Allerdings ist die Prozedur zum Entwurf eines digitalen Filters hier sehr stark vereinfacht dargestellt worden, um das grundlegende Prinzip zu verdeutlichen. In der Praxis sind natürlich noch einige Dinge mehr zu berücksichtigen. Das würde aber den Rahmen dieser Darstellung sprengen, deshalb sei hier auf die einschlägige Literatur zur digitalen Filtertechnik verwiesen.

Ein gute, wenn auch anspruchsvolle Einführung findet sich zum Beispiel im Buch Digitale Filter: Theorie und Praxis mit AVR-Microcontrollern von Schmidt und Schwabl-Schmidt, Springer Verlag 2014.

Eine etwas mehr praxisorientierte Einführung mit vielen Beispielen findet sich im Buch Digitale Signalverarbeitung: Filterung und Spektralanalyse mit MATLAB®-Übungen von Karl-Dirk Kammeyer, 9. Auflage, Springer Verlag 2018.

## 8.4 Beispiele für die Verwendung der Daten

Nun, da die Messwerte fertig verarbeitet sind, können wir sie darstellen, übertragen und/oder speichern.

### 8.4.1 Übertragung und Speicherung oder Darstellung

Da digitale Signale sehr eindeutig sind, denn die Spannung für eine logische 1 ist sehr viel höher als für eine logische 0 (s. Abschn. 5.3), eignen sie sich sehr gut zur Übertragung über lange Strecken. Spannungsabfälle aufgrund des Ohmschen Widerstandes von Leiterbahnen oder Kabeln werden erst bei sehr langen Übertragungswegen so groß, dass die logischen Pegel nicht mehr unterscheidbar sind. Lange bevor das passiert, kann man die Signalqualität wieder herstellen. Konzeptionell kann das sehr einfach sein: Schon zwei hintereinander geschaltete Inverter können als *Repeater* benutzt werden. Die technische Umsetzung ist allerdings alles andere als trivial, da digitale Signale heutzutage mit sehr hohen Datenraten übertragen werden und die Schaltungen schnell genug sein müssen, die dafür notwendige Flankensteilheit der Ausgangssignale zu erreichen. Beim Mobilfunkstandard 5 G beträgt die Datenrate beispielsweise bis zu 10 GBit/s, bei modernen kabelgebundenen Systemen wie dem AdvancedTCA-Standard werden Übertragungsraten von 26 GBit/s, im Parallelbetrieb auch Vielfache davon, erreicht.

Wenn Daten über sehr lange Strecken übertragen werden sollen und es wirtschaftlich nicht sinnvoll oder technisch nicht möglich ist, in regelmäßigen Abständen Repeater zu betreiben, kommen optische Systeme zum Einsatz. Dabei wird das elektronische Signal nach einer komplexen Verarbeitung dazu benutzt, um Photo- oder Laserdioden zu treiben. Die so erzeugten Lichtsignale können in Lichtwellenleiter, zum Beispiel Hohl- oder Glasfasern, eingekoppelt werden oder einfach durch die Luft an den Empfänger geschickt werden. Bei Glasfasernetzen muss dann zwar keine Dämpfung des Signals wie beim Ohmschen Widerstand betrachtet werden, dafür können Probleme aufgrund der Dispersion des optischen Mediums oder der Totalreflexion der Lichtsignale innerhalb der Faser auftreten.

Kommen die Daten dann einmal beim Empfänger an, können sie zur späteren Verarbeitung auf den diversen verfügbaren Medien abgespeichert werden. Hierbei ist zu beachten, dass die Rate, mit der die Daten empfangen werden, die maximale Schreibrate des Mediums nicht übersteigt. Natürlich stehen verschiedene Techniken zur Zwischenspeicherung von Daten zur Verfügung, wenn der Schreibkopf des Magnetbandes zu langsam sein sollte. Sie müssen aber beim Design des Speichersystems in Betracht gezogen werden.

Oft werden Daten auch schlichtweg nur dargestellt, zum Beispiel als Zahlen auf LCD oder ähnlichen Displays. Das machen beispielsweise die meisten Digital-Multimeter und preisgünstigen Wetterstationen für den Hausgebrauch.

### 8.4.2   Steuerung und Regelung

Eine häufig auftretende Aufgabe ist es, eine Größe (Temperatur, Betriebsspannung, Wasserdurchfluss, etc.) auf einen gegebenen Wert einzustellen und diesen Wert konstant zu halten. Dazu gibt es zwei generelle Methoden.

1. **Steuerung (open-loop-control)**
   Hierbei wird die Größe fest eingestellt und Änderungen durch äußere Einflüsse dann so gut wie möglich unterdrückt. Ein Beispiel ist die Filterung von Versorgungsspannungen elektronischer Bauteile durch Hoch- und Tiefpassfilter, mittels Ferritkernen, etc. Die Maßnahmen, die getroffen werden müssen, können dabei sehr komplex werden, zum Beispiel um Störungen mit verschiedenen Frequenzen zu filtern, nur um dann doch nur begrenzt gut zu funktionieren. Steuermaßnahmen werden daher nur in einfachen und wenig kritischen Systemen benutzt.

## 2. Regelung (closed-loop-control)

Bei der Regelung der einzustellenden Größe wird deren momentaner Wert kontinuierlich erfasst *(Ist-Wert)* und mit dem eingestellten Wert *(Soll-Wert)* verglichen. Überschreitet die Abweichung eine bestimmte Differenz, wird die Einstellung der Größe geändert, um näher an den Soll-Wert zu kommen. Der Regelkreis ist somit permanent aktiv, was die Elektronik komplexer macht und die Leistungsaufnahmen erhöht. Jedoch kann die Einstellgröße mit größerer Genauigkeit konstant gehalten werden als bei passiver Regelung.

# Anhang A
# Formelsammlung

## A.1 Kapitel Grundlagen

| | |
|---|---|
| Ohmsches Gesetz | $j = \sigma_{el} \cdot E$ |
| Strom-Spannungscharakteristik eines Ohmschen Widerstandes | $U = R \cdot I$ |
| $\Rightarrow$ Impedanz eines Ohmschen Widerstandes | $Z_R = R$ |
| Strom-Spannungscharakteristik eines Kondensators | $Q = C \cdot U$ |
| $\Rightarrow$ Impedanz eines Kondensators | $Z_C = \frac{1}{j\omega C}$ |
| Aufladung über Widerstand R | $u(t) = U_0 \left(1 - e^{-t/RC}\right)$ |
| Entladung über Widerstand R | $u(t) = U_0 e^{-t/RC}$ |
| Strom-Spannungscharakteristik einer Spule | $U = L \cdot \dot{I}$ |
| $\Rightarrow$ Impedanz einer Spule | $Z_L = j\omega L$ |
| Knotenregel | $\sum\limits_{k=1}^{n} I_k = 0$ |
| Maschenregel | $\sum\limits_{k=1}^{n} U_k = 0$ |
| Reihenschaltung allgemeiner Impedanzen | $Z_{ges} = \sum\limits_{k=1}^{n} Z_k$ |

T. Bisanz et al., *Elektronik im Physikstudium*,
https://doi.org/10.1007/978-3-662-67926-5

| Parallelschaltung allgemeiner Impedanzen | $\dfrac{1}{Z_{ges}} = \sum\limits_{k=1}^{N} \dfrac{1}{Z_k}$ |

| Spannungsteilerformel | $U_A = U_0 \dfrac{R_2}{R_1 + R_2}$ |

| Elektrische Leistung an komplexem Widerstand | $P_{ges} = P_{wirk} + P_{blind}$ |

| Wellenwiderstand einer verlustfreien Leitung | $Z = \sqrt{\dfrac{L'}{C'}}$ |
| Gruppengeschwindigkeit bei verlustfreier Leitung | $v_G := \dfrac{d\omega}{d\beta} = \dfrac{1}{\sqrt{L'C'}}$ |

## A.2 Dioden

| Shockley-Gleichung | $I_D(U_F, T) = I_S(T)\left[\exp\left(\dfrac{U_F}{nU_T}\right) - 1\right]$ |
| Temperaturspannung | $U_T = \dfrac{k_B T}{e} \approx 25\text{mV bei } 20\,^\circ\text{C}$ |
| Differentieller Widerstand im Arbeitspunkt | $r_D(U_A) = \dfrac{dU}{dI}\big|_{U_A}$ |

## A.3 Transistoren

Für Bipolartransistoren:

| Eingangskennlinie | $I_B = I_B(U_{BE})$ |
| Ausgangskennlinie | $I_C = I_C(I_B, U_{CE})$ |
| Gleichstromverstärkung | $I_C = B \cdot I_B$ |
| Wechselstromverstärkung | $i_C = \beta \cdot i_B$ |
| Differentieller Widerstand der BE-Diode | $r_{BE}\big|_{U_{CE}} \approx \dfrac{U_T}{I_B}$ für $I_S \ll I_B$ |
| Transkonduktanz | $g(I_C) := \dfrac{\partial I_C}{\partial U_{BE}}\Big|_{U_{CE}} = \dfrac{I_C}{U_T}$ |

Für die Eigenschaften der Transistorgrundschaltungen siehe Tab. A.1.

**Tab. A.1** Eigenschaften der Transistorgrundschaltungen

| Transistorgrundschaltung | Verstärkung | | Widerstand | |
|---|---|---|---|---|
| | Spannung | Strom | Eingang | Ausgang |
| Emitterschaltung ohne Gegenkopplung | $V_u = -\dfrac{\beta R_C}{r_{BE}}$ | $V_i = \beta$ | $r_{\text{ein}} \approx r_{BE}$ | $r_{\text{aus}} \approx R_C$ |
| mit Gegenkopplung | $V_u \approx -\dfrac{R_C}{R_E}$ | $V_i = \beta$ | $r_{\text{ein}} \approx R_1 \| R_2$ | $r_{\text{aus}}$ groß |
| Kollektorschaltung | $V_u \leq 1$ | $V_i = \beta$ | $r_{\text{ein}} \approx \gamma R_E$ | $r_{\text{aus}}$ klein |
| Basisschaltung | $V_u = \dfrac{\beta R_C}{r_{BE}}$ | $V_i = \alpha$ | $r_{\text{ein}} \approx \dfrac{r_{BE}}{\gamma}$ | $r_{\text{aus}} \approx R_C$ |

## A.4    Operationsverstärker

**Goldene Regeln für Operationsverstärkerschaltungen**

1. Ein Operationsverstärker hat eine unendlich hohe Leerlaufspannungs-verstärkung *(Open-Loop Gain)*. Die eigentliche Verstärkung der Schaltungen wird durch externe Bauteile im Rückkopplungsnetzwerk bestimmt.
2. Die Eingangsimpedanz ist unendlich groß (das heißt, dass kein Strom in die Eingänge fließt, $I_+ = I_- = 0$), und die Ausgangsimpedanz ist Null (aus dem Ausgang kann unendlich viel Strom fließen)
3. Der Operationsverstärker regelt seine Ausgangsspannung so, dass die beiden Eingänge auf dem gleichen Potential sind: $U_+ = U_-$

Ausgangsspannungen ausgewählter Schaltungen:

Invertierender Verstärker

$$u_a(t) = -\frac{Z_2}{Z_1} u_e(t)$$

Nichtinvertierender Verstärker

$$u_a(t) = \left(1 + \frac{Z_2}{Z_1}\right) u_e(t)$$

$\Rightarrow$  Invertierender Addierer

$$u_a(t) = -R \sum_{k=1}^{n} \frac{u_k(t)}{R_k}$$

$\Rightarrow$  Subtrahierer

$$u_a(t) = u_2(t)\left(\frac{R_1 R_4 + R_3 R_4}{R_1 R_2 + R_1 R_4}\right)$$
$$- u_1(t)\left(\frac{R_3}{R_1}\right)$$

$\Rightarrow$  Invertierender Integrierer

$$u_a(t) = -\frac{1}{RC} \int u_e(t) dt$$

$\Rightarrow$  Invertierender Differenzierer

$$u_a(t) = -RC \frac{du_e(t)}{dt}$$

$\Rightarrow$  Invertierender Logarithmierer

$$u_a(t) = -U_T \ln\left(\frac{u_e(t)}{R I_S}\right)$$

$\Rightarrow$  Invertierender Exponenzierer

$$u_a(t) = -R I_S \exp\left(\frac{u_e(t)}{U_T}\right)$$

## A.5    Digitale Schaltungen

Für die Rechenregeln der Booleschen Algebra siehe Tab. A.2.

1. Disjunktive Normalform:

   - Verknüpfe Eingänge $E_i$ per AND, für die der Ausgang $Q = 1$ ist. Invertiere dabei Eingänge, die logisch 0 sind $\Rightarrow$ Minterme
   - Verknüpfe alle Minterme mit OR.

2. Konjunktive Normalform:

   - Verknüpfe Eingänge $E_i$ per OR, für die der Ausgang $Q = 0$ ist. Invertiere dabei Eingänge, die logisch 1 sind $\Rightarrow$ Maxterme
   - Verknüpfe alle Maxterme mit AND.

**Tab. A.2** Rechenregeln der Booleschen Algebra

|  | AND $(\cdot)$ | OR $(+)$ |
|---|---|---|
| Identität | $a \cdot 1 = a$ | $a + 0 = a$ |
| Komplementarität | $a \cdot a' = 0$ | $a + a' = 1$ |
| Kommutativ | $a \cdot b = b \cdot a$ | $a + b = b + a$ |
| Assoziativ | $a \cdot (b \cdot c) = (a \cdot b) \cdot c$ | $a + (b + c) = (a + b) + c$ |
| Distributiv | $a \cdot (b + c) = (a \cdot b) + (a \cdot c)$ | $a + (b \cdot c) = (a + b) \cdot (a + c)$ |
| De Morgansche Regeln | $\overline{a \cdot b} = \bar{a} + \bar{b}$ | $\overline{a + b} = \bar{a} \cdot \bar{b}$ |

# Stichwortverzeichnis

© Der/die Herausgeber bzw. der/die Autor(en), exklusiv lizenziert an Springer-Verlag
GmbH, DE, ein Teil von Springer Nature 2024
T. Bisanz et al., *Elektronik im Physikstudium*,
https://doi.org/10.1007/978-3-662-67926-5

Printed in the United States
by Baker & Taylor Publisher Services